中国科协学科发展研究系列报告

中国科学技术协会 / 主编

心理学
学科发展报告

—— REPORT ON ADVANCES IN ——
PSYCHOLOGY

中国心理学会 / 编著

中国科学技术出版社
·北京·

图书在版编目（CIP）数据

2018—2019心理学学科发展报告 / 中国科学技术协会主编；中国心理学会编著 . —北京：中国科学技术出版社，2020.9

（中国科协学科发展研究系列报告）

ISBN 978-7-5046-8545-2

I.①2… Ⅱ.①中… ②中… Ⅲ.①心理学—学科发展—研究报告—中国—2018—2019 Ⅳ.① B84-12

中国版本图书馆 CIP 数据核字（2020）第 043879 号

策划编辑	秦德继	许 慧
责任编辑	高立波	
装帧设计	中文天地	
责任校对	焦 宁	
责任印制	李晓霖	

出　　版	中国科学技术出版社	
发　　行	中国科学技术出版社有限公司发行部	
地　　址	北京市海淀区中关村南大街16号	
邮　　编	100081	
发行电话	010-62173865	
传　　真	010-62179148	
网　　址	http：//www.cspbooks.com.cn	

开　　本	787mm×1092mm　1/16	
字　　数	289千字	
印　　张	13	
版　　次	2020年9月第1版	
印　　次	2020年9月第1次印刷	
印　　刷	河北鑫兆源印刷有限公司	
书　　号	ISBN 978-7-5046-8545-2 / B·56	
定　　价	65.00元	

2018—2019

心理学
学科发展报告

首席科学家　杨玉芳

专　家　组（按姓氏笔画排序）

马　皑　王甦菁　朱廷劭　刘　凯　孙向红

杜　忆　杜　峰　李金珍　杨玉芳　邱炳武

汪凤炎　宋业臻　张　亮　张警吁　陈　琦

苗丹民　范　刚　周成林　周宗奎　周修庄

胡祥恩　栾胜华　郭秀艳　葛　燕　傅小兰

魏高峡　瞿炜娜

学术秘书组　张　蔓　孔　君

当今世界正经历百年未有之大变局。受新冠肺炎疫情严重影响，世界经济明显衰退，经济全球化遭遇逆流，地缘政治风险上升，国际环境日益复杂。全球科技创新正以前所未有的力量驱动经济社会的发展，促进产业的变革与新生。

2020年5月，习近平总书记在给科技工作者代表的回信中指出，"创新是引领发展的第一动力，科技是战胜困难的有力武器，希望全国科技工作者弘扬优良传统，坚定创新自信，着力攻克关键核心技术，促进产学研深度融合，勇于攀登科技高峰，为把我国建设成为世界科技强国作出新的更大的贡献"。习近平总书记的指示寄托了对科技工作者的厚望，指明了科技创新的前进方向。

中国科协作为科学共同体的主要力量，密切联系广大科技工作者，以推动科技创新为己任，瞄准世界科技前沿和共同关切，着力打造重大科学问题难题研判、科学技术服务可持续发展研判和学科发展研判三大品牌，形成高质量建议与可持续有效机制，全面提升学术引领能力。2006年，中国科协以推进学术建设和科技创新为目的，创立了学科发展研究项目，组织所属全国学会发挥各自优势，聚集全国高质量学术资源，凝聚专家学者的智慧，依托科研教学单位支持，持续开展学科发展研究，形成了具有重要学术价值和影响力的学科发展研究系列成果，不仅受到国内外科技界的广泛关注，而且得到国家有关决策部门的高度重视，为国家制定科技发展规划、谋划科技创新战略布局、制定学科发展路线图、设置科研机构、培养科技人才等提供了重要参考。

2018年，中国科协组织中国力学学会、中国化学会、中国心理学会、中国指挥与控制学会、中国农学会等31个全国学会，分别就力学、化学、心理学、指挥与控制、农学等31个学科或领域的学科态势、基础理论探索、重要技术创新成果、学术影响、国际合作、人才队伍建设等进行了深入研究分析，参与项目研究和报告编写的专家学者不辞辛劳，深入调研，潜心研究，广集资料，提炼精华，编写了 31 卷学科发展报告以及 1 卷综合报告。综观这些学科发展报告，既有关于学科发展前沿与趋势的概观介绍，也有关于学科近期热点的分析论述，兼顾了科研工作者和决策制定者的需要；细观这些学科发展报告，从中可以窥见：基础理论研究得到空前重视，科技热点研究成果中更多地显示了中国力量，诸多科研课题密切结合国家经济发展需求和民生需求，创新技术应用领域日渐丰富，以青年科技骨干领衔的研究团队成果更为凸显，旧的科研体制机制的藩篱开始打破，科学道德建设受到普遍重视，研究机构布局趋于平衡合理，学科建设与科研人员队伍建设同步发展等。

在《中国科协学科发展研究系列报告（2018—2019）》付梓之际，衷心地感谢参与本期研究项目的中国科协所属全国学会以及有关科研、教学单位，感谢所有参与项目研究与编写出版的同志们。同时，也真诚地希望有更多的科技工作者关注学科发展研究，为本项目持续开展、不断提升质量和充分利用成果建言献策。

中国科学技术协会
2020 年 7 月于北京

人类社会迄今共发生过三次工业革命，极大地推动了社会的进步与发展。现在，人类正在迎接第四次工业革命的到来，其核心内容为人工智能。抓住这个机遇，对中华民族实现伟大复兴至关重要。

近年来，我国政府在人工智能领域密集出台相关政策，已经把人工智能的发展上升到国家战略的高度。中国政府于2017年发布《新一代人工智能发展规划》，提出了面向2030年我国新一代人工智能发展的指导思想、战略目标、重点任务和保障措施，部署构筑我国人工智能发展的先发优势，加快建设创新型国家和世界科技强国。近几年的政府工作报告中都提到了人工智能，可以看到我国政府对人工智能发展的重视。

心理学与人工智能之间的关系十分密切。在人工智能发展的各个阶段，心理学，特别是认知心理学都起着至关重要的作用。从人工智能诞生初期的纽维尔（Allen Newell）、西蒙（Herbert A. Simon），到近期的辛顿（Geoffrey Hinton）、马库斯（Gary Marcus）等，这些人工智能学者都具有心理学背景。众多人工智能学术概念，例如深度学习和强化学习等也是借鉴或直接来自心理学。

人工智能学科的主要目的是模拟、延伸和扩展人的智能，并建造出像人类一样可以胜任多种任务的通用人工智能系统。心理学研究人类的心理和行为。人与动物最主要的区别在于其主动认识和改造客观世界的能力，即根据自身目标在开放的环境下、在动态的过程中根据不完全信息进行推理和决策，做出恰当反应的能力。心理学对人的认知、意志和情感所进行的研究和创建的理论，正是系统地揭示了这种人类智能的本质，为人工智能研究提供了智能模板。

历数近年来人工智能领域新算法的提出和发展，其中有很多是直接借鉴和模拟了人类的基本认知过程。例如在自然语言处理领域，借鉴认知心理学的短时记忆和长时记忆、注意机制等认知概念提出来的新算法，有效提升了系统的语言理解水平。在今后的发展进程中，人工智能必然会遇到瓶颈或者困境，而更紧密地与心理学和神经科学结合，更多地学习和借鉴人类智能的神经实现过程，可能是一个解决问题的有效途径。

本报告由 1 个综合报告和 7 个专题报告组成。综合报告内容包括 3 个部分，主要从心理与认知过程、人机交互和教育人工智能方面来总结我国心理学工作者所开展的与人工智能有关的工作。专题报告内容包括：心理学在人工智能进化中的重要作用，人工智能技术在运动心理学、法律心理学、军事心理学等领域中的应用，大数据技术在社会心理学研究中的应用以及基于认知的微表情识别、人脸抑郁表情分析等。

本报告由中国科学院心理研究所杨玉芳研究员担任首席科学家，孙向红研究员负责组织和项目的实施。来自中国科学院心理研究所、华东师范大学、华中师范大学、北京邮电大学、南京师范大学、空军军医大学、上海体育学院、中国政法大学、甘肃政法学院等心理学科研和教学单位参与了本报告的文稿组织与撰写。希望本报告有助于推动和促进我国人工智能和心理学的发展。

中国心理学会
2019 年 11 月

ABSTRACTS

Comprehensive Report

Reports on Special Topics

综合报告

人工智能时代下的心理学

1. 引言

1.1 本报告的定位

心理学研究人的心理与行为、发生发展的规律及其神经生物学基础。围绕这一主题，心理学从不同层面和角度进行探索，并将理论和方法应用于各个社会生活领域，逐渐形成了纷繁的分支学科体系。随着国力的不断增强，我国的心理学研究从人员数量、研究深度到服务社会需要，都有了长足的发展。大众对心理学的需求越来越急迫，在党中央和国家政府层面也多次出台文件，指出心理学家要在国民健康和社会心理服务体系建设中发挥重要作用。

在中国科协的组织和指导下，近几年的《心理学学科发展报告》分别综述和总结了心理学学科体系和方法论（《心理学学科发展报告（2014—2015）》）、脑科学时代的心理学最新进展（《心理学学科发展报告（2016—2017）》）、我国心理学家为推进国家治理体系和治理能力现代化方面所做的贡献（《心理学学科发展报告（2018—2019）》）等。前两个报告发布后，在心理学界和其他领域产生了很好的反响。本报告以"人工智能时代下的心理学"为主题，将综述和总结我国心理学工作者在人工智能相关领域开展的卓有成效的工作、取得的成就及国际上的研究现状和发展趋势，包括了在认知、教育、工程、军事、司法、体育等领域的与人工智能有关的研究工作。

人工智能领域研究如何使用计算机来模拟人的思维过程和智能行为，其目标是延伸和扩展人类智能，研制像人类一样可以胜任多种任务的通用智能系统。自1956年的达特茅斯会议至今，60余年来几经潮起潮落，人工智能终于迎来了新的大发展时期。近十几年世界各国竞相将其列为人类科学技术和社会经济发展的新引擎。中国政府于2017年发布《新一代人工智能发展规划》，提出了面向2030年我国新一代人工智能发展的指导思想、战略目标、重点任务和保障措施，部署构筑我国人工智能发展的先发优势，加快建设创新型国家和世界科技强国。可以预见，人工智能的发展将带动社会与经济发展的巨大进步。这个目标的实现，不仅有赖于计算机科学与技术的发展，还需要有关人类智能及其在神经系统实现的系统理论和知识的支撑。

心理学研究人类的心理和行为。人与动物最主要的区别在于其主动认识和改造客观世界的能力，即根据自身目标在开放的环境下、在动态的过程中根据不完全信息进行推理和决策，做出恰当反应的能力。心理学对人的认知、意志和情感所进行的研究和创建的理论，正是系统地揭示了这种人类智能的本质。可以说，认知科学时代的开启主要得益于心理学与计算机科学的结合。人工智能的诞生与发展，自始至终有心理学的参与和贡献。

在心理学内部，对于心智（mind），不同流派有着不同的理解，人工智能在运用这些纷争的思想成果，艰难探索、曲折前进。心理学的"物理符号系统假说"将人类与机器的心智相统一。人工智能以符号主义为基础，在机器定理证明、专家系统等领域取得重大成就，形成了第一个高速发展期。联结主义是根据神经元和突触的发现而发展起来的认知理论，人工智能采用人工神经元网络并在此基础上对算法改进，解决了一系列模式识别问题，促成人工智能的第二个高速发展期。计算机硬件水平的提高、互联网生成的海量数据与深度学习算法的结合，使联结主义取向重新复兴，在众多领域达到或超越人类水平，人工智能由此迎来了第三个高速发展期。历数近年来人工智能领域新算法的提出和发展，其中有很多是直接借鉴和模拟了人类的基本认知过程。例如在自然语言处理领域，借鉴认知心理学的短时记忆和长时记忆、注意机制等认知概念提出来的新算法，有效提升了系统的语言理解水平。在今后的发展进程中，人工智能必然会遇到瓶颈或者困境，而更紧密地与心理学和神经科学结合，更多地学习和借鉴人类智能的神经实现过程，可能是一个解决问题的有效途径。

心理学和人工智能都在探索对"智能"的理解和实现，在某种意义上二者殊途同归。一方面，人工智能研究推动了心理学研究范式、研究方法及数据挖掘的创新和发展，使得在实证研究基础上的认知建模和计算建模成为心理学理论建构的一种"模式"，使心理学的研究成果能更好地与人工智能进行"桥接"；另一方面，人工智能领域鼓舞人心的进展也给我们认识人类智能带来了重要启示。围棋人工智能新成果阿尔法元（AlphaGo Zero）不需要棋谱数据和先验知识，通过强化学习的算法创新战胜了阿尔法围棋（AlphaGo），探索了特定应用中不依赖领域数据、通过自我学习获得强大推理决策能力的人工智能技术发展路线。概率生成模型递归皮质网络（Recursive Cortical Network）在验证码识别任务上超越了深度学习方法，从人类大脑的机制中寻找启示，探寻一条非深度学习框架的通用人工智能道路。深度学习之父辛顿（Geoffrey Hinton）提出的胶囊网络（capsule networks）新概念，探索了对传统神经网络的变革思路，朝着可解释的人工智能系统的方向发展，试图把相互关联的多模态信息给以统一的表达。还有最近 *Science* 和 *Nature* 杂志上发表的一些受脑启发的智能计算模型都是这方面的典型例子。这些进展为心理学家在更深的层面上认识和思考人类的学习、知觉、信息的跨通道整合等提供了重要启示和借鉴。与人工智能的结合和相互借鉴，可以为心理学和认知神经科学对人类智能本质的探索提供新思想、新模型。

本报告将主要介绍我国心理学工作者在与人工智能相结合方面开展的工作和取得的进展；同时与国际发展水平进行比较，并对未来做出展望。

1.2　概貌

多年来，国内的心理学工作者已经将人工智能的理论、方法与技术广泛地运用到各个心理学分支领域，取得了可喜的进展和成就。其中，比较集中和有代表性的是以下三个方面：

1）心理学与认知过程的模拟及其应用，在与脑科学和人工智能深度融合中促进认知和智能理论的突破和创新。心理学与人工智能的交叉研究和密切联系，推动了心理学研究范式、研究方法及数据挖掘的创新和发展，为深入探讨和解决心理学学科的科学问题提供了新的方向和视角。特别是，通用人工智能从思维层次上对人类心理和认知过程进行"类脑"模拟，能够直接、有效地对认知机制、脑机制和精神疾病等心理学问题进行探究。人工智能技术的发展及相关支持为模拟人类的心理过程提供了机遇和发展前景。

2）研究人机系统中的智能增强，促进各种智能系统的研发和人机系统的集成。本报告从智能化时代中的人机自然交互、自动驾驶汽车、人机信任关系、认知神经增强和虚拟现实（VR）技术在认知训练中的应用五个方面介绍人工智能与工程心理学之间的相互影响和最新研究进展。其中，自然人机交互是人工智能、心理学、神经科学等学科交叉融合研究的重要领域；自动驾驶汽车是人工智能在交通领域的重要应用之一；人和人工智能系统之间的关系也是最近人机信任关系研究中关注的重点，影响着操作员对于自动化系统的使用程度；认知增强是指综合利用生物学、心理和认知科学、信息科学等领域的前沿技术改进与提升人的认知与情绪能力。本报告将对这些方面国内外研究进展、发展趋势进行分析和展望。

3）人工智能与教育的融合——教育人工智能领域的进展。将人工智能应用于教育领域的探索和尝试已有很长的历史，近年来随着信息技术生态系统的发展与成熟，人工智能与教育的融合也越发深入，带来了新的成果与挑战。本报告从心理学视角对近年来人工智能教育领域的研究进展进行梳理，并对国内外研究现状和未来的研究趋势进行分析和展望。

国内心理学研究工作者开展的与人工智能相结合的工作不仅限于此。本报告含六个专题报告，分别介绍了人工智能技术或者方法在法律、运动、情绪识别和社会治理等领域的应用。此外，还有学者从心理学史的研究视角，介绍心理学在人工智能进化中的重要作用。各专题报告是对综合报告内容的延伸和补充。

希望本报告能够真实、全面地反映国内的研究现状、国际前沿与发展趋势，并能促使

更多学者关注和参与人工智能相关的工作，为实现国家在《新一代人工智能发展规划》中提出的目标作出心理学的卓越贡献。

以下对这三个领域分别从国内研究进展、国内外研究现状比较和未来发展趋势及其展望等方面进行阐述。

2. 学科近年的最新研究进展

2.1 人工智能时代下认知心理学的研究进展

基于传统心理学的方法和技术，将人工智能的最新成果巧妙地运用到心理学各方面的研究中去，已成为国内外研究的热点。近年来，通用人工智能（AGI）逐渐兴起，也对心理学相关研究产生了重要促进作用。人工智能涉及心理学研究的诸多方面，国内学者已经在思维领域中的决策和创造力、学习和记忆领域中的内隐学习以及语言和数学的认知加工等方面开展了卓有成效的工作。

2.1.1 决策和创造力研究

决策研究在第二次世界大战后迅速发展，涉及学科较广，与现实世界联系紧密。决策研究与数学和概率统计一直密不可分，以数理思维探究人类决策的研究范式延承至今，成为研究者理解人类决策过程、提出改进建议的重要工具。决策模型大体上可分为描述性模型和规范性模型，前者探究现实世界的人或群体是怎么做决策的，后者解释一个理性的人或群体应该如何做决策。模型的应用几乎涵盖了所有决策问题，可以说是决策模型构成了现代决策研究的主体。

决策既有即时的决策，也有跨期的决策。对此，决策模型研究比较多的是启发式模型和扩散模型。此外，决策模型还包括贝叶斯模型、预期理论模型、信号检测论模型及群体决策模型等类型。启发式模型（heuristic models）[1, 2]的核心思想是：人类做决策时其主要目的并非预期效用最大化，而是针对个人认知能力的限制和外在环境的特定结构找到并应用适当的、相对简单的策略模型（统称启发式），从而快速而有效地做出抉择。启发式模型既可以是描述性的，也可以是规范性的。目前研究证明，看似简单的启发式往往可以帮助人们做出最佳决策。扩散模型（diffusion models）[3, 4]源于物理学的扩散模型，现已被广泛应用于包括决策在内的人类认知研究的方方面面。在二选一的决策中，扩散模型的核心假设有三点：①决策者顺序采样与决策相关的信息；②这些信息以一定的速率向某个选项偏移；③当支持某一选项的累积信息值超过一定的阈限，决策者就会选择该选项。扩散模型是描述性模型，虽然其核心参数不多，但非常有效，不仅可以解释人们的选择，还可以解释反应时，甚至是决策信心的数据。值得注意的是，对于扩散模型非常重要的顺序信息采样过程只是一个假设，还缺少直接的支持证据。

近年来，人类创造力与人工智能两个领域的研究与应用呈现相互促进、共同发展的态势[5]。例如，深度学习、卷积神经网络、计算机生成系统的探索，可以为心理学研究者理解人类创造力提供信息；而心理学对人类创造力内涵、过程和影响因素的研究则被计算机领域的学者消化吸收，用以理解人类创造力的核心认知本质，将其融入人工智能创造力研发工作中，并有望与心理学工作者携手开创出基于人类创造力认知原则的人工智能研究新取向[6]。其中，计算创造力（computational creativity）正是基于计算机与心理学跨学科视角形成的人工智能研究新取向。计算创造力通过对创造力进行计算机建模、模拟或复制，探讨创造力研究中的理论和实践问题，涉及人工创造力（artificial creativity）、机器创造力（mechanical creativity）、创造性计算（creative computing）、人工智能创造（AI creation）等相关概念，并且跨越艺术、科学和工程学多个学科界限，受到人工智能、计算机科学、心理学以及特定创新领域（艺术、音乐、推理和文学）的影响。计算创造力的目标是构建具有人类创造力的程序或计算机；更好地了解人类创造力、为人类创造性行为制定算法；设计能够增强人类创造力的程序。其研究领域既包括计算机的自主创造，也包括计算机与人类共同创造者的合作[7, 8]。前者是实现强人工智能的重要保障，后者所涉及的人机协同下的混合增强智能（hybrid-augmented Intelligence）则是新一代人工智能的典型特征，也是人工智能新发展的重要方向[9]。

（1）决策的认知过程及计算模型

近期关于决策模型有代表性的研究主要集中在两个方面，其中国内学者栾胜华等人[23]着重于多个选项之间即时的决策，提出了新启发式模型（差值推理 Δ-inference）；戴俊毅等人[24]着重于跨期（时间折扣）的决策，对扩散模型进行了深入的研究。

模型在具体研究中的应用方式包括：①不同的模型可以被当作不同的心理过程假设，用实证数据检验哪个模型可以更好地代表决策过程；②针对现实世界的决策问题，检验不同模型的效果，给出最佳解决方案；③利用数学分析或者计算机模拟探讨一个或多个模型的适用范围，推导出新的行为假设，指引实验设计。总体而言，模型是对决策过程和方式的数理化表征，可以广泛地应用于对决策的科学研究之中。下面介绍关于决策模型的计算和应用研究：

1）新启发式模型及应用。研究者通过对现实世界的观察，在心理学和经济学现有的理论和模型之上，提出了"差值推理 Δ-inference"的新启发式，并通过数学分析、计算机模拟和分析现实数据的方式证实了此模型的有效性[23]。

差值推理主要应用于二选一的决策情景中，比如诊断两个患者中哪个患者病情更严重、更应该得到及时的抢救等。和很多决策模型一样，差值推理通过对与决策相关的线索（cues）进行整合而做出决策。但与加权平均不同，差值推理是个非补偿性（noncompensatory）模型，该特点可以从图 1 的两个例子中看出。如图 1 左是差值推理在预测体育比赛获胜球队中的应用。它只采用了两条线索，只要两支球队的信息符合线索一的决策条件（两支球队之前获胜比赛数的差值 Δ 大于 2），就可以预测哪支球队会赢，没有必要再检验第二条线

索。此过程没有对线索信息的加权平均，而且所需信息非常少，省时省力。

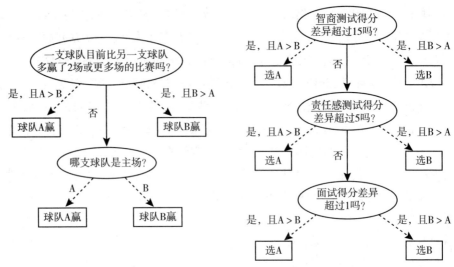

图 1　差值推理启发式举例

（左图用于预测体育比赛获胜球队，右图用于甄选工作申请者；资料来源：Luan et al.，2014）

作为一个新启发式，差值推理的核心参数有两个：①对线索的排序；②对每个线索上用于决策的差异值 Δ 的设置。后一参数是整个启发式的核心。研究者通过数学分析和计算机模拟，发现当设定的差异值越大，线索一的准确率就会递减，其他线索的准确率会递增。由于整体准确率是这两个准确率之和，导致它成为在差异值上的单峰函数（见图 2）。因此，为了整体准确率最大化，差异值在理论上应该设置得不高也不低。

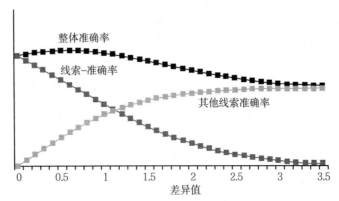

图 2　差值推理启发式的准确率与线索上设定的、用于做决策的差异值 Δ 的关系

（资料来源：Luan et al.，2014）

　　为了探究差值推理的准确率，研究者测试了差值推理和其他模型对现实世界任务的决策准确率。图 3 是两种差值推理启发式和线性回归在决策准确率上的比较。"简易差值推理"在所有任务中将线索差异值 Δ 固定为 0，而"优化差值推理"在每个任务中选取了使得决策准确率最高的 Δ 值。其结果显示线性回归在拟合中最好，但在预测中最差，而且需要搜索最多的信息；优化差值推理的预测成绩最佳，且平均搜索 1.7 个线索就能做决定；简易差值推理虽然及其简单，且平均只搜索 1.1 个线索，其预测准确率还是非常出色的。

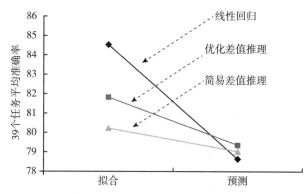

图 3　两种差值推理启发式与线性回归在 39 个现实世界
任务中的决策准确率上的比较

（资料来源：Luan et al.，2014）

　　通过以上的研究，研究者展示了差值推理启发式的特点和有效性，并认为该启发式应该被更广泛地应用。接着，研究者在人事甄选领域对差值推理启发式进行测试，检验其作为规范性及描述性模型的有效性。研究者设计了三个研究，均设定在以下情景中：经过层层筛选，剩下最后两位申请人，决策者需要选择其中一个；他们所用的线索有三个：智商测试分数、责任感测试分数和面试分数[25]。图 1 右是差值推理在这个任务中的一个假想应用。

　　研究一用现实数据对比了差值推理启发式与其他四个模型（三个机器学习算法和一个二选一的传统模型）的预测准确率。研究者将 236 名某航空公司的人员进行两两配对，用五个模型来预测他们将来的工作成绩，在与他们经理对其工作的实际评分进行对比就可以得到模型的准确率。结果显示不论抽样样本有多大，差值推理启发式的预测准确率均比其他四个模型要高；且样本越小，优势越明显（图 4）。此外，差值推理平均只需搜索一半的线索就可以帮助决策者做出决定。因此，差值推理既省时省力，又有较高的预测准确率。

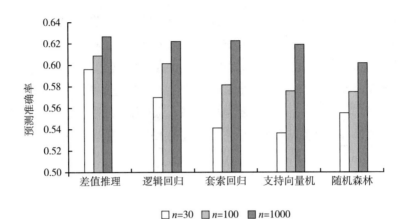

图 4　差值推理启发式与其他四个模型在人事甄选任务中的预测准确率

（"n"是用于交叉检验的数据样本大小；资料来源：Luan et al., 2019）

研究二关注差值推理和逻辑回归的对比，通过模拟不同的任务环境，进一步理解"生态理性"（ecological rationality），即决定两个模型相对预测准确率的环境因素。结果显示，数据样本越小，信息越集中在最好的线索；因变量（工作成绩）和三条线索之间的非线性关系越强，差值推理的相对准确率就越高。

研究三检验决策者是否用差值推理来做人事甄选决策。此研究探讨了差值推理和逻辑回归预测被试行为数据的准确性。图 5 显示，被试以往做甄选决定的经验越多，就越可能应用差值推理。另外，被试在实验后对三条线索的重要性进行打分，打分越极端，被试就越可能应用差值推理。这是对差值推理启发式的第一个描述性研究，结果支持该启发式是有效的。

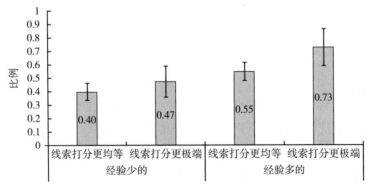

图 5　应用差值推理启发式的被试比例（n = 143）

（资料来源：Luan et al., in press）

同为行为科学，管理和心理有许多共通之处。将研究置身于管理决策情景之中，研究者既进一步探索了差值推理启发式作为规范性和描述性模型的价值,又为决策模型在管理领域内的应用开创了一个新思路。

2)扩散模型及应用。人们在日常生活和经济活动中的大量决策既会对当下产生影响,又会改变未来的状况[26]。因此,在面对此类决策任务时,人们要对在不同时间点出现的收益和损失进行权衡并以此为基础做出决定。由于这样的决策涉及发生在不同时间点的结果,此类决策一般被称为跨期决策。

由于跨期决策的普遍性和重要性,经济学家和心理学家对其进行了大量研究,并且提出了一系列数学模型来描述实证结果。戴俊毅和 Busemeyer[24] 以决策场理论为基础,提出了针对跨期决策的基于注意转移和偏好累积的扩散模型。他们的研究表明,此类模型能较好地解释跨期决策研究中出现的定性和定量数据模式。在此基础上,研究者进一步考察了其他构建跨期决策的动态概率模型的方式,包括以词典半序模型(lexicographic semiorder model)为基础和建立在随机效用与差别阈限上的动态概率模型。模型拟合和比较的结果表明,相比于其他两类模型,以随机效用与差别阈限为基础的模型能够解释更多个体层面的跨期选择数据(包括选择结果和反应时),而且不同个体会选取不同的策略来应对跨期决策任务。进一步的研究可以考察影响策略选择的个体以及环境因素有哪些,从而得到对跨期决策的机制和影响因素更深入地认识。

(2)人工智能与人类创造力

目前,针对混合增强智能下的计算创造力,国内学者已将计算机模拟引入团队创造力研究,并探讨了团队创造力的计算机支持方案。其中,祖冲、曾晖和周详[27]对团队创造力认知模型进行基于多主体的计算机模拟(见图6),考察团队执行创造性问题解决任务时,知识共享过程中团队创造力的动态变化。该研究根据团队的社会网络建立认知模型,为不同特征(个体创造力、知识分享频率和知识转化效率)的团队成员分配不同的认知任务(问题构建、发散性探索和评价总结),重点检测团队成员不同特征与任务分配条件对团队创造力的影响以及团队成员流动过程的影响。模拟实验包括 12 个实验条件,每个条件 500 个团队,共计 60000 个问题解决任务。研究结果表明,当成员具有各不相同的个体特征时,拥有较多常识性知识和较高知识共享频率的成员进行问题构建任务,拥有较多创造性知识和较低知识共享频率的成员进行发散性探索任务可以让团队创造力更高;同时,定期的成员流动也可以保持团队的创造活力和稳定性。计算机模拟法可以进行严格的变量控制,也可以进行无限次的重复性测量来保证理论模型的信度。

高水平的团体创造力需要有效的互动过程、最佳的群体构成与体验以及支持创新和心理安全等便利背景,电子头脑风暴和个人书写头脑风暴(brain-writing)、个体与群体创新交替进行的混合式头脑风暴是团队合作创新的有效模式[28]。周详等人分析了协同创新中头脑风暴法受认知、社会和动机因素影响而面临的生产阻塞、评价担忧和搭便车者等问题,建议通过设计较好的计算机支持下的协同创新工具加以控制和解决[29]。

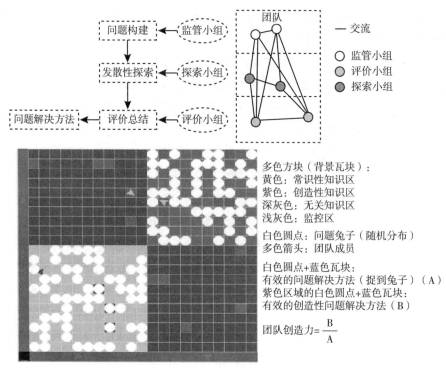

图 6　团队创造力计算机模拟中的问题解决过程与多主体行为空间示例

（资料来源：Zu et al.，2019）

2.1.2　学习与记忆

人工智能除了在思维领域中有所应用和研究，在学习和记忆领域中也开展了模拟研究，比如内隐学习。内隐学习由 Reber 于 1967 年提出，是指人们能够无意识地获得关于外部世界的结构化规则的知识[10]。内隐学习对人类的学习和生活（语言习得、音乐学习以及知觉—动作技能）具有十分重要的作用。近年来，关于内隐学习的研究主要集中在两个关键的方面：①内隐学习获得的究竟是何种类型的知识？是具体的表面特征还是抽象的深层规则？②内隐学习是如何发生的？其内在机制是什么？何种计算机模型能够模拟人类被试的内隐学习？人们对语言规则的习得通常是无意识的，且语言中存在大量的远距离规则（nonlocal dependencies，long distance dependencies）。远距离规则是一种复杂的超越限定状态的语法，是不相邻规则。近年来，研究者对远距离规则的内隐学习产生了浓厚的兴趣，并开展了一系列研究。人工神经网络模拟（artificial neural network modeling）常被用于模拟人类各种心理活动，其在学习过程和学习特征上都和人类的内隐学习十分相似[11, 12]。这种模型不仅能够通过构建各种心理状态和心理过程的神经网络模型，而且还能够通过发明基于神经网络的人工智能系统来模拟人类的记忆和学习等智能活动（特别是语言）。因此，开展人工神经网络模拟的研究将有助于探究远距离规则的内隐学习机制，为心理学理论提供支持。

内隐学习的神经网络模拟研究。目前，在内隐学习的神经网络模拟中最有影响力的一个模型是简单循环网络模型（simple recurrent network，SRN）[30]，如图 7 所示，其能够模拟人类被试对限定状态语法的内隐学习，也能够在特定条件下学会远距离规则。

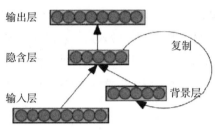

图 7　SRN 模型结构图示

（资料来源：李菲菲，2013）

学习超越限定状态语法的远距离规则需要一个记忆缓冲器，而 SRN 模型恰好具备这样一个记忆缓冲器，能够承担记忆存储的功能。因此，采用 SRN 模型研究远距离规则的内隐学习能够探明内隐学习是否能够突破组块等表面特征的限制、进而习得抽象规则以及 SRN 模型具备的记忆缓冲器及其计算原理是否能够模拟人类被试的内隐学习机制。

近年来，研究者通过控制组块与重复结构等表面特征，考察了汉语声调倒映规则和逆行规则（图 8）是否能够被内隐学习以及是否存在背景的变异性效应，并采用了 SRN 模型对人类被试的此类内隐学习进行了模拟[31, 32]。

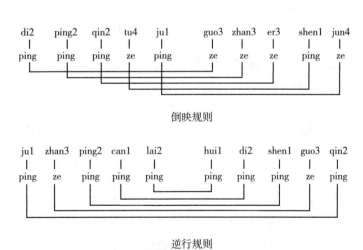

图 8　汉语声调对称规则示例

（资料来源：李菲菲，刘宝根，2018）

实验首先在人类被试上开展，实验结果证明了人们能够内隐习得汉语声调倒映规则和逆行规则，也证实了人们能够内隐习得抽象的对称规则。除此之外，习得倒映规则的正确率显著高于习得逆行规则的正确率，这表明在功能上内隐学习使用的记忆缓冲器更像一个先进先出记忆。然后，研究者采用 SRN 模型对上述人类被试的行为实验进行模拟。SRN模型可以在很大的范围内设置自由参数，并且各层之间的权重可以继续变化，以类比人类被试的学习行为。结果发现 SRN 模型模拟的数据结果与人类被试保持一致（图 9）。SRN模型不仅学会了汉语声调的倒映规则和逆行规则，而且倒映规则比逆行规则更加容易习得。这表明，SRN 模型具备的记忆缓冲器以及计算原理能够模拟人类被试远距离规则的内隐学习机制。

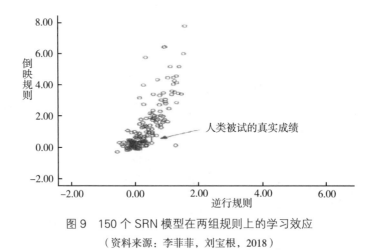

图 9　150 个 SRN 模型在两组规则上的学习效应

（资料来源：李菲菲，刘宝根，2018）

2.1.3　语言与数学加工的认知过程及计算模型

学习和记忆是人类智能的重要组成部分，而语言和数学的认知加工也与人类的生存和发展联系密切。近年来，随着人工智能算法的革新和计算机硬件技术的发展，基于神经网络的认知计算模型，即连接主义，在语言词汇与数学数量的认知加工领域越来越受青睐，为其动态加工和交互机制提供了重要的见解。

连接主义用"分布表征"来探索人脑神经网络的机制，又称并行分布加工（parallel distributed processing，PDP）。连接主义基于神经回路解剖学特征[13]，认为单个神经元仅是有限信息的携带者，它非线性地把来自树突的输入转化成电信号发放率，而认知其实就是一组相互联系的具有激活值的神经元所构成的网络的动态整体活动。故 PDP 模型假设，所有形式的知识都被表征在网络结构中，网络的基本元素是节点，对应于生物学的一个或者一组神经元，每个节点与其他很多节点相互连接，对应于生物学中神经元间或不同脑区间的连接。而突触间传递作用的变化被映射成相应节点间连接权重的变化。最简单的神经元学习规则为赫布学习规则，即两个神经元同步激发，则它们之间的权重增加，若单独激发，则权重减少。因此，与符号主义的推理方法不同的是，连接主义强调神经网络的整体活动和连接权重的作用。即知识不是统计性存储的，而是依靠各个节点之间的连接，是以一组节点单元的激活模式来表征的。节点间通过 0-1 激活机制实现相互通信，即节点单元的激活表征将引起其他单元新的激活模式，且这些激活一直并行进行，实现学习和认知加工过程[14, 15]。更具体地来说，某个数字或者某个单词的输出都是自然而然发生的（emergency）[16]，这个过程并不是仅由某个神经元或是某个脑区单独处理的，而是不同的神经单元分布式地处理总体输入的小部分信息（通常是带有噪声的信息）或者是其他单元输出的结果，最终汇聚成唯一的输出[17, 18]。

此外，连接主义 PDP 模型还突出了层级加工的优势，深层架构能让模型捕捉到更复杂的世界[19]。层级加工也是大脑认知过程的基本特征，某个特定的脑区将特定的信息转化成更加抽象的信息形式，多个脑区并行加工，该信息的复杂性增加，因此获得的信息变得更加全面。值得注意的是，PDP 模型允许不同信息的加工有不同的权重，这一点常常被用于解释个体差异和脑损伤[20-22]。

近年来，连接主义 PDP 模型在探索数学和语言的认知加工和神经机制领域里取得了很大的进展。该模型可以捕捉语言的学习、表达和加工以及数字的表征、数字运算过程中的许多重要特征，并为这些行为模式的来源提供新的见解。除此之外，通用人工智能模型逐渐进入公众视野。通用人工智能理论对心理学相关研究具有重要的推动作用，从思维层面出发，有助于对人脑的运行机理、认知的基本机制、学习的基本机制以及精神疾病等问题进行研究和探索。因此，在未来的研究中通用人工智能将带来新的视角。

（1）语言加工的计算模型

1）邻近词的相似特征：合作和竞争机制。在语言认知领域，研究者常用连接主义的分级、平行激活现象来解释邻近词效应，即邻近词对目标词汇的识别或产生有影响。研究者在不同的任务和环境中对邻近词进行了广泛的研究，结果揭示了一种共通的模式：对于特定任务和邻近类型，具有一致的邻近效应；但不同种类的任务和邻近词类型下，效应是有差异的，有的体现为促进，有的体现为抑制。

陈琦和 Mirman 提出了激活和竞争交互（interactive activation and competition，IAC）模型，可以探测邻近效应在哪些情况下表现为促进，哪些情况下表现为抑制[33]。IAC 的核心原则是 PDP，它解释了邻近词对词汇的生成和识别的相反影响和对视觉和听觉词汇识别的相反影响的计算原理。IAC 模型分为三层（如图 10）：第一层的单元对应词形元素（如音素）；第二层的单元对应词汇元素（即模型词汇表中的单词）；第三层的单元对应于意义元素（即概念的语义特征）。不同层的单元之间双向加权连接，字层中的单元通过双向抑制连接进行连接。抑制连接强度按单位激活的 sigmoid 函数（图 11）进行缩放，由此可以允许多个候选词的初始并行激活，同时仍然迫使模型最终输出单一的表征。语义单元间的连接通常被赋予抑制性权重，但当语义单元所代表的概念有重叠，应该被赋予较低的抑制性，因为特征共现具有促进效应[34]。

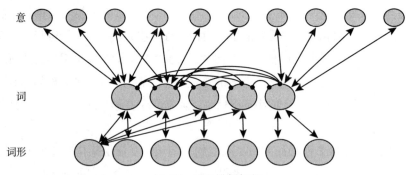

图 10　IAC 模型框架

（该模型使用一个由五个双音位词的单词组成的简单词汇表。每个单词还与 10 个语义特征单元相关联。其中四个单词是邻近词，另一个词没有邻近词。资料来源：Chen & Mirman，2012）

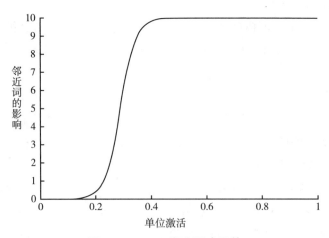

图 11　sigmoid 抑制强度函数

（资料来源：Chen & Mirman，2012）

陈琦和 Mirman[33] 用该模型对词汇识别和生成过程进行拟合，其结果表明了词汇识别任务和词汇产生任务中的正字法、语音和语义邻近效应的核心定性模式，并且揭示了决定邻近效应是促进还是抑制的核心计算规则：较强激活的邻近词具有净的抑制效应，然而较弱激活的邻近词具有净的促进效应。也就是说，对于激活较强的邻近词，它们的抑制效应大于其促进效应，但是对于激活较弱的邻近词，它们的促进效应大于抑制效应。

2）和语义表征的交互模型。在邻近词效应的研究中，一个常见的研究范式是"视觉–情景范式"任务（visual word paradigm，VWP）[35]。在 VWP 实验中，被试听到以语音呈现目标物体的名称，然后在 4 幅图中（一个是目标物体，一个是与目标语义相关的物体，另外两个是与目标完全无关的物体）点击名称对应的图片。以往的 VWP 实验结果表明，被试更倾向于注视和语义相关的物体，而不是语义无关的物体[36-38]。另外，Apfelbaum 等人[39] 也发现了这种普遍存在的语义竞争效应：相比于具有较多邻近词，目标词具有较少的邻近词时，语义邻近词会有更多的激活。

　　尽管陈琦和 Mirman 在语音、词汇和语义上实现了模型拟合[33]，但每个模拟都只包括与特定效应有关的两层，而忽略剩下的一层。在现实中，听觉词汇识别不仅需要激活词的形式，通常还会激活词的语义。因此，陈琦和 Mirman 扩展了 IAC 模型，对语音和语义表征之间的交互作用进行了探讨。新的模型保留相同的结构、邻近定义和参数，但语义输入的两种词增加了额外的兴奋性输入：一是目标词，二是与目标语音无关的其他词。陈琦和 Mirman 用新模型对 Apfelbaum 等人的数据进行拟合，结果发现较少的语音邻近词减弱了词汇层的竞争，使得语义邻近词更容易激活，在行为上表现为较低语音密度目标词的语义竞争词的注视率更高[40]。此外，陈琦和 Mirman 把物体图片呈现的延迟时间作为模型当中语义输入强度的指标，将延迟时间在低密度条件与高密度条件下对目标词不同的影响进行预测和拟合[40]。正如模型预测的，语音无关词的语义输入调节语音邻近词激活程度的方式呈现倒 "V" 形式（见图 12）。激活程度高的语音邻近词的净效应表现为抑制，激活程度中等的语音邻近词的净效应表现为促进，激活程度低的语音邻近词则因为激活程度太低，对目标词识别的影响效应也极小。这些结果支持了陈琦等人的预测，即当语音竞争减少时，语义竞争词激活增加，语义竞争调节了目标词加工过程的语音邻近效应；激活强的邻近词具有净的抑制效应，激活弱的邻近词具有净的促进效应[40, 41]。

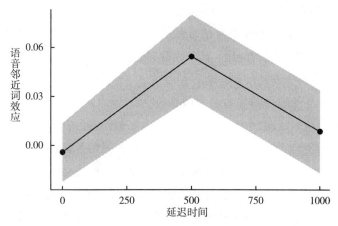

图 12　语音邻近效应的倒 "V" 形式
（正效应表示邻近词的促进效应。效应量的大小取决于密度条件效应和延迟时间效应在截距项上的影响大小，灰色部分代表标准差。资料来源：Chen & Mirman, 2015）

3）失语症患者命名失败的计算模型。个体对图片进行命名时，图片名字所具有的语音邻近词（如图片 deer 具有语音邻近词 dear）影响目标图片命名的正确率。但是，以往的研究发现普通人和失语症患者的行为结果不一致[42-44]。陈琦等人通过计算模型对此问题做了进一步的研究[40]。

词汇命名需要经历两个步骤：第一将语义与其对应的一个词汇进行匹配；第二根据该词汇提取对应的语音并进行发音[45, 46]。任何一个步骤受阻都可以导致失语。在模型中，步骤一受阻体现为语义 – 词汇层联结强度低；步骤二受阻体现为词汇 – 语音层联结强度低（见图 13）。

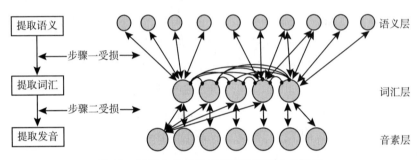

图 13　两类失语症患者在陈琦模型中的体现

（资料来源：Chen & Mirman，2015）

Middleton、陈琦和 Verkuilen 在模型中调整三层之间的联结强度，采用具有高频语音邻近词的目标词和没有语音邻近词但词频与目标词匹配的对照组词来研究高频语音邻近词的命名[47]。结果发现，高频语音邻近词在语义 – 词汇层联结强度高时起抑制作用，联结强度低时起促进作用；而无论词汇 – 语音联结强度高低，高频邻近词始终表现为促进作用，但促进作用的效应大小随着词汇 – 语音联结强度的下降而下降。因此，该计算模型对之前研究行为结果的不一致进行了解释。

此外，失语症患者进行图片命名失败在行为上分为两种情况：命名错误（errors of commission）和命名失败（fails of commission）。命名错误是指者说出了一个答案，但是在发音或者语义上是错误的。命名失败是指者给出答案的尝试也失败了，患者什么都说不出来、只能说出无意义的音节、给出有意义或无意义的描述。陈琦等人采用骆驼与仙人掌测试（camel and cactus test，CCT）来探究失语症患者命名失败的机制[48]。CCT 是一种非口语的语义认知测验，要求被试从四张备择图片中选择意义与目标图片最相似的一张。因此，CCT 能在不依赖口语能力的情况下测量被试的语义认知能力[49]。研究首先估计每个失语症患者的语义 – 词汇层、词汇 – 语音层联结强度，随后以其为自变量、以失语症患者命名失败的概率为因变量进行逻辑回归分析。结果发现，失语症患者的语义 – 词汇层联结强度越大，命名失败的可能性越大；而词汇 – 语音层联结强度越大，命名失败的可能性越小。该结果同样支持了命名失败与语义 – 词汇联结有关的观点[47]。

（2）数量加工的计算模型进展

1）数量表征与空间的紧密联系。行为和神经层面的大量研究已经证实，数量表征与空间有着密不可分的联系[50-53]。在行为实验研究中，最活跃也是被复制最多的证据是数量 – 空间反应编码的联合效应（spatial-numerical association of response codes effect，SNARC），即被试在完成数字的奇偶性判断任务时，对小数的判断左手反应要比右手快，而对大数的判断则右手反应比左手快[54, 55]。

对于数量和空间的紧密联系，最普遍的解释是"心理数字线"（mental number line）[56]理论。该理论具有两个最主要的特征：①数量是从左到右和由小到大地表征在空间平面上的，至少对于英语和法语使用者来说是如此的[57]；②在心理数字线上，相近的数量被表征成相互重叠的高斯函数。尽管对于数量和空间交互，心理数字线理论是一个主流的解释，但对于数量与空间交互作用的本质以及对忽视症患者在线段切分任务中出现的分离等问题的解释，该理论不能给出一个具体而明确的回答。

早期，为了解释 SNARC，Gevers 等人提出了一个计算模型，该模型在遵循心理数字线特性的同时侧重数量信息的编码输出，认为数量加工不仅是对目标数量的编码，还依赖于当前的加工任务[58]。对此，Verguts 等人指出，在推论中要同时考虑输出上的不同，即不同的任务要求和不同的输入形式，从而建构了一个既包含不同输入形式又具有不同任务要求的神经网络模型[59]。从输入到表征，非符号数（一定数量的物体）最初采用客体位置映射（object location map）得以表征，不同的神经元在客体位置映射中具有不同的表征位置。非符号数的编码方式是总和编码，而符号数的编码呈位置编码的特征。

陈琦等人对 Verguts 的模型进行进一步拓展，提出了一个更为具体的数量表征空间编码模型——数量 – 空间模型（number-space model）[60]。该模型在一系列计算仿真中解释了许多有关数量表征的不同研究数据，如 SNARC 效应、距离效应、大小效应等。此外，一些心理数字线理论不能解释的数据，例如忽视症患者的完整 SNARC[61]等，也被该模型所成功解释。这些研究结果表明，数量表征与处理中的数量 – 空间交互并不是某一个因素的作用，而是不同脑区间相互作用的结果[60]。

2）数量运算中的数量 – 空间交互与空间运算模型。近几年，研究者对数量 – 空间交互作用机制的探讨开始从简单的数量加工（如大小比较、奇偶判断等）逐渐拓展到了相对复杂的数量运算处理上[62-64]。关于在数量 – 空间交互作用有两个的现象，一个现象被称为操作动量效应（operational momentum effect，OME），即被试在做加法运算时总是系统性地高估运算结果，而做减法运算时则系统性地低估运算结果。另一个现象为空间操作反应联合效应（the space-operation association of responses，SOAR），即被试在做加法估算时，位于右上方的数倾向于被选择作为运算结果；而在进行减法估算时，位于左上方的数更多地被选择作为运算结果。SOAR 与 SNARC 相关联但又不同，对于非符号数 SOAR 尤为显著[62]。

在早期的数量表征空间编码模型[60]和基函数模型[65]的基础上，陈琦等人[41]提出了空间 – 运算模型（spatial arithmetic model，SAM）。SAM 的核心是一个三层的前馈结构，包括空间输入层（spatial input layer）、基函数层（basis function layer）和空间输出层（spatial output layer）。在数量运算过程中，首先两个操作数以幂压缩函数的形式分别映射到空间输入层，并且在空间输入层各自激活一组神经元；其次它们在基函数层联合在一起，进而把基函数层的激活信息发送到空间输出层；最后来自空间输出层的激活信息依据相同的幂压缩函数转换为运算结果。SAM 采用基函数网络（basis function network）实现从操作数输入到运算结果输出的空间转换，并且认为加法（或减法）运算是两个操作数在数量 – 空间压缩映射上的向量相加（或相减），数量运算中的 OM（高估或低估）是数量 –空间压缩映射的结果。另外，为了明确 SOAR 在行为和神经方面的特征，SAM 引入一个恰当决策和反应机制来进一步将参与空间注意的运动神经元和眼睛的运动表征联系在一起。这样，注意向左侧空间的转移有利于个体在决策竞争中选择左侧反应，而注意向右侧空间的转移则有利于选择右侧反应。

2.2 人工智能时代下的工程心理学研究进展

人机交互

在人工智能时代背景下，人机交互也成了热点研究领域。随着互联网和计算技术的发展，人机交互方式不断发生变革，新的人机交互技术，也就是自然人机交互备受瞩目。目前，人机交互正不断渗透到心理学各个研究领域中，在自动驾驶与人机信任以及认知增强中均有应用和探究。因此，下面将主要围绕自然人机交互、自动驾驶、人机信任、认知增强与虚拟现实（VR）技术等方面进行论述。

（1）自然人机交互的研究

在人机交互的过程中，研究者越来越追求于对人们在自然的、真实状态下的心理活动进行研究，基于心理活动的基本规律寻找和探索自然的人机交互方式。充分考虑人的因素，包括生理基础和认知加工过程等，将为人机交互的自然性提供关键支持。

从计算机问世以来，计算机和人类之间的交互方式不断发生着变革——从键盘、鼠标到触摸板和智能语音输入，从单一的字符串输出界面到图形用户界面再到如今的多媒体用户界面[66]，计算机的体积在不断缩小，交互的效率和体验却在不断优化，人机交互正在朝着自然化的方向不断发展。如今随着计算机技术的迅猛发展，软硬件以及互联网的不断优化，传统的交互方式逐渐成了制约我们获取信息的瓶颈。因此寻求更加自然的、智能的交互方式成了解决问题的突破口，也是相关领域的专家们研究的热点。

自然交互从其广义或本质来讲，是基于自然情境，利用更加自然的交互语义进行人机交互，充分降低交互中的学习成本和认知负荷，使计算系统和人类对现实世界已有的认知进行无缝对接，甚至是融合；从其狭义或实现来讲，自然交互就是以用户为中心，以人类的信息加工能力为约束，利用相关设备、算法和建模等实现更加充分的交互信道输入和更加丰富自然的模态输出，使用户获得更为逼真的可理解性和感受效果俱佳的反馈和体验[67]，从而实现人机交互的自然化。其中交互模态的拓展尤为重要，目前已有的技术包括三维交互、语音、姿势输入、反馈技术、自然语言过程、唇读、表情识别等[68]。自然交互作为一个多学科交叉的前沿领域，其发展依靠人工智能、心理学、神经科学等学科的合作。心理学在其中扮演着重要的角色，以下将从三个方面介绍心理学在自然人机交互研究中所起的作用。

1）自然交互的评价体系。"以人为本"是自然人机交互的核心，因此建立起完善的交互评价体系是改进交互体验、研发新型交互方式等所必需的步骤。但是由于在自然交互中许多关于人的因素十分复杂，难以对其进行定量评估，因此如何建立起准确科学的自然交互评价体系是研究者需要攻克的难题。由于自然交互具有多模态、信息量大的特点，所建立的评价体系需要考虑到更加紧密和频繁的交互过程、更加复杂的事件类型和关系对用户心理体验所产生的影响。用户的主动体验报告是评价体系中重要的一部分[69]。研究者通过对用户行为或心理的客观测量来评估交互界面的自然性[70]。或通过一些学习任务，如技能学习任务来量化人机界面的易用性，侧面反映用户认知负担，评估了交互的自然性[71]。

2）自然交互的认知理论。传统的人机交互之所以制约着信息时代的发展，根本原因在于未能在和计算机的信息交流之中考虑人的因素。自然的人机交互正是利用了这些研究发现，充分考虑人在各个信息加工过程中的规律和局限性，从而降低了人的学习成本和心理负荷，提高了用户的情绪体验[72]。

除此之外，还有一些使用较广泛的交互认知理论，如自适应的理性控制思维模型（adaptive control of thought–rational，ACT–R）、人工性能建模方法（human performance modeling methods，HPMMs）以及排队网络模型（the queuing network model human processor，QNMHP）[73]等。个体的内部包括程序性记忆（代表记忆内容本身的符号层）和陈述性记忆（代表激活过程的非符号层）两种记忆，通过视觉模块和运动模块来进行与外部的交互过程[74]，缓冲区则将自上而下的加工与外来刺激相结合，根据个体的内部经验进行模式匹配和生成规则执行，并获得反馈。该模型涵盖了大部分生活中的任务行为特征，运用于教育认知、人工智能以及安全驾驶等多个领域的认知行为研究[75]。HPMMs是一种在个人行为建模方面具有优势的综合方法，但由于缺乏数学基础，本质上无法生成有关时间和能力的信息。而Feyen等人（2001）提出的QNMHP是一种计算架构，整合了排队网络方法和符号象征方法两种互补的认知建模方法，不仅适合于建模并行活动和复杂认知活动，而且对于模拟用户在特定情境下的行为方面具有特殊的优势。QNMHP在解释复杂的多任务认知活动时，可表示为多个信息流在网络中流动的行为，而不需要设计复杂的、特定于任务的串行过程（ACT–R），也不需要设计执行流程来交互控制任务流程[76]。

Wu等人利用QN–MHP模型研究了驾驶员在驾驶过程中的信息处理的特点，并确定了人机交互过程中信息动态呈现的最优延迟时间，提出了针对驾驶疲劳现象的适应性工作量控制系统[77]。在实际问题中，研究者常综合使用不同的认知模型从而对内部过程有更好的理解。如吴奇等人基于信息加工阶段模型和 ACT-R 理论，提出了建立客机驾驶舱飞行员的告警信息感知、处理和决策的认知行为模型的一般过程，以提高飞行员的安全驾驶能力[78]。

3）交互自然性的生理计算。通过人体的生理信号来计算人机交互的自然性在目前的研究中已经被广泛使用。人的一切认知活动和行为都有其生理基础，生理行为的发生是用户当下心理状态最直接并且最真实的体现。相比较于传统的用户主观测评如问卷、访谈等，生理信号包含了更为全面、丰富、内隐的信息。这不仅可以用于对交互自然性的测评，而且还可以提供全新的交互输入信道，解析并读取用户意图，开辟人机交互的新模式。正因如此，越来越多的研究者开始重视这一课题。目前研究最多的生理信号包括有神经系统电活动，如脑电、皮电、心电、眼电、肌电等；代谢信号，如皮肤温度、呼吸、BOLD 信号等；内分泌信号，如皮质醇、儿茶酚胺等，另外还有如心率变异率等生理活动指标。

情绪、情感这类高级认知功能的生理解析是人机交互自然化的必然趋势，目前研究中，情感测量主要通过运动测量、表情分析、声律和音素分析等，心率、血压、皮电等生理信号也被用于测量这类高级认知活动[79]。如，刘烨等人在悲伤、喜悦、惊奇、恐惧、愤怒五种基本情绪和中性情绪下，测量分析了被试 12 项心肺活动指标，通过统计分析得出，捕捉心电和呼吸信号可以有效地监测用户的情绪状态[80]。

自然交互的核心在于"人"，人的交互感知与交互认知则是连接设备与人的桥梁，是人机环体系和谐运行的纽带。要实现人机交互的自然性，就要通过心理学的研究，在交互感知上实现信息呈现与知觉过程的协调性，在交互认知上实现接口界面与心理模型的相容性。因此我们可以展望心理学在用户心理体验评估、交互认知、交互状态的生理心理计算以及高科技环境中的人因问题等领域继续发挥重要的作用，推动自然人机交互的发展。

（2）自动驾驶

近年来自动驾驶不断发展，对人机交互的设计提出越来越多的需求，如视觉增强、语音交互以及触觉交互等。自动驾驶有助于减轻驾驶员的心理负荷，其与人机交互的结合也产生了一个新的研究主题——人机信任。

自动驾驶技术的发展，可以大量减少人为的操作失误而带来的交通事故，提升道路安全，增加道路流畅性、允许驾驶员进行其他操作提升驾驶舒适性、提升包括老人和残疾人在内的驾驶适用性等[81-83]。现阶段，各国都针对自动驾驶汽车提出了自己的发展蓝图。我国在《〈中国制造 2025〉重点领域技术路线图》中提出期望到 2025 年，远程和短程通信终端的整车装备率增至 80%，驾驶辅助、部分自动驾驶车辆市场占有率约为 30%，高度自主驾驶车辆市场占有率为 10% ~ 20%[84]。美国汽车工程师学会（Society of Automotive

Engineers，SAE）根据技术能力和人的参与程度将自动驾驶汽车（automated vehicle）划分为 6 个等级[85]，如表 1 所示。其中 L2 和 L3 之间存在相当大的跨度，技术人员也通常将 L2 和 L3 之间的分界线视作"辅助驾驶"和"自动驾驶"的真正区别所在，因为当系统达到 L3 时驾驶员已经能够从传统的驾驶操作任务中解放出来，而且不需要关注环境或者系统的运行情况。目前能够实现的自动驾驶大部分还处在 L3 的级别，研究者主要关注的是 L3 级别下人的因素问题，涉及人对自动驾驶的态度以及自动驾驶过程中人与车辆的交互两个方面。

表 1　SE 自动驾驶分级

SAE 级别	名称	描述性定义	踏板和方向盘的操控者	环境的监控者	复杂情况下的执行者	应用场景
人类驾驶员监控驾驶环境						
L0	非自动驾驶	完全由驾驶员操控	驾驶员	驾驶员	驾驶员	无
L1	辅助驾驶	系统控制转向或者加减速中的某一项操作，驾驶员完成其余操作	驾驶员和系统	驾驶员	驾驶员	部分路况和驾驶模式
L2	部分自动驾驶	系统完成转向或加减速中的多项操作，驾驶员完成其余操作	系统	驾驶员	驾驶员	部分路况和驾驶模式
自动驾驶系统监控驾驶环境						
L3	有条件的自动驾驶	系统完成所有动态驾驶任务，但驾驶员能正确响应系统请求并接管	系统	系统	驾驶员	部分路况和驾驶模式
L4	高度自动驾驶	系统在部分环境下完成所有动态驾驶任务	系统	系统	系统	部分路况和驾驶模式
L5	完全自动驾驶	系统在所有环境下完成所有动态驾驶任务	系统	系统	系统	全部路况和驾驶模式

　　人对自动驾驶汽车的态度研究。大众对自动驾驶的态度主要涉及接受度、期望和担忧三个方面。在接受度方面，我国学者做了大量研究。杨洁和沈梦洁采用网络问卷法收集中国自动驾驶汽车消费市场接受度的相关数据，并着重分析公众对 NHTSA-4 等级车辆的了解及消费意向[86]。结果发现，大众对于自动驾驶汽车的态度较为积极，人们表达出在私家车上配置自动驾驶功能的兴趣，也愿意为配备自动驾驶功能的汽车花费更多的金钱。Qu 和 Xu 等人同样采用网络问卷法进一步编制和验证中文版的《自动驾驶汽车接受度量表》[87]，并且发现，对自动驾驶汽车的期待方面评分较高而在担忧方面评分较低的人可能更倾向于使用自动驾驶系统；另外，交通氛围感知和驾驶经验都会影响自动驾驶汽车接

受度。在期望方面,人们希望自动驾驶汽车一方面能够帮助提升道路安全,例如提升事故应急响应等[88];另一方面能够帮助解决社会广泛存在的出行问题,例如老年人或残疾人出行、解决停车难问题等[89-91]。人们对自动驾驶汽车也同样存在很多的担忧和疑虑[27-28],包括出对法律问题以及系统可靠性的担忧,例如自动驾驶车辆产生交通事故之后的责任归属问题、系统失灵可能导致事故发生[90, 91]等。

研究者也探索了影响人们对自动驾驶态度的因素。目前的研究发现涉及的因素包括收入水平[90, 92]、人口密度[93, 94]、人格[95]、信任[96, 97]、与系统的交互经验[98]等。普遍来说,男性、年轻群体、城市居民、受教育程度较高的人对于自动驾驶汽车有更积极的态度[87, 91, 99-101]。在人格特质方面,感觉寻求特质上得分更高的驾驶员更愿意使用和购买自动驾驶汽车,大五人格中宜人性和责任心得分更高的人倾向于更信任自动驾驶汽车,而神经质得分更高的人更担心使用自动驾驶汽车时的数据传输和保密问题[87, 95]。

自动驾驶过程中人与车辆的交互。根据 SAE 的分级,L3 的自动驾驶汽车不再需要驾驶员对车辆的操作,也不需要驾驶员监控环境,但是驾驶员需要在系统提出接管请求时在系统的预留时间内安全接管车辆。因此如何设计接管预留时间及方式是现阶段人和自动驾驶汽车交互的首要问题。预留时间设计成多少更合适目前还没有定论。理论上,预留时间越长用户就有越充分的时间来反馈,但是面对突发状况,系统不一定能够提前太长的时间给出提示。目前预留时间的研究主要集中在 1.5~10 秒,涉及的场景包括前方车辆突然刹车[102]、前方车道线消失[103]、前方障碍物等[104, 105],这些研究面临的突发场景不尽相同,因此也很难得出一致的结论。在接管提示方面,研究者探索了不同感觉通道的提示方式。由于视觉提示会影响驾驶员对路面的关注,因此最不被推荐[106]。Wan 等人则证明触觉比视觉和听觉提示更有效[105, 107]。多通道结合的效果比单一通道的提示更加有效[106]。

(3)人机信任

人机信任,又称自动化信任(trust in automation),它是操作者所持有的对自动化系统的一种态度,认为在处于不确定和易受损的风险情境时,自动化系统仍能够实现其目标[86]。自动化信任在人机交互过程中扮演了重要的角色,会对操作员对于自动化系统的使用程度产生影响。当操作员信任水平过高就会出现自动化依赖和自动化系统的过度使用[87],而信任水平过低就会出现放弃使用的行为。无论是过度使用或者弃用,都有负面影响和结果,不仅不能增加效率、降低工作负荷,还有可能造成安全问题。

研究者主要采用自我报告的方式对自动化信任进行测量[108, 109]。Jian 等人所使用的包含 12 个条目的自动化信任量表有比较重要的参考价值,也是该领域常用的工具[110]。除此之外,也有一部分研究不仅对自动化信任的主观态度进行了测量,同时也对自动化信任的行为进行测量[111, 112]。例如,当被试采纳自动化辅助系统提供的决策建议,而改变自己原本的决策时,这种行为被称为服从,可以反映行为层面的自动化系统。

近来，关于人机信任的研究在研究对象上，从早期对复杂自动化系统的研究慢慢过渡到由于新技术发展而产生的一些新型智能系统上，包括类人机器人、自动驾驶车辆和辅助决策系统；在信任的产生原因和影响因素上，从早期比较关注系统本身可靠性的特点逐渐发展到非可靠性的设计特征（如反馈方式、拟人性、美学特征）以及使用者特征和任务环境特征等综合因素的探讨。比如，Koo 等人探讨了在半自动驾驶的背景下，伴随汽车自主动作的言语消息内容如何影响驾驶员的态度和安全绩效[113]。结果发现，仅提供描述动作的"how"信息（例如，"汽车正在制动"）的消息导致驾驶绩效差，而描述动作推理的"why"信息（例如，"障碍前进"）是驾驶员偏爱的，并且引起了更好驾驶绩效。另外，警报系统的时效性、自动化的外观和显示以及个体差异等也是影响自动化信任的重要因素。如 Schaefer 等人的元分析研究指出，个体差异因素在自动化信任中也扮演了重要的作用，其效应量不低于系统方面的因素[114]。即便是机器的特征保持稳定，个体对机器的知觉也是有差异的[115]。人格特征、自我评价、年龄、与自动化交互的经验水平、情绪情感因素等都是可能对自动化信任产生影响的个体差异变量[116]。我国学者主要研究了群体身份对智能系统信任的影响，发现用户对内群体身份的智能系统表现出更高的信任，并且这种效应没有随着可靠性水平的下降或者系统拟人性的消失而发生显著变化。此外，即使外群体实力比内群体略强，个体依然会表现出更高的内群体信任。群体认同会调节群体身份对智能系统信任的影响，高群体认同的个体对内群体身份智能系统的信任高于低群体认同的个体[117]。在人机信任关系改善方面，通过激烈交互可以有效地引发参与者对人机信任的强烈自我知觉[118]。

人机信任从关注短时间内形成的初始信任发展到了关注长时程中的信任变化，特别深入研究符合/违背预期后信任的变化以及信任破坏后恢复的过程。早期研究者认为信任是围绕系统可靠性本身变动而变动的过程，而近来的研究则发现，信任不是一个简单的随经验累积的过程。如 Beggiato & Krems 发现，个体对系统的期望与系统的实际表现有明显的交互作用，哪怕系统在实际使用中发生了失误，如果事先知道该自动化系统可能会发生的故障，被试就不会对信任和接受产生负面影响[119]。又比如 Korber, Baseler, Bengler 发现向被试提供美化了的自动驾驶汽车安全信息，虽然能够在早期形成较高的信任，但在遇到紧急情况时，则难以有效安全地完成接管[120]。Nöcker, Blömacher, Huff 也发现，给被试呈现错误的不安全描述，不仅会使得初始信任较低，反复使用后也很难改善。而错误的安全描述虽然会提高初始信任，但会加大安全隐患，并降低长期信任[121]。

（4）认知增强

人机交互不仅在自然人机交互、自动驾驶两个方面开展研究，探究自然的人机交互方式、使个体产生更好的用户体验，还在认知增强和虚拟现实（VR）的研究中也有所应用，为促进和提高人类认知能力提供可能。

认知增强是指综合利用生物学、心理和认知科学、信息科学等领域的前沿技术改进与提升人的认知与情绪能力。包括通过药物、认知训练、神经调控、睡眠操控和微生物－肠－脑轴调节等技术改善学习、记忆、注意力和情绪，以及借助可穿戴设备、脑机接口、先进人机交互和人工智能等技术进行心理状态识别、脑力监控和辅助决策。本报告将重点介绍国内外关于神经调控、游戏化训练和睡眠操控技术在认知增强和情绪调控中的进展。

1）神经调控技术。包括使用侵入性和非侵入性电、磁和超声刺激作用于人体的外周和中枢神经系统。加州大学洛杉矶分校（UCLA）的一项近期研究显示，在双侧杏仁核施加脑深部电刺激（deep brain stimulation，DBS）可以在 10 个月内持续性地缓解难治性的创伤后应激综合征[117]。一项关于 DBS 提高学习和记忆的综述指出，在丘脑和内嗅皮层施加电刺激可以有效提升被试的空间记忆和言语记忆能力[118]。近来的综述研究充分肯定了经颅磁刺激（transcranial magnetic stimulation，TMS）和经颅电刺激（transcranial direct current stimulation，tDCS）对于提高认知能力的作用，包括学习、注意、记忆和语言功能等[122, 123]。研究还发现重复经颅磁刺激（rTMS）能够增强记忆功能，这可能是通过提高记忆网络中海马与皮层的功能连接实现[124]。此外，节律性 rTMS 也可能通过增强同频段内源性神经振荡从而提高与之相关的认知功能，比如左顶叶施加 theta–TMS 可以提高听觉工作记忆[125]。近年来更多的研究开始使用经颅交流电刺激（transcranial alternating current stimulation，tACS）和经颅随机噪声刺激（transcranial random noise stimulation，tRNS）。如一项对 51 篇 tACS 研究的元分析显示，在健康人群中使用 tACS 对认知增强具有小到中等的效应量，并且使用前后向电极位置、超过 1 毫安的刺激强度具有最稳定的促进效果[126]。

2）游戏化训练。视频游戏的高获取性和高动机性促使其成为认知增强的有效训练方式。中科院心理所一项对 20 个动作视频游戏训练研究的元分析显示，动作视频游戏训练对认知功能具有中等程度的提升作用，具体而言，其对加工速度及视空间能力的提升作用最大，其次是执行功能，对于记忆力的提升作用最小[127]。电子科技大学的研究发现，1 个小时的动作类视频游戏就可显著提高受试者的视觉选择性注意，并诱导神经活动的可塑性变化使其更接近于专家组的脑电模式[128]。视频训练结合 tDCS 被认为可以促进学习和认知增强的长期迁移效应[129]。除了个体水平的认知能力提升外，合作类的视频游戏被证实可提高群体内部的协作、凝聚力和亲社会行为[130]。

3）睡眠中的脑信息操控。近年来一个快速发展的前沿方向是在睡眠中操控脑信息的加工从而提高陈述性和程序性学习记忆能力以及改写情绪记忆。大量的研究已经证实，白天学习的信息会在睡眠过程中自动回放，而睡眠中进行线索再暴露可以促进词汇学习等陈述性记忆和运动技能等程序性记忆的巩固[131, 132]。与传统理论［快动眼睡眠期（REM）支持程序性记忆，慢波睡眠期（SWS）支持陈述性记忆］不同，近期的研究提示，SWS 期海马锐波波纹（sharp wave ripple）、丘脑纺锤波和皮层慢波振荡之间的同步振荡证明了短期记忆表征从海马至新皮层的扩散和再激活，而 REM 期的 theta 波与突触水平的可塑性强化有关[132, 133]。除了巩固记忆，研究者通过直接在睡眠中进行气味－声音的强化学习，发现睡眠中还可以习得新信息间的关联，并且 SWS 期的学习效应可以在被试无意识状态下迁移到清醒期[134]。

国内近年来在这个方向也取得了极大的进展。北京师范大学的一项研究揭示了睡眠固化后负性情绪记忆更难被抑制的脑机制：抑制固化后的情绪记忆不仅需要更多前额叶执行功能资源，而且要通过不同的神经环路如前额叶 - 海马和额顶叶来完成，这可能跟巩固后记忆表征信息从海马转移到更广泛且分散的新脑皮层网络有关[135]。北京大学的一项研究发现，在慢波睡眠下进行伤害性记忆相关线索的再暴露，可以显著降低受试者清醒后的恐惧反应，从而消除恐惧记忆，整个操作过程并不影响受试者的睡眠结构与质量[136]。通过将靶向记忆激活范式与价值决策任务相结合，北京大学的另一项近期研究证明，在浅睡眠期进行声音线索的选择性暴露可以改变受试者醒后的价值决策行为[137]。

（5）虚拟现实（VR）

虚拟现实（virtual reality，VR）可以对真实的情境进行模拟，使得个体产生与在真实情境下基本等同的心理体验效果。

1）虚拟现实技术。虚拟现实是一种以计算机技术为支撑的虚拟环境，运用了多种智能技术，可以为用户提供逼真的视觉、听觉、触觉等感知输入[138]。"虚拟现实之父"G. Burdea 曾指出 VR 具有三个最突出的特征，即三个"I"特性——沉浸感（immersion）、交互性（interactivity）、想象（imagination）[139]。随着神经心理学等学科的研究深入以及电脑多媒体技术的发展，VR 技术开始在神经科学、认知科学及心理治疗方面有了较多的研究与发展。

2）虚拟现实技术在认知训练中的应用。人类的大脑直到老年期都会保有一定的可塑性，运用 VR 技术进行认知训练的核心理念就在于通过多感官训练来提高大脑的可塑性[140]。由于 VR 可以更有效、更高效、更容易地适用于不同的学习者和任务，所以相比其他传统的训练方法更好。总结现有的 VR 技术应用于认知训练的研究，主要集中在记忆和注意、视觉空间能力、执行能力和社会认知能力等方面。目前，很多研究通过 VR 情景游戏任务或简单目标记忆任务对记忆障碍进行训练；由于 VR 系统具有沉浸、交互的特点，被试更容易集中注意力，所以越来越多的注意训练通过 VR 技术来进行。视觉空间能力并不是先天就有的，而是通过后天的学习获得的，通过各种类型的训练来培养视觉空间能力是可行的。随着 VR 技术的快速发展，其良好的沉浸性和交互性为评估和训练执行功能（包括选择性注意、抑制控制、计划、问题解决、工作记忆等心理过程）方面的研究提供了许多启发。相比于注意、记忆、视觉空间能力、执行功能等更基础的认知能力，社会认知能力更复杂也更依赖于情境，因此更难以通过传统的训练方式进行提升。VR 技术的诞生使得许多情景化的训练手段得以实现，也使得社会认知能力训练更容易被接受且更有效。

3）虚拟现实的研究进展。目前，国内关于利用 VR 技术的研究在视觉空间能力、执行能力和社会认知能力均有开展。其中一部分研究主要探究 VR 对提高视觉空间能力的作用效果，并且将其应用于航天飞行员的训练（视觉空间认知能力可作为飞行学员评估预测飞行能力的重要参考指标）。申申设计并开展关于利用 VR 与普通屏幕的空间场所认知对比实验，并从空间场所认知效果、遗忘分数、视线轨迹三个方面进行了对比分析；实验结果证明，利用 VR 组的潜在优势体现在空间认知效果和视线轨迹更宽[141]。王宏伟利用虚拟现实技术手段探索设计空间认知能力试验的新方法，针对视觉空间能力试验的研究现状及存在问题，分析虚拟地理空间实验环境的空间认知特征，构建设计空间认知能力虚拟试验框架，撰写试验脚本，改善现行试验方法暴露的问题，推动了 VR 在空间认知能力上的研究[142]。刘相利用虚拟现实技术建立了空间站模型来模拟航天员以不同身体姿态漫游时获取的视觉反馈，并设计了强调舱段视觉正向的局部正向法和注重空间站视觉正向的整体正向法。其中局部正向法能够强化地标和路线知识，而整体正向法有利于建立完整的空间认知地图，并且适合于低能见度条件下的应急撤离训练[143]。

近年来，VR 技术被广泛应用于执行功能的评估和训练研究领域。李明英等人指出基于 VR 技术的执行功能测验包括 VR 化的传统执行功能测验和 VR 技术成熟后产生的执行功能测验。基于 VR 技术对执行功能进行评估，容易操纵被试的觉醒水平，控制环境的复杂程度，而且贴近真实生活，在避免危险的同时又提高了测验的生态效度[144]。孙金磊等人的研究表明，VR 技术在评估 ADHD 儿童执行功能方面得到良好的应用。VR 技术可以辅助诊断，帮助提供儿童在 VR 环境中的手动、脚动以及眼动的数据，并根据儿童完成任务的表现和反应时等反映其临床特征，有效地反映儿童或青少年在现实生活环境中的表现[145]。宋金花等人针对 VR 技术对于非痴呆型血管性认知障碍患者认知功能的训练进行了相关研究。他们采用虚拟环境数字评估与互动训练系统对患者进行认知训练，其中虚拟 ATM 取款训练、擦玻璃等项目可以有效锻炼患者的执行功能。治疗结果显示，VR 训练组患者的执行功能改善相比于对照组存在显著差异[146]。

随着国内 VR 技术的发展，研究者进行了 VR 技术与社会认知能力训练结合的初步探索[147]。华中师范大学的研究者搭建了一个虚拟学习平台，对 20 名自闭症儿童进行了为期 6 个月的训练。结果发现，自闭症儿童接受虚拟人物互动信号并做出反应的过程更快，与虚拟人物的互动行为增加，这初步证明了虚拟环境在提升自闭症儿童注意力与社会认知能力方面的有效性[148]。国内将 VR 技术应用于社会认知能力训练主要面向自闭症人群，相关研究和实践工作仍处在起步阶段，但正在为结合 VR 技术的社会认知训练实践的有效性提供了具有本土特色的证据。

2.3 人工智能时代下教育心理学的研究进展

教育人工智能采用人工智能技术对许多深层的教育与心理学问题进行探究，比如学习的"黑箱"、个性化学习等。这些问题往往难以在传统的心理学和教育学研究框架内得到解决，而利用人工智能技术，如机器学习、自然语言处理、知识表示和情感计算等，则为探索这些问题提供了新的可能。人工智能、心理学与教育活动相互结合、相互渗透，为研究者探究学习过程、学习方式、学生心理发生发展和教学方式变革等提供了新的研究方法和研究思路。近年来，教育人工智能主要关注"学习者的学习"，并对人工智能在学习过程、学习动机、群体学习、学生评估、课堂管理等方面的应用开展一系列探究。

2.3.1　教育人工智能的研究问题

教育人工智能的直接服务对象是学习科学，而学习科学的核心问题"何为学习"又分为两个互逆问题："人是如何学习的"以及"如何让人更好地学习"，前者在理论层面探究学习的基本原理，后者则在应用层面指导教育实践。

（1）打开学习的"黑箱"

"黑箱"通常用于形容看不到、不了解或为之困惑的事物。心理家将人类心理的研究称为"黑箱研究"。为了从"黑箱"中发现心理产生和发展的规律，必须借助特定的工具和方法。20世纪末以来，在信息技术和脑成像技术迅速发展的背景下，人类学习的"黑箱"成为不同领域研究者共同探索的主题。其中，人工智能无疑是浓墨重彩的一笔。

教育活动的一个重要目的是促进个体学习。相对于传统的课堂教学，人工智能推动了卓有成效的学习变革：首先，能够有效评估学习者既有知识、一般能力和特殊能力，为后续教学提供合理建议；其次，针对个体和领域差异，可以制定差异化的教学策略；最后，能够对教学过程和结果进行全面评测，改善了传统教学"只能质化，不能量化；擅长质化，短于量化；只有结果性评估，没有过程性评估；只对学生评估，不对老师评估"等不足。随着基于人工智能的量化评估方法的应用，过去无法看到或直接获取的学习者内在状态、学习过程及结果现在已经实现显性化。例如，"知识空间理论"就为量化评估学习者已有的知识结构提供了很好的方法论基础。

进一步看，"学习黑箱"是一个复合性问题，有着自身内在的层次结构，涉及不同背景学科，有着不同的研究方法和研究工具。教育人工智能将计算机技术、统计学、心理学和教育学相结合，并为学习者提供一种互动性的学习环境，便于评估学习者知识和能力，提供适应性的目标、途径，以实现学习优化。将学习者的"黑箱"、学习过程的"黑箱"、学习评估的"黑箱"、教学过程的"黑箱"打开，掌握"黑箱"里的奥秘，从而促进教学和学习效率的不断提升——这既是人工智能教育出发点，也是人工智能教育的目标。

（2）实现先进的个性化学习

强调和践行因材施教一直是中华教育的优秀传统和传承精髓，然而个性化学习作为正式的学术用语在教育历史上出现时间却比较晚。"个性化学习"概念可追溯至19世纪60年代，但其内涵并未在学界形成一致认同。2005年，Dan Buckley提出"个性化学习"的两种类型：向学习者提供的个性化学习、由学习者自我管理的个性化学习。前者是指由教师为学习者设计的学习方式；后者是由学习者自身决定的学习方式[149]。

个性化学习的实现需要评估学习者一系列心理特征和能力，如已有知识、智力水平、学习动机、情绪状态、学习风格等，在此基础上为不同教学策略的采用提供最好的借鉴。同时，学习者学习的过程和结果又以一定的方式纳入评估系统，为教学优化提供更好的依据。然而如果缺乏工具辅助，传统的一对多课堂很难满足这种个性化教学需求，故 Eduard Pogorskiy 认为信息技术是实现个性化学习的有力工具。这些技术将学习者的学习和研究者的研究、教师的教学过程、学习过程所产生的数据联合在一起，同时为沟通、讨论、记录提供有效的方法和平台[150]。

与个性化学习对应的是适应性教学，二者是同一问题的两个不同方面，前者面向学生而后者面向教师。适应性教学作为教育实践的一种教学方法而存在，其思想可上溯至孔子与苏格拉底时期。近年来，许多心理学家在不同层次上进行了详细研究。如 Atkinson 对适应性教学的两个主要特征进行了说明：①教学活动顺序应随学生表现的变化而改变；②随着学生数据的积累而自动识别教学策略中的缺陷并对其加以改进[151]。近期，一组研究人员则更进一步，专注于自适应教学的系统研究和标准化，并建立了 IEEE 标准组[152]。

教育人工智能为个性化学习和适应性教学的实现提供了技术平台。研究者面对不同的学习者开发了不同的导学系统以代替或者辅助教师的课堂教学，如：AutoTutor、Atlas 和 Why2 等。在教学实践中，教育人工智能系统可在交互过程中识别和分析学习者的先前知识、学习风格、认知能力、学习兴趣、学习目标及学习动机，并以这些信息为依据推荐个性化的学习方案及教学课程，继而追踪个体的行为，为促进以后的学习和调整教学策略做准备。在集体教学方面，教育人工智能系统则能借助技术融合促进课堂教学和团体学习，以实现教学效率的优化。

2.3.2 教育人工智能的支撑技术

技术在教育人工智能中扮演着重要的角色，教育人工智能本质上为技术引发的教育变革。实际上，人工智能领域中的主要技术也都成为当前教育人工智能的关键性技术，以下五种是具有代表性支撑技术。

（1）机器学习

机器学习（machine learning，ML）是对能通过经验自动改进的计算机算法的研究，这类算法可以依据统计原理，从与任务相关的大量数据中自动发现特定模式，以提升计算机在该任务上的性能。机器学习是目前人工智能实现的热门方法之一，主要分为监督学习、无监督学习和强化学习三类[153]，而近年来最受关注的机器学习算法是深度学习（deep learning，DL），其实质是通过模仿人类大脑的深度神经网络结构实现具有多层次表征的表征学习，即使用多层非线性处理单元进行特征的提取和转换，将低层的特征表征逐渐转换为高阶的抽象表征[154]。只要深度神经网络具备足够的复合变换，就可以学习非常复杂的函数，使实际输出和目标输出尽可能接近。在早期的玻尔兹曼机（Boltzmann machines）和反向传播算法的基础上，近年来卷积神经网络、生成对抗网络和深度残差网络等深度学习架构的出现使深度学习领域得到了迅猛的发展，也使深度学习被广泛运用到了图像识别、机器翻译、语音合成、语音识别等领域[155]。

（2）自然语言处理

自然语言处理（natural language processing，NLP）是以实现计算机理解与使用自然语言与人类交流为目的的理论和技术，主要包括语音识别、自然语言理解和自然语言生成[156]。用自然语言处理作为人机交互的方式，在智能导学系统中有不可替代的优势，有助于将学习者的概念形成和问题解决与所学领域的原则相结合，也能自然地将提供即时反馈、增加参与感、支持最近发展区等教学原则融入系统之中。同时，自然语言教学也有助于系统利用自我解释和合作交互学习等方式培养学习者的知识基础和专业术语使用，并通过提供不同的观点培养认知灵活性。自然语言处理技术在教育人工智能领域已有广泛应用，例如，AutoTutor是一个基于自然语言处理的跨领域智能导学系统，在计算机素养、物理、批判性思维等多个领域显示出了比非交互式学习材料更好的学习效果[157]。自然语言处理技术也可以实现有效的文本与知识管理[158]，例如，国内的在线英语作文批改系统"批改网"能自动对学生的英语作文进行批改打分，并提供个性化的写作辅助；Nguyen等人设计了一个能自动对同伴评价质量进行评估并形成反馈的系统，能提高学生产生的同伴评价质量，使评价更加具体化[159]。

（3）知识表示

知识表示技术旨在提取并结构化地组织人类知识系统，是支撑包含教育信息系统在内的信息服务应用的基础。针对个体而言，网络形式的概念地图和知识地图是通用知识库的呈现方式，例如万维网联盟（W3C）发布的资源描述框架（resource description framework，RDF）技术标准和谷歌提出的知识图谱（knowledge graph）。概念地图将知识表示为节点链接组件的图表，在知识管理[160]、学习诊断[161]等方面具有广泛的应用。知识地图则使用节点和链接来表示知识的信息表征方式，以充分显示知识的内在结构及其相关性[162]。知识地图中的概念包含于互连的节点之中，而链接可以表达因果、包含和解释等特定含义。

人工构建的网络形式的知识库，需要专门的图算法进行存储和利用，费时费力且受数据稀疏问题的困扰，不便于知识的隐式表示和深度挖掘。传统计算机方法利用独热表示（one-hot representation）自动抽取并将知识网络映射为"0-1"形式的高维稀疏的向量。这一思路已被直接应用到信息检索和搜索引擎中广为使用的词袋模型（bag-of-words model）[163]中。独热表示方案假设所有知识对象都是相互独立的，忽略了不同对象之间的相互关联。在知识库的基础上，表示学习技术面向其中实体和关系，利用距离模型（实体向量和关系矩阵）、矩阵分解和神经网络等知识网络表示学习技术及浅层语义分析（latent semantic analysis，LSA）和翻译模型等自然语言处理技术，将结构化的知识网络或者非结构化的自然语言中的实体或关系投射到低维稠密的分布式向量空间，来表示知识的内隐语义信息[164]。与独热表示相比，分布式的表示学习方法能有效挖掘知识之间的语义关联关系，所获取的知识向量维度较低，提高了计算效率，缓解了数据稀疏问题。利用知识表示技术提取、组织和呈现知识，一方面，能够辅助学习材料和教学策略的设计，减轻学习者认知负荷，提升个体网络学习效率[165, 166]；另一方面，能实现计算机对知识的高效存储、理解和利用，进而促进了智能系统的发展。

（4）情感计算

美国学者罗莎琳德·皮卡德（Rosalind Picard）教授最早提出将与情绪相关、由情绪所引起或有意影响情感的计算处理统称为"情感计算"。当前的情感计算主要针对类情感的外在表现，特别是能进行测量和分析并能对情感施加影响的计算。在教育领域，大体可分为包括情感理论模型和情感识别技术与应用两个方面。

情感模型分为连续型（如：Thayer 模型、罗素兰格模型）和离散型（如：Ekman 模型、Fox 模型、OCC 模型）两类，不同的情感模型对人类情绪情感的分类有所不同，其识别率上也存在一定程度的差异。根据情感计算方法的维度特征，可以将其分为单模态与多模态两种情感计算方法。单模态的情感分析与计算基于单一的不同的数据对象的特征，先识别用户的情绪情感，再对识别的情绪情感进行分类，然后对情绪情感进行计算与预测。多模态情感计算基于单模态的数据处理和情感计算的结果，再进行多维度的情感融合[167]。按照情境的不同，相关情感计算应用研究可以分为基于游戏的教学系统、智能导学系统、对话系统 、基于代理的系统等[168]。此外，情感演化也逐渐成为一个在线教育的新兴热点，即复杂时空环境与交互式条件下个体情感随时间的动态变化规律。这些研究探究情感的时空特征：情感本身所具有的时序演化特征，或用语情感分析的言语、面部表情、肢体行为、生理特征等因素在动态交互过程中的时序特征[169]。

总之，情感计算是一个多学科高度交叉综合化的研究领域，受到了学术界以及产业界的持续关注。它不仅影响人工智能技术的实现，还影响到人机交互的方式。在教育人工智能领域中，赋予机器识别学习者的学习状态、学习过程中的情感，并形成互动反馈的能力，以提升学习者的兴趣、动机并进而增强学习效果。

（5）智能代理

智能代理是一种以主动服务方式自动完成操作的计算机程序，在教育人工智能语境下，智能代理指的是由计算机扮演的、在教学环境中具有特定学习目标和自主行为的主体，也称作教学代理[170]。近年来，随着智能导学系统中自然语言对话能力的实现，出现了一种新的教学代理：会话代理[171]，可以通常通过使用自然语言、肢体动作甚至面部表情与学习者进行对话[172]。会话代理可以以不同的方式与学生进行讨论，会话类型既可以包含语言信息[173]，也可以包含非言语信息[174]。在过去的 10 年中，会话代理的发展已使其可以扮演多种教学角色，如导师或学习伙伴[174]。此外，许多基于对话的 ITS 已经可以利用对话代理来满足各种教学需求，如问题解答[175]、技能训练[176]和促进行为的改变[177]等。

2.3.3 教育人工智能的应用方向

心理学视角下，教育人工智能应用问题围绕着学习者的学习展开，并聚焦于"学习如何发生，怎样促进学习的发生，个体外因素对学习有何影响，怎样对学生有效评价，课堂管理有哪些优化空间"这五个问题。对应于以上五个问题，以下将集中在学习过程、学习动机、群体学习、学生评估、课堂管理等方面介绍教育人工智能的主要应用。

（1）分析学习过程

人工智能改变了传统的教学设计和教学环境。在智能教学的环境之中，人工智能技术能优化知识的表征与呈现、知识体系模型的建立，但最终学习过程依然要以人为本、符合人的认知学习规律才能达到更好的学习效果。学生的心理状态是影响学习效果的重要因素，利用人工智能技术可以对学生心理因素进行评估从而分析学习过程中的学生心理状态，并且能将分析结果用于提供更加个性化的自适应的教学。

1）教学设计对学习过程的影响。智能导学系统可以利用人工智能技术，通过数据驱动的方式建立知识模型，并根据与学习有关的心理学规律和教学原则，探究教学设计对学习过程的影响。例如 Rau 等人[178]通过分析智能导学系统中学生的学习日志和学习进度，发现学习材料的交错序列呈现相比于模块化呈现能更好地提高学生的表征流畅性，从而达到更好的学习效果；Sawyer 等人[179]发现，多目标的强化学习框架可以动态地调节多目标学习的教学过程规划，以提升学习效果。利用人工智能技术，对学生状态和学习过程进行评估，能根据每一位学生的个性和学习进程提供及时的解释性反馈。

2）心理状态对学习过程的影响。借助人工智能技术，可以实现对学生心理因素的监测，以分析这些因素对学习过程的影响。例如，Conati 等人[180]利用眼动追踪技术，研究在智能导学系统下自适应提示与学习者注意的关系。提示类型、当前行为正确性以及学习时长都会影响学生对提示的注意水平，对提示更高水平的注意也能预测学生之后的行为的正确率；Stewart 等人[181]利用机器学习技术开发了一个基于学生面部表情的走神检测器，仅使用普通的网络摄像头就能对分心行为进行识别，且能运用于常规课堂教学之中；Wayang①教学系统（Wayang tutor）中学生进步页面（student progress pages）基于学习者开放模型，展示了学生的反思水平、努力程度以及学生的知识水平，对学生行为提供评价，并让学生自己决定选择继续、复习或挑战更高难度的学习任务，从元认知的角度增强学生的自我管理能力[182]。根据记录的学生在特定情境中的表情，对情绪状态进行分析，评估学生的情绪情感转变，预测情绪情感和学习效果之间的联系。如：基于 vMedic 系统（一种基于游戏的虚拟环境，提供了战场医学方面的培训）捕捉被试的表情和行为，发现在学习过程中，专注、无聊、困惑等情感之间存在联系[183]；在网络学习环境中记录学生第一次学习计算机编程语言的情绪情感，对情感的发生率、情感的共同发生、情感的过渡、情

---

① Wayang 是一个日语词汇，有"皮影"的意思，可以指一个皮影或者一套皮影。

感和交互事件之间的转换、情感与学习的关系进行分析[184]；在学生使用智能辅导学系统（intelligent tutoring systems，ITS）的过程中，同时捕捉学生的上半身状态和上下文信息的操作过程，并且对数据进行分析，判断学生的学习状态[185]。

（2）增强学习动机

人工智能打破了单一的学习空间和场景，创新了人－机协作学习、游戏化学习、移动学习、虚拟学习、实景学习等学习方式，并通过分析学习者的认知、行为、情绪、偏好等，生成个性化资源推送方案，为学习者提供量化、定制的学习支持，从而增加学习者的学习兴趣，提高并维持学习者的学习动机。目前关于应用人工智能增强学习动机的研究主要在以下领域：

1）通过调节情绪增强学习动机。在线学习能否维持及加强学生的学习动机曾存在争议。近期的研究基于人工智能提出了一个专门针对在线学习情绪的混合智能辅助学习系统，包含情感识别和干预。该系统利用多模态信息，通过头部姿态、眼球注视跟踪、面部表情识别、生理信号处理和学习进度跟踪等混合智能方法，对学习者的情感状态进行识别，并结合适当的教学策略提供在线干预，使在线学习材料适应学习者当前的学习状态。实验结果证明当学习者空闲或无聊时，该干预可以帮助学习者变得更加专注[186]。

2）通过识别学习投入增强学习动机。对学生课堂学习投入的深入分析也可以更准确地估计学生当前的学习动机，使得每个学生的学习体验都适合他们的能力和需求，并有效地支持他们的学习[187]。近年来，嵌入课堂学习环境的人工智能技术提供了获取有效学习数据进行学习投入研究的机会，如 WebAnn、Epost、智能 E-learning 系统、情感辅助系统、学习注意力跟踪系统等[188]。近期的一项研究提出营造基于学生行为、认知和情感参与多线索分析学习投入的智能学习环境，该智能学习环境基于五个模块（考勤管理、师生沟通、视觉注意焦点识别、微笑检测、参与分析）来自动检测和分析多种学习行为线索。实验结果表明，该方法能够客观有效地自动检测和分析学生的课堂学习投入和学习动机情况[189]。

3）借助游戏增强学习动机。以游戏的形式促进学生学习兴趣和动机主要体现为：①增加游戏中的互动元素（如竞争、合作）；②加强游戏故事的叙事性；③将个体人物形象投射于学习过程中。例如有研究者基于 Squares Family 游戏，增加了教学助理的形象，从竞争与合作的角度讨论了人工智能对学生动机和自我参与的影响[190]；Si 发现利用虚拟现实技术、Kinect 相机和 Unity 游戏引擎创造沉浸式的中文学习环境，让母语非中文的儿童体验"曹冲称象""盲人摸象"等中国故事，能够有效锻炼其汉语能力[191]。此外，还有研究表明，将能对人类进行图灵测试的机器人置于图书馆能够吸引并激励儿童，促使他们考虑未来从事计算机科学和人工智能研究[192]。

4）通过协作增强群体学习动机。借助人工智能技术组织学习小组，提供虚拟主体和智能动态调节，可以促进小组间的有效合作，增强群体的学习动机。如 Arroyo 等人的研究基于 MathSpring 智能导学系统，比较实验组（有合作）和控制组（无合作）对学业情绪和兴趣的影响，结果显示学习情境中的合作一方面可以对抗学习过程中产生的无聊，另一方面能够增加学生对学习的兴趣[193]。此外，还可以通过系统动态地部署资源和激励策略，保持或增加学生的学习欲望和为此付出努力的意愿，增强协作小组的群体凝聚力[187]。

（3）促进群体学习

社会环境、人际关系和情绪健康对学生学习很重要。传统的教育人工智能关注一对一（one-to-one）的教学形式，最近的教育人工智能关注群体在教育教学中的作用，团队导学（team tutor）以及一些智能导学系统致力于促进群体学习。

1）增强群体内学生表现。计算机支持的协作学习系统是学习者在计算机网络技术的支持下，组成学习共同体，并在共同活动与交互中协同认知、交流情感、培养协作技能[194]。计算机支持的协作学习系统有助于增强学生的学习动机、促进学生的知识建构和深层理解，进而提升学习表现[195, 196]。Hayashi 和 Yugo[197]基于计算机支持的协作学习系统，考察了系统中嵌入的对话代理对学习行为和学习结果的影响。结果发现，对话代理有助于促进学习者的信息加工并改善学习表现。

2）提高团队合作能力。团队合作被认为是 21 世纪的重要技能，一群具有不同角色、技能和视角的人需要以一种相互依赖的方式汇集他们的资源[198]。遗憾的是，这些技能并没有系统地整合到幼儿园和大学之间的课程中[199]。设计团队导学（team tutoring）面临着比一对一的导学更复杂的挑战，但 ITS 可以发挥作用，提高学生和劳动者的团队合作效率[199, 200]。例如，在一个专家团队中，团队成员理解彼此的知识、经验和 / 或技能的边界，这些知识、经验和 / 或技能成为每个团队成员理解情境、表征和推理的一部分，对团队的这种理解可以使每个团队成员通过错误识别、对支持需求的预期或推断团队成员意图等解释团队成员的行动并采取适应性行为。

3）获得团队行为评估。在计算机支持的团队教学中，评估作用至关重要。团队导学系统可以通过总结性评估、形成性评估、潜入性评估来评估团队学习，如：总结性评估针对学习的最终结果；形成性评估关注于学习过程中测量结果，同时给予学习者反馈；潜入性评估同样获得教学中的测量结果，但重点并非对个体进行明显的反馈。团队导学通过对日志文件的精细分析收集整个团队活动的评估信息，这些日志文件记录了学习者的动作、事件、过程、时间进程、自我报告，有时还通过感知模块记录生理、神经和情绪反应。教学模块可以根据上述数据，自动拟定适当的教学目标和策略，促进个体及团队的学习表现[201]。

（4）改进学生评估

对学生进行评估是教学活动的重要组成部分，利用教育大数据和人工智能技术可以对学生的学习轨迹进行全面的记录，并对学习的过程和结果进行准确、全面、个性化的分析和评估[202]。Luckin 等人总结了利用人工智能进行学生评估的三个主要优势：①人工智能可以提供即时性评估。教育大数据可以通过以人工智能技术为基础的学习分析，提供关于学生的即时信息。②为评估学习进展提供新的见解。人工智能评估可以提供传统评估手段无法得到的学生信息，如学生的认知过程、学习动机和情绪相关的即时信息等。③超越传统测试形式。人工智能辅助的评估将被嵌入有意义的学习活动中，并将评估融入学习的整个过程[187]。目前教育人工智能被应用于以下几个方面的学生评估：

1）评估学生的情绪。情绪是影响学习的重要心理因素[203]，利用人工智能评估情绪主要有两种途径，一种是在无传感器的条件下，根据学生在数字化学习环境中的数据日志，对学生的情绪进行评估。例如，根据学生在智能导学系统中与教学材料交互的时长、行为模式、上下文语境与学生产出的文本内容对学生的实时情绪和情绪变化进行评估[204-206]，或结合专家编码和机器学习技术来训练分类器，根据学生在学习系统中的活动数据识别他们的情绪状态[207, 208]。另一种途径是通过传感器与人工智能技术的结合，基于学生学习中的面部表情、身体动作和生理指标等数据对情绪状态进行评估。例如，Shen 等人利用皮肤电、血压和脑电数据对支持向量机进行训练，使其识别学生情绪的正确率达到了85%以上[209]。Kaklauskas 等人基于瞳孔大小与认知负荷之间存在关联性这一研究结论，开发了一款集成远程眼动追踪、智能推荐和智能教学的瞳孔分析系统，该系统可以根据学生在在线学习或测试中的瞳孔大小变化推测学生当前的认知负荷与压力[210]。

2）评估学生参与。学生参与（student engagement）是指学生在学习环境中的有意义参与行为[211]。心理学研究表明，学生参与能正向预测学生的学业成绩、动机和对学习环境的归属感[212]。因此，评估学生参与对支持和干预学生的学习行为具有重要的作用。关于学生在使用智能导学系统中的参与行为，早期研究通过系统观察与教育数据挖掘的方法，发现学生在使用系统时会进行与学习无关的行为[213]。此后，大量研究开始应用人工智能技术来实现对学生参与的自动评估。例如，Baker[214] 和 Cetintas[215] 等人都使用机器学习技术开发了基于学习日志数据的学生参与评估模型，以检测学生在学习过程中的非任务行为（off-task behaviors）；San Pedro[216] 和 Hershkovitz 等人[217] 分别使用贝叶斯知识追踪模型和回归树分类器，基于学习材料的上下文与学生的行为数据日志，实现了对学生心智游移的自动检测。对非参与行为的自动评估能够帮助研究人员更好地理解这些行为，从而允许教育系统的设计者开发相应的干预措施来纠正这些行为，减少它们对学生学习的负面影响。

3）评估学生的人格特质。心理学家已经发现，学生的人格特质与他们的学业成就[218]、学习方法[219]、学习能力和学习动机[220]等因素之间存在相关关系。因此，了解学生的人格特质对于更好地理解学习中的个体差异、根据学生的特点改善教学设计具有重要的意义。近年来，利用机器学习算法从个体自动生成的数据中推测人格特征的方法已陆续出现，如 Golbeck 和 Gao 等人[221, 222]利用社交网站上的数据来预测用户的人格。这一方法同样也被应用到了智能教育中，例如，Wu 等人[223]调查了不同人格特质的学生在网络学习系统中的交际工具使用的偏好差异，并使用最小绝对收缩和选择算子模型从学生的在线交流行为中有效地推测出了学生的大五人格特征。Omheni 等人[224]根据在实证研究中发现的学生阅读标注行为与尽责性和神经质之间的关系，基于在线阅读环境中的标注数据，对学生的这两项人格特质进行了准确的预测。

4）评估学生的学习产出。应用人工智能技术对学生的学习产出进行自动评估的最典型的例子是使用自然语言处理技术对学生生成的文本进行自动评分[225]。该技术已经被广泛应用于实践当中，并且已经形成了大量成熟的评分系统[226]。这些系统通常以文本长度、句法结构和词汇多样性等文本特征作为指标，以人类评分者的判断作为标准训练数据来构建自动预测模型[227]。近年来，有许多研究者还面向不同的文本类型或不同的人群开发了更具针对性的文本评分系统，如法律专业写作[228]和反思性写作[229]以及对低写作能力者作文的自动评分[230]。自动化评分系统可以在很大程度上减轻评估学生写作的人力负担，使教师从繁重的学生写作评估过程中解放出来，有时间为学生提供更多其他形式的指导和帮助[225]。

（5）优化课堂管理

人工智能教育应用为教学和课堂管理提供了更多的工具，为教育者和学习者带来智慧教学的新体验。在教学过程中，教师可以运用人工智能技术将学习环境与生活场景无缝衔接，提供智能化教学服务，提升教学效果。

早期将人工智能引入课堂的研究表明，在人工智能技术的助力下，教师会把更多的时间花在成绩较差的学生身上，更倾向于采用合作式而非权威式的教学方法，并更加重视学生的努力程度，使学生的学习积极性显著提升[231]。随着信息化时代的到来，传统的课堂渐渐转变成智能的课堂，教学方式日趋多样化。例如，已有研究证明，让学生与机器进行交互式模拟训练可以促进学生的探究学习能力[232]。与此同时，有专为学生群体建立的进行探究学习的虚拟实验室[233]以及协助教师在课堂上辅导学生实施探究活动的智能系统[234]。

人工智能时代的课堂改革重在小组合作，以小组为单位进行自主式、探究式、合作式学习。同时，强调学习过程中的质疑和对抗也是人工智能时代高效课堂的文化特征。机器学习与可视化方法相结合，能够帮助教师在课堂上监控和支持学生进行小组学习。有研究者应用教育技术中促进小组学习的系统（system for advancing group learning in educational technologies，SAGLET）为教师提供关于小组合作的信息，教师通过监视和协调来识别小组是否就问题解决方案达成共识，组内成员是否遇到了技术困难，或是否存在从事任务外行为，从而促进和优化了小组学习[235]。在小组合作学习中，同伴之间也会引发挑战和争论，而这种更具互动性的方式会提升学生解决问题的效率，因此有研究者创建了一个智能化的同伴合作者[236]，用来帮助学生进行"合作学习"。其核心是监控学生的协作行为，并试图引导学生学习更富有成效的问题解决方式。

此外，通过人工智能技术与传感器的结合，可在课堂上有效识别学生的情绪、情感或认知[188]。例如，智能机器人可以在与布满传感器的智能学习环境（intelligent learning environments，ILE）连接时监控学习者的注意力；关注并标记需要帮助的学习者，并将这些信息反馈给教师。同时智能机器人还可以在教师分身乏术的情况下，直接回答学习者可能会遇到的问题[237]。

（6）其他应用

除了上述的几个方面之外，教育人工智能还在促进学生的学习效果和优化网络课程评价方式这两方面存在广泛的应用。教育人工智能促进学生学习效果的主要方法是增加学习过程中的互动元素。在语言学习环境中使用会话代理对学习非常有帮助，自适应的同辈助理辅导系统（adaptive peer tutoring assistant，APTA）能够建立学习者和同辈助理之间的自然语言交互，在系统中增加导师聊天对话代理能给学生提供支持，改善学习者的学习情况[238]，也能够增加游戏过程中的互动性[239]，仅仅是增加智能游戏虚拟伙伴给学习者提供陪伴就能够促进学习者的学习效果[240]。

促进学习效果的另一种方式是改善对话系统中的某些特定元素，以增强学习者在学习过程中的反思。例如，教师语言可分为学术语言和对话语言，系统中教学代理的不同对话风格能够影响学生的参与度、学生的学习深度和学习的效果[241]。开放式学习者模型（open learner models，OLM）使用会话代理的协商机制提高了学习者模型的准确性，为学习者反思提供了机会。在此基础上开发的NDLtutor系统，不仅促进了OLM的发展，而且证明了其在自动生成上下文感知对话、增强学习者的参与和学习者的自我反思方面具有应用价值[242]。同时，也有研究利用人工智能技术优化网络课程评价方式，Yoo和Kim指出可以利用LIWC和Co-Metrix工具分析学生的对话、情感、时间参与模式等信息，以更全面的方式评价课程和评估学生互动[243]。

总之，人工智能技术在教育领域中的应用不断地推动着教育形式的改进与更新，推动着教育资源和教育活动的丰富和变革，甚至也推动着教育理念的创新。

3. 国内外研究状况比较

3.1 心理与认知过程的模拟及其应用

人工智能在我国快速发展，给心理学的研究提供了前所未有的机遇和挑战。但是，国内心理学研究仍以传统实验为主，以创建和测试模型为主导的研究还比较少。随着人工智能和认知科学的崛起和发展，国外对心理认知过程的建模研究已逐渐成为研究主流，在国内人工智能在心理学的应用研究也已经开始，吸引了众多研究人员的参与。心理学是一个学科交叉性很强的领域，未来需要经济学、生物学、计算机科学和统计学等更多领域的研究者参与进来，而心理学工作者应该发挥更大的作用。除此之外，国际顶级心理学期刊

（如 *Psychological Review*、*Journal of Experimental Psychology*：*General* 等）也看重神经网络模拟和计算模型的提出、延展或对比。这是心理学研究的潮流趋势之一。

对决策模型的研究，今后可以通过降低学术壁垒及邀请国内外专家讲座交流等方式来促进决策模型的研究。在研究过程当中，应重视和关注模型研究，将研究更多地向模型方向靠拢。对于创造力研究来说，国外学者早期关注计算创造力的评估与个体创造力模拟与评估，近来开始关注群体合作创新的计算机模拟与评估[8, 66, 67]。而对于混合增强智能下的团队合作创新研究与国内研究类似，均处于起步阶段。国内研究者对语言和数学认知加工的计算模型进行了长期深入的研究，国外也在同步发展和探究。国内外研究者提出了一系列基于神经网络的计算模型，不仅对语言和数学认知加工的过程进行模拟，还为揭示语言和数学加工的神经编码机制提供了新的视角。而人工神经网络模型在内隐学习领域的适用性毋庸置疑。国内外研究者纷纷根据不同的内隐学习任务，选用不同的人工神经网络模型对之加以模拟[12, 68]。在实际研究中，合理地使用人工神经网络模型，必将为内隐学习的理论和人工模拟提供更有力的证据。

3.2 人机交互

与国外 VR 在记忆训练方面的研究相比，国内在该方面研究较少，且研究范围较小，如香港理工大学的 Man 及其同事主要研究前瞻性记忆的训练，对回溯性记忆以及以其他标准划分的记忆类型关注很少，但他们发展出的基于 VR 的训练方案已经有显著的效果。而在国际上，研究者不仅关注前瞻性记忆，还研究和开发了关于工作记忆、情节性记忆以及程序性记忆的训练，有的研究者还结合了 fMRI 等技术观察被试训练前后的大脑激活状态，以寻求更直接有效的训练方案。对比国内外研究看来，我国的 VR 技术起步较晚，发展较慢，研究主要集中在近五年，具有一定的局限性，而国外在 20 世纪已开始将 VR 技术应用于注意障碍等认知康复领域。中国在这方面仍然处于初步探索中，较为缺少对早期注意障碍患者康复的研究。甚至有些实验存在有设计上的缺陷，需要更多设计更加严谨、样本量更大的实验。

国内外在利用视觉 VR 进行空间能力训练的研究都在探索阶段，主要集中在利用 VR 进行空间视觉能力的优点上和具体技术以及应用方向上。不同之处在于，国际上对于空间认知能力的研究比较透彻，但是利用 VR 技术来进行训练的研究和领域还是比较少的，主要领域是在教育教学中训练青少年空间视觉能力上面。而国内对于空间认知能力的训练方法主要还是使用传统的方法，只有在比较特殊的领域（如航天飞行员的训练）使用到了VR。总体来说，国内对于视觉空间能力的重视程度还不够高，投入使用的更是少之又少。

对比国内外研究，可以发现目前国内 VR 技术在执行功能方面的研究大多集中于执行功能的评估，主要是利用 VR 可以模拟现实生活场景的特性，来反映患者日常生活中的表现，对 VR 的执行功能训练方面涉及较少。而近年来国外研究方向则从执行功能评估逐渐

转向执行功能训练，重点在于利用 VR 技术提供现实中难以实现的训练场景，帮助身体和认知功能存在缺陷者进行恢复和改善。

自 VR 技术诞生以来，国外研究者就开始尝试将 VR 技术应用于社会认知能力的研究与实践，至今已积累了许多工作。而随着国内 VR 技术水平的提升，相关研究与实践也开始发展，但社会认知能力方面的应用还处于起步阶段。国内相关研究主要着眼于自闭症群体，已有许多研究者开始设计可行的 VR 平台以将 VR 技术应用于自闭症儿童的治疗之中。

3.3 教育人工智能

由于学术传统、资助机制、政策导向等方面的不同，中国与欧美国家的教育人工智能研究在理论、应用和研究视角方面都存在着一定的差异。

1）理论建构。国外的教育人工智能研究大多基于一个通用的理论框架（generalized intelligent framework for tutoring），更注重领域的交叉性，智能导学系统的设计更注重遵循相应的认知和学习心理学的理论[182]，也有学者提出了适用于智能教学环境的新的学习理论（如 ICAP 理论[211]）。国内的教育人工智能研究在基础理论方面的工作还不多见，相关的理论探索更多以实践导向为主。研究大多重视将学习理论中的情绪、学习动机以及注意和元认知等元素融入教育技术的框架之中，注重提高教学质量和效果，体现出明确的技术取向。另外，国内学者提出的一些理论框架更多只是基于对以往研究的回顾或总结，缺乏实证性研究支持。

2）应用导向。国内外教育人工智能一个共同的应用导向，是通过对学习过程的分析反馈提供个性化学习指导的平台、系统和各类终端应用，由此也推动了一批相应的算法和模型的研发。国外更多聚焦于智能导学系统的开发与设计，主要集中在某个具体领域或学科的辅导学习（如 Ask-Elle 智能编程导师[244]），或是以游戏作为教学模式的导学系统（如采用水晶岛游戏学习微生物的相关知识[239]）。为了更好地拓展智能导学系统的应用领域和降低开发门槛，有些学者也开发了可拓展的导学系统编写工具 GIFT，开发者只需要在相应模块填写相关内容或选择自带模型，便可开发一个在特定领域可对话的 ITS[201]。国内也开展了丰富的探索，如唐杰利用了人工智能技术来促进学习者在 MOOC 中的学习效果（如智能学习伙伴"小木"）。除此之外，国内外都有（商业化）人工智能教育的成功应用，如智能导学系统方面的 New Sela 和面向学生答题解题的答题平台[245]。而在教育人工智能应用的评估领域，国内外存在一定的差距。国外有一些教育评估机构对包括人工智能项目在内的教育技术项目、产品、实践和政策的科学性和有效性进行评估，以提高教学的有效性。而国内还缺少类似的评估体系和权威组织。

3）研究视角和落脚点。从早期的程序教学（programmed instruction）、计算机辅助教学（computer-assisted instruction）到智能导学系统（intelligent tutoring system），西方的人

工智能教育研究一直以实现有效的、大规模的一对一教学为目标，其关注点聚焦于学生个体的知识水平、学习需求和微观学习过程。由于研究视角和落脚点的不同，我国人工智能教育研究更多围绕着"智慧教育"展开。智慧教育可以理解为一种由学校、区域或国家提供的高学习体验、高内容适配性和高教学效率的教学行为系统，该系统可以利用现代科学技术为学生、教师和家长等提供一系列差异化的支持和按需服务，能全面采集并利用参与者群体的状态数据和教育教学过程数据来促进公平、持续改进绩效并孕育教育的卓越[149]。近年来，国内学界在智慧教育的理论构建与实践应用两个方面开展了一系列研究，取得了较为丰富的成果。在智慧教育的理论研究方面，我国学者就智慧教育的内涵与特征、智慧教育体系、智慧教育与教育信息化的关系、智慧教育发展战略、智慧教育研究范式、长链智慧学习理论等问题进行了广泛的研究[150]。

总体而言，虽然国内人工智能技术在教育领域有比较广泛的应用，但与国际先进水平仍存在一定差距。国外的应用目标更多关注如何帮助每一位学习者更好地学习，应用系统更多集中于对学生元认知、注意、学习动机的分析以及个性化自适应学习路径的设计。而国内的应用目标则更注重整体教学质量的提升，所以在课堂管理和利用智能技术提高整体教学效果方面存在更多的应用。

4. 学科发展的趋势和展望

人工智能的相关理论、方法和技术的应用，不仅带动和促进了心理学等领域科学研究和创新发展，也取得了丰富的研究成果。这表明，人工智能作为一种新潮的辅助方法和研究手段，为心理学研究提供突破性的进展。心理学与人工智能的结合，符合当前时代发展的特点，顺应信息化发展趋势，对心理学学科的发展发挥了相当重要的作用。

4.1 心理与认知过程的模拟及其应用

通过采用人工智能的技术和方法，对人类的各个心理认知过程开展模拟研究，可以更灵活、能动地对心理学进行解读和拓展。计算模型能够用于模拟和解释知觉、认知和行为领域的相关和相似表征的多层次系统的心理活动，为研究心理过程提供独特的视角。

1）决策模型。在决策模型中，很多描述性模型只是针对决策者的抉择而建模，并没有考虑到其他行为数据。这样的指导思想与经济学只考虑结果不考虑过程的思维相一致，但与认知心理学和认知科学力图理解思维过程的目的并不相符。规范性模型的研究有两个焦点。第一，人做决策时应该采用补偿性的（比如以加权平均为基础的回归模型）还是非补偿性的（比如以字典顺序搜索为基础的启发式模型）策略？第二，理想的决策模型应该是一个跨任务和情景、普遍性的模型，还是针对具体的任务和情景而衍生的多个模型？目前的研究更支持多个模型模块化（modularity）的理论，而应该采用补偿性还是非补偿性模型也要看任务环境和本身特点而定[1]。除此之外，规范性模型还经常被用来指导现实世界的决策任务，帮助决策者做出更准确、更有效率的决策。在这样的应用中，正有越来越多的机器学习模型被引入。但这些模型纯粹以数据为导向，是自下而上的模型，其主要目的不是解释认知过程和提供理论基础，而只是做更准确的决策和预测。总体说来，决策模型逐渐复杂化、模块化和机器学习化，并且模型种类日益增多且日渐复杂。这种趋势是否可以提高模型的描述性、拓深模型的规范性，还有待进一步探讨。

2）创造力。创造力的研究未来将兼顾方法与内容的创新。在方法上，可采用高频率跟踪问卷调查方法——日记与体验抽样法（daily diary and experience sampling methodology, DD & ESM）结合可穿戴技术采集部分关键数据。该方法不仅有助于描述和揭示人自身与外在的动态变化过程，如情感、认知、个体行为、人际互动、工作事件等变化，还可用于评估其他稳定特征例如个性对于个体内部动态过程和反应的跨层次影响作用。此外，可借助协作虚拟环境（collaborative virtual environment）进行实验研究，将被试设置于多人互动下的环境，可触发感官、认知和社会问题，有利于了解深刻复杂的人机交互作用。在内容上，通过跨学科合作拓展研究内容，开展"人－机－网络多重混合系统"下的团队创造力及其影响因素研究。同时，现有创造力的一些重要心理学概念尚未在创造力计算机模型中出现。例如创造力的治疗作用（therapeutic impact of creativity），创造性活动对创造者具有治疗作用[5]。此类概念均对未来的计算机模拟和算法变革提出挑战。

3）内隐学习。人工神经网络模拟有助于解答习得知识类型和内隐学习机制的计算原理这两个重要的问题。而 SRN 模型包含的记忆缓冲器的类型也并不明确，它在计算上是十分灵活的，并且它的类型依据训练时回传的误差情况而定。由此，内隐学习机制包含的记忆缓冲器真实的结构需要更深入地探讨。此外，未来研究可以进一步考察 SRN 模型是否仍然能够学会汉语声调对称规则，即从神经网络模拟的角度来验证平仄归类知识这种先前知识在汉语声调对称规则的内隐学习中的作用。除了 SRN 模型，记忆缓冲器模型（memory buffer model）也具备一种记忆缓冲器装置。因此，研究也可以采用记忆缓冲器模型来模拟汉语声调对称规则的内隐学习，并与 SNR 模型的模拟加以比较，以探究对称规则内隐学习机制使用的记忆缓冲器的类型。

4）语言和数学认知加工。连接主义神经计算模型的应用在一定程度上明确了人类认知背后的实际机制，可以解释正常人和相关障碍患者的加工过程。连接主义的解释具有领域一般性，它避开了领域特定的表征和学习机制的概念，认为各领域（如语言和数学）知识之间并没有很大的区别，不同的理论框架仅仅是描述的不同层次[17]。此外，连接主义建立在解剖学的基础上[69]，基于认知和表征的分布式、层次性和递归性视角，假定认知加工的过程可能并不局限于离散脑区的特定计算，也就是说，相关加工过程可以同时分布在多个区域，实现基本相似的规范计算。因此，连接主义对得出认知发展的本质、认知理论应该解决的问题以及对不同行为领域的统一解释有重要的启发作用。

5）通用人工智能。人工智能本质上为类人智能，即追求设计和开发像人脑那样工作的软硬件系统。对于"智能"理解的差异，使人工智能分化为专用和通用两个不同分支。通用人工智能将"智能"视为一种一般能力，关注系统从内在层面上"如何才能实现真正的智能"，并认为智能的存在代表着可以被认知的理性原则。本文中"智能的一般理论"及其"非公理逻辑推理系统"（NARS）的工程实现[70]，便是通用人工智能领域中一个具有代表性和影响力的方案。其对智能的工作定义为：智能就是在知识和资源相对不足的条件下主体的适应能力。智能绝非全知全能，正是基于知识和资源相对不足假设而非某种预设的高深叵测的算法，使得所构建的 NARS 系统"恰好"不但具有感知、运动等低层活动（配备机械躯体和传感器），也具有类似人脑的情感、记忆、推理、决策乃至自我意识等高级认知活动。同时，系统尤其强调经验的可塑性以及经验与系统个性和自我发展的相互影响。

如果将 NARS 的理论置于心理学框架下，便可得到如下基本理论假设：①大脑的智力有先天和后天两种成分，先天遗传的是元水平的智能，后天养成的是经验水平的技能；②先天与后天的结合使得大脑以任务加工系统的形式存在。经验系统具有耦合的内部结构，即记忆空间和加工空间是耦合的。由于知识和资源的相对不足，相关记忆有可能却不是全部参与认知加工；③因受限于资源所导致的记忆和加工的矛盾，必然表现出并行和串行两种不同的处理方式，但背后却只有统一的一种内在的元认知机制（NARS 采用非公理逻辑实现了这种元认知，当然也存在其他形式）；④任务的加工和保持需要认知资源的投入，由于知识和资源的相对不足，任务的执行具有不同的优先等级；⑤任务与经验（记忆、知识）同源同形，认知加工表现出内涵和外延有机结合的整体性特征，核心实现方式并非基于概率，而是基于证据的度量。NARS 不仅具备诸如演绎、归纳、归因、例示等与人类相一致的强弱推理的"理性"能力，而且能够在"非理性"方面也表现出跟人类高度相似的特点。

4.2 人机交互

1）自然交互。自然交互的核心在于"人"，心理学则是连接设备与人的桥梁，是人机交互体系和谐运行的纽带。要实现人机交互的自然性，就要通过心理学的研究，在交互感知上实现信息呈现与知觉过程的协调性，在交互认知上实现接口界面与心理模型的相容性。因此我们可以展望心理学在用户心理体验评估、交互认知、交互状态的生理心理计算以及高科技环境中的人因问题等领域继续发挥重要的作用，推动自然人机交互的发展。

2）自动驾驶汽车。自动驾驶汽车的发展得到了各国家和各企业的重视，终端消费者对于自动驾驶车辆的接受度和 L3 阶段的接管行为是现阶段与自动驾驶发展密切相关的人的因素中两个不容忽视的部分。在自动驾驶发展竞争日益激烈的大环境下，只有了解大众的接受度才能帮助实现各项发展目标。对于自动驾驶接受度的测量，目前还没有成熟的本土化的自动驾驶接受度量表可用于测量中国用户对自动驾驶的态度，也缺乏在中国人群体中对于影响自动驾驶接受度的因素的探讨。其次，大众对自动驾驶的预期、信任等因素也是影响大众接受度及自动驾驶汽车设计的重要方面。因此，未来可针对中国的交通环境展开大众对自动驾驶态度的系统研究。L3 阶段的接管是关系自动驾驶是否符合人的需求及安全要求的重要方面。只有了解驾驶员在紧急情况下的认知加工机制和反应方式，才能更好地设计自动驾驶的接管系统，真正有效提升道路安全。因此有必要针对自动驾驶的接管方式展开研究，包括但不仅限于提示时间、提示形式、提示内容、提示方式等。

认知增强

（1）神经调控技术

目前国内通过 DBS 改善认知的研究还集中在存在认知缺陷的 PD 和 AD 患者，在认知功能相对完好的人群中还缺乏关注。虽然也有零星的工作考察 TMS 或 tDCS 在增强工作记忆、视觉搜索、提高警觉性、促进睡眠剥夺后的认知恢复中的作用，但都不成系统也缺乏重复性验证。总体而言，非侵入性手段中，TMS 和 tACS 比 tDCS 具有更稳定的效应量，未来需要在相同的行为范式下比较不同刺激方案的短期和长期效应，并探索神经调控在神经生理、神经递质和脑功能连接等水平的作用机制而非停留在目前的行为验证层面。此外，近期一项研究指出，传统的经颅电刺激并不足以刺激脑回路和调节大脑的神经振荡节律，大部分电流在经过头皮和颅骨时就已耗尽[83]。因此，改进并验证刺激方案，比如使用时间干涉刺激（temporal interference stimulation）[84]以无创地刺激脑深部核团，也是未来的发展方向之一。

（2）游戏化训练

未来，游戏训练与神经调控在认知增强中的共同作用靶点和交互作用机理需要进一步的研究，而合作类的游戏化训练结合大脑超扫描技术（hyperscanning）和神经药物学研究（如催产素）或可揭示团队协作和凝聚力增强背后的脑机制。结合虚拟现实、混合现实和经颅电刺激的游戏化训练在军事和竞技类运动领域将具有极大的应用前景。

（3）睡眠中的脑信息操控

未来，通过将睡眠脑电监测、闭环神经调控、线索刺激再暴露、高分辨率多模态影像学等技术，结合情绪记忆、运动记忆、工作记忆、风险决策等多种认知任务，将揭示睡眠状态对认知信息编码和整合的影响，实现利用睡眠操控技术消除负性情绪记忆、增强正性情绪记忆、提高认知功能的目的。

虚拟现实。已有很多研究表明了 VR 技术相比于传统训练方法具有更好的效果，它能够模拟很多现实情境，具有生态效度高的特点。但当前的记忆障碍训练并没有一个统一的、标准化的程序，研究者的训练方案也只停留在研究层面，尚未得到应用。目前在 VR 记忆训练方面，可以加速对现有训练程序的完善，促进其在康复治疗中的应用。同时还可以结合神经认知功能评估，发展出更具有针对性、更有效的训练体系。VR 能够帮助脑损伤患者的记忆力的恢复。

虽然 VR 康复技术的可行性和有效性已得到初步证实，但现有研究还存在一些不足之处，主要包括：①研究样本量少；②认知康复较运动康复缓慢；③对 VR 认知疗法的其他优势的研究较少；④缺少二级认知任务对运动功能影响的研究[246]。在对注意障碍患者的康复治疗中，引入国际功能、残疾和健康分类（ICF）可能是一个新思路。以后利用 VR 来提高视觉空间能力将更多地投入少年儿童的智力开发和患者的治疗当中。同时，结合 VR 技术，提高少年儿童的视觉空间能力将是一块非常具有商业价值的产业。而针对训练视觉空间能力的应用程序或者游戏也将逐步产生。伴随着 VR 技术的快速发展，执行功能评估的生态效度不断提高，可以得到更贴近现实的反映表现，为儿童神经心理功能发展水平、精神障碍患者康复程度等的诊断和评估提供了有力的支持。然而国内目前对于执行功能的认知训练方面仍存在着较大空白，有待进一步的研究以及相关应用的开发。

4.3 教育人工智能

教育人工智能领域研究的发展，一方面依赖于人工智能基础理论和应用技术的进展，另一方面也离不开教育理念和教育实践需求的引导。从心理学视角来看，教育是一个由个体和群体行为构成的互动的生态系统。教育人工智能未来的发展方向，是要有助于更好地满足个体的个性化学习需求，有助于形成更加具有适应性的学习与教育环境，有助于更加准确地选择、生成和呈现丰富的教育内容和教育资源，有助于更加有效地实现教育过程中的多方互动，有助于更加全面地保护群体的行为伦理和规范。

在学习环境方面，虽然已有研究开始关注利用教育人工智能辅助课堂教学的可行性[247]，但目前大多数研究仍聚焦于开发基于计算机和智能移动终端等虚拟学习环境的教学系统，与现实学习环境的融合方面还不够深入，有待进一步改进和完善。

在学习过程方面，利用人工智能促进集体学习和协作学习，是当前教育人工智能发展的一个重要目标[248]，已有的教育研究已经指出了协作学习或基于小组的群体学习在提高个体的学习效果方面的重要性[249, 250]。近来，在智能教学系统中实施协作学习，引起了越来越多的研究者的兴趣[251, 252]，但还有很多问题亟待解决：如何对群体学习中的每个学习者进行描述与评估、从哪些维度去描述学习者的群体学习行为，等等。目前已有研究者在这方面展开了初步的探索，如有研究者基于个体对话特征曲线（individual conversation characteristics curves，ICCC）模型提出的群组交流分析（group communication analysis，GCA）框架[253, 254]，但还需要更多的理论与实证研究。

在学习内容方面，国内外大部分的教育人工智能研究和应用开发集中于基础教育中的数学、科学和语言读写能力等技能训练领域，这些领域的特点是其内部的知识较为系统化、结构化，便于形成定义良好的领域模型，而在人文学科（如文学、艺术）、综合素质教育（如创造力）和德育教育这些领域，教育人工智能还留有大片待垦之域。

在学习资源方面，当前教育人工智能应用提供的教育资源仅停留在对传统教育资源和人类专家知识的数字化上，而没有考虑到学习者能力发展和教育资源发展的对称性，因此很难实现长期有效的适应性教育环境。根据教育人工智能的适应性理论框架[255]，对任何学习者来说都存在最佳的教育环境（包括教育资源、学习环境、互动机制和学习过程），学习者可在这个教育环境中实现知识结构的最优化，且环境中的教育资源能够通过与学习者的互动得以改进。目前的教育人工智能研究基本上还没有以自我改进的视角去审视教育资源，运用教育大数据与人工智能技术，在教育实践中创造让数字资源可改进的机会，赋予数字教育资源的自我改进的能力，尤其是与学习者的能力提升相适应的自我改进能力，是教育人工智能领域的崭新课题。

在影响学习的互动因素和学习体验方面，当前的教育人工智能研究主要还是在认知心理学和教育心理学揭示的规律与原理的基础上进行技术实现，而新技术的不断发展和新教学环境的构建会给个体的学习引入多种传统教育环境中没有的新因素，如更强的交互性体验、对学习内容的丰富表征以及对学习材料的非线性获取等[256]。人工智能技术将为发现和建构关于学习过程的新的内在特点和内在规律提供可能性。在相应的管理实践领域，以教育人工智能为代表的技术发展正在促成教育与学习的数字化转型，促进工程计划和技术标准的形成，促进学习科学的大规模实践证据和大数据的积累，促进新的工程领域——"学习工程"的形成。

当然，这一领域的研究发展也面临很多挑战。首先，人工智能应用于教育的伦理问题会带来更多的困惑和关注。随着人工智能与人的关系这一基本层面的伦理问题日益凸显，智慧教育系统或教育机器人在教育活动中所扮演的角色应该如何定义，受教育者的知情同意权应该如何得到体现和保护，教学选择和教育决策中人工智能系统发挥作用的边界应该如何确定，等等，不仅是教育和心理学研究者需要更多思考和探索的问题，也会是实践中越来越具有现实意义的问题。其次，教育人工智能的评估标准和评估体系的建构将会面临广泛的需求和多种困难，其中需要大量的关于人的学习和发展的心理学基础研究支撑。何种性能的人工智能教育系统或产品能够以何种程度进入教育过程的不同场景，需要基于以人为中心的评估。年龄特征、学习体验、长期后效，这些心理学变量，将会构成评估教育人工智能标准体系中的支点和难点。最后，跨学科、跨领域的交叉融合所面临的困难会更加明显地成为教育人工智能的理论建构和实践推进的障碍。人工智能、认知神经科学、心理学、教育学、管理学等不同学科领域的研究进展如何能够相互支撑、深度融合，共同推进教育人工智能领域的理论建构和实践应用水平的提高，将会在一个相当长的阶段内成为研究者个体和学科发展面临的难题。

在大力推进的教育信息化进程中，更加关注教育内容和教育方法的进步而不仅仅是人工智能的技术变化，使得人工智能充分融入"互联网＋教育"的大平台建设中，将会促进教育教学和教育管理中行为大数据的生成，对教育管理、教师教学和学生发展的心理学研究和创新提出更高的要求，同时为相关领域的研究发展提供更为多样的机会。

　　人工智能在心理学领域的应用将不断推动心理学学科的发展，同时心理学研究者也面临着新技术、新方法和新思路的挑战。借助人工智能领域的研究成果，有效地运用和转化到心理学研究中，来挖掘、探究和解决心理学研究的问题，将形成新的研究模式。目前，人工智能已应用到决策、创造力、内隐学习以及语言和数学的认知加工等心理学领域。对心理认知过程进行了模拟和研究，也可以利用通用人工智能对脑运行机制和精神疾病进行有效的模拟和探讨；人机交互在工程心理学领域也开展了一系列研究，主要集中在自然人机交互、自动驾驶、人机信任、认知增强与虚拟现实（VR）技术等方面，以期促进各种智能系统的研发和人机系统的集成；另外，人工智能也"辐射"到了教育领域，以心理学的视角进行了丰富的实践和研究，为取得理想的教育效果而不断探索。未来，期待人工智能与心理学的共同创新和发展！

参考文献

［1］Gigerenzer G，Hertwig R，Pachur T. Simple heuristics：the foundations of adaptive social behavior［M］. New York，NY：Oxford University Press，2013.

［2］Simon H A. Rational choice and the structure of the environment［J］. Psychological Review，1956，63（2）：129–138.

［3］Busemeyer J R，Townsend J T. Decision field theory：a dynamic-cognitive approach to decision making in an uncertain environment［J］. Psychological Review，1993，100（3）：432–459.

［4］Pleskac T J，Busemeyer J R. Two-stage dynamic signal detection：a theory of choice，decision time，and confidence［J］. Psychological Review，2010，117（3）：864.

［5］Dipaola S，Gabora L，Mccaig G. Informing artificial intelligence generative techniques using cognitive theories of human creativity［J］. Procedia computer science，2018（145）：158–168.

［6］陈浩，冯坤月. AI产生创造力之前：人类创造力的认知心理基础［J］. 中国计算机学会通讯，2017，13（3）：35–41.

［7］Jordanous A. Four PPP Perspectives on computational creativity in theory and in practice［J］. Connection Science，2016，28（2）：194–216.

［8］Jordanous A. Co-creativity and perceptions of computational agents in co-creativity［C］. Proceedings of the Eighth International Conference on Computational Creativity，Atlanta，US. ACC. 2017.

［9］Zheng N N，Liu Z Y，Ren P J，et al. Hybrid-augmented intelligence：collaboration and cognition［J］. Frontiers of Information Technology & Electronic Engineering，2017，18（2）：153–179.

［10］Reber A S. Implicit learning of artificial grammars［J］. Journal of Verbal Learning & Verbal Behavior，1967，6（6）：855–863.

［11］Cleeremans A，Dienes Z. Computational models of implicit learning［M］. Cambridge；England：Cambridge University Press，2008.

［12］郭秀艳，朱磊，魏知超. 内隐学习的人工神经网络模型［J］. 心理科学进展，2006，14（6）：837–843.

［13］Grillner S. Neurobiological bases of rhythmic motor acts in vertebrates［J］. Science，1985，228（4696）：143–

149.

［14］ Rumelhart D E，Mcclelland J L，Group C P. Parallel distributed processing：explorations in the microstructure of cognition，vol. 2：psychological and biological models［J］. Language，1986，63（4）：45–76.

［15］ Joanisse M F，Mcclelland J L. Connectionist perspectives on language learning，representation and processing［J］. Wiley Interdisciplinary Reviews Cognitive Science，2015，6（3）：235–247.

［16］ Reydon T. Emergence：The connected lives of ants，brains，cities，and software（Book）［J］. History & Philosophy of the Life Sciences，2002（1）：125–127.

［17］ Mcclelland J L，Botvinick M M，Noelle D C，et al. Letting structure emerge：connectionist and dynamical systems approaches to cognition［J］. Trends in Cognitive Sciences，2010，14（8）：348–356.

［18］ Hunt L T，Hayden B Y. A distributed，hierarchical and recurrent framework for reward-based choice［J］. Nature Reviews Neuroscience，2017，18（3）：172.

［19］ Bengio Y，Lecun Y. Scaling learning algorithms towards AI［J］. Large-scale kernel Mach，2007（34）：1–41.

［20］ Haber S N，Behrens T E. The neural network underlying incentive-based learning：implications for interpreting circuit disruptions in psychiatric disorders［J］. Neuron，2014，83（5）：1019–1039.

［21］ Dürsteler M R，Wurtz R H，Newsome W T. Directional pursuit deficits following lesions of the foveal representation within the superior temporal sulcus of the macaque monkey［J］. Journal of neurophysiology，1987，57（5）：1262–1287.

［22］ Passingham R E，Wise S P. The neurobiology of the prefrontal cortex：anatomy，evolution，and the origin of insight［M］. Oxford University Press，2012.

［23］ Luan S，Schooler L J，Gigerenzer G. From perception to preference and on to inference：an approach-avoidance analysis of thresholds［J］. Psychological Review，2014，121（3）：501–525.

［24］ Dai J，Busemeyer J R. A probabilistic，dynamic，and attribute-wise model of intertemporal choice［J］. Journal of Experimental Psychology General，2014，143（4）：1489–1514.

［25］ Luan S，Reb J，Gigerenzer G. Ecological rationality：Fast-and-frugal heuristics for managerial decision making under uncertainty［J］. Academy of Management Journal，2019（62）：1735–1759.

［26］ Dai J，Pleskac T J，Pachur T. Dynamic cognitive models of intertemporal choice［J］. Cognitive psychology，2018（104）：29–56.

［27］ Zu C，Zeng H，Zhou X. Computational simulation of team creativity：the benefit of member flow［J］. Front Psychol，2019（10）：188.

［28］ Korde R，Paulus P B. Alternating individual and group idea generation：Finding the elusive synergy［J］. Journal of Experimental Social Psychology，2017（70）：177–190.

［29］ 周详，任乃馨，曾晖. 协同创新中头脑风暴法的缺陷及其计算机支持解决方案［J］. 企业管理，2018，39（3）：115–118.

［30］ Kuhn G，Dienes Z. Learning non-local dependencies［J］. Cognition，2008，106（1）：184–206.

［31］ 李菲菲，刘宝根. 远距离规则的内隐学习使用了何种记忆存储器：来自神经网络模拟的证据［J］. 心理科学，2018.

［32］ 李菲菲. 汉语声调对称规则的内隐学习及神经网络模拟研究［D］. 上海：华东师范大学.2013.

［33］ Chen Q，Mirman D. Competition and cooperation among similar representations：toward a unified account of facilitative and inhibitory effects of lexical neighbors［J］. Psychological Review，2012，119（2）：417–430.

［34］ Cree G S，Ken M R. Analyzing the factors underlying the structure and computation of the meaning of chipmunk，cherry，chisel，cheese，and cello（and many other such concrete nouns）［J］. Journal of Experimental Psychology General，2003，132（2）：163–201.

［35］ Cooper R M. The control of eye fixation by the meaning of spoken language：A new methodology for the real-time investigation of speech perception, memory, and language processing [J]. Cognitive Psychology, 1974 (6): 84–107.

[36] Huettig F, Altmann G T M. Word meaning and the control of eye fixation: semantic competitor effects and the visual world paradigm [J]. Cognition, 2005, 96 (1): 23–32.

[37] Yee E, Sedivy J C. Eye movements to pictures reveal transient semantic activation during spoken word recognition [J]. J Exp Psychol Learn Mem Cogn, 2006, 32 (32): 1–14.

[38] Mirman D, Magnuson J S. Dynamics of activation of semantically similar concepts during spoken word recognition [J]. Memory & Cognition, 2009, 37 (7): 1026–1039.

[39] Apfelbaum K S, Blumstein S E, Mcmurray B. Semantic priming is affected by real–time phonological competition: Evidence for continuous cascading systems [J]. Psychonomic Bulletin & Review, 2011, 18 (1): 141–149.

[40] Chen Q, Mirman D. Interaction between phonological and semantic representations: time matters [J]. Cognitive Science, 2015, 39 (3): 538–558.

[41] Chen Q, Verguts T. Spatial intuition in elementary arithmetic: a neurocomputational account [J]. Plos One, 2012, 7 (2): e31180.

[42] Biedermann B, Nickels L. Homographic and heterographic homophones in speech production: does orthography matter [J]. Cortex, 2008, 44 (6): 683–697.

[43] Biedermann B, Blanken G, Nickels L. The representation of homophones: Evidence from remediation [J]. Aphasiology, 2002, 16 (10–11): 1115–1136.

[44] Biedermann B, Nickels L. The representation of homophones: More evidence from the remediation of anomia [J]. Cortex, 2008, 44 (3): 276–293.

[45] Gabriella V, Hartsuiker R J. The interplay of meaning, sound, and syntax in sentence production [J]. Psychological Bulletin, 2002, 128 (3): 442–472.

[46] Brenda R, Goldrick M. Discreteness and interactivity in spoken word production [J]. Psychological Review, 2000, 107 (3): 460–499.

[47] Middleton E L, Chen Q, Verkuilen J. Friends and foes in the lexicon: Homophone naming in aphasia [J]. Journal of Experimental Psychology Learning Memory & Cognition, 2015, 41 (1): 77.

[48] Chen Q, Middleton E, Mirman D. Words fail: Lesion - symptom mapping of errors of omission in post - stroke aphasia [J]. Journal of neuropsychology, 2018: 1–15.

[49] Bozeat S, Lambon R M, Patterson K, et al. Non–verbal semantic impairment in semantic dementia [J]. Neuropsychologia, 2000, 38 (9): 1207–1215.

[50] Kadosh R C, Walsh V. Numerical representation in the parietal lobes: abstract or not abstract [J]. Behavioral and brain sciences, 2009, 32 (3–4): 313–328.

[51] Shaki S, Fischer M H. Reading space into numbers–a cross–linguistic comparison of the SNARC effect [J]. Cognition, 2008, 108 (2): 590–599.

[52] Liane K, Vogel S E, Guilherme W, et al. A developmental fMRI study of nonsymbolic numerical and spatial processing [J]. Cortex, 2008, 44 (4): 376–385.

[53] Vincent W. A theory of magnitude: common cortical metrics of time, space and quantity [J]. Trends in Cognitive Sciences, 2003, 7 (11): 483–488.

[54] Moyer R S, Landauer T K. Time required for Judgements of Numerical Inequality [J]. Nature, 1967, 215 (5109): 1519–1520.

[55] Dehaene S. What are numbers, really? A cerebral basis for number sense [J]. Reprinted in Edge March, 1997(19): 2016.

[56] Dehaene S, Bossini S, Giraux P. The mental representation of parity and number magnitude [J]. Journal of

Experimental Psychology General，1993，122（3）：371–396.

［57］Hubbard E M，Manuela P，Philippe P，et al. Interactions between number and space in parietal cortex［J］. Nature Reviews Neuroscience，2005，6（6）：435–448.

［58］Gevers W，Verguts T，Reynvoet B，et al. Numbers and space：A computational model of the SNARC effect［J］. Journal of Experimental Psychology：Human Perception and Performance，2006，32（1）：32–44.

［59］Verguts T，Fias W. Symbolic and Nonsymbolic Pathways of Number Processing［J］. Philosophical Psychology，2008，21（4）：539–554.

［60］Chen Q，Verguts T. Beyond the mental number line：A neural network model of number–space interactions［J］. Cognitive psychology，2010，60（3）：218–240.

［61］Priftis K，Zorzi M，Meneghello F，et al. Explicit versus implicit processing of representational space in neglect：dissociations in accessing the mental number line［J］. Journal of Cognitive Neuroscience，2006，18（4）：680–688.

［62］Knops A，Viarouge A，Dehaene S. Dynamic representations underlying symbolic and nonsymbolic calculation：Evidence from the operational momentum effect［J］. Attention Perception & Psychophysics，2009，71（4）：803–821.

［63］Masson N，Pesenti M. Attentional bias induced by solving simple and complex addition and subtraction problems［J］. Quarterly Journal of Experimental Psychology，2014，67（8）：1514–1526.

［64］Mccrink K，Dehaene S，Dehaene–Lambertz G. Moving along the number line：Operational momentum in nonsymbolic arithmetic［J］. Perception & psychophysics，2007，69（8）：1324–1333.

［65］Pouget A，Deneve S，Duhamel J R. A computational perspective on the neural basis of multisensory spatial representations［J］. Nature Review Neuroscience，2002，3（9）：741–747.

［66］Anderson，J，Kalra N，Stanley K，Sorensen P，Samaras C，Oluwatola O A. Autonomous vehicle technology. A guide for policymakers［M］. RAND Corporation. Arlington，Virginia，USA. 2014：185.

［67］Fagnant D J，Kockelman K. Preparing a nation for autonomous vehicles：opportunities，barriers and policy recommendations［J］. Transportation Research Part A：Policy and Practice，2015（77）：167–181.

［68］Mui C，Carroll P B. Driverless cars：Trillions are up for grabs［M/OL］. 2013，March 30. Retrieved January 1，2019，http：//www.amazon.com.

［69］国家制造强国建设战略咨询委员会 .《中国制造 2025》重点领域技术创新绿皮书［M］. 北京：电子工业出版社，2016.

［70］SAE International. Taxonomy and definitions for terms related to driving automation systems for on–road motor vehicles. Washington，DC：SAE International. 2016.

［71］Nees M A. Acceptance of self–driving cars：an examination of idealized versus realistic portrayals with a self–driving car acceptance scale. In Proceedings of the Human Factors and Ergonomics Society Annual Meeting（Vol. 60，No. 1，pp. 1449–1453）［C］. Sage CA：Los Angeles，CA：SAGE Publications，2016.

［72］Payre W，Cestac J，Delhomme P. Intention to use a fully automated car：Attitudes and a priori acceptability［J］. Transportation research part F：traffic psychology and behaviour，2014（27）：252–263.

［73］Schoettle B，Sivak M. Public opinion about self–driving vehicles in China，India，Japan，the U.S.，the U.K.，and Australia［M］. University of Michigan Ann Arbor Transportation Research Institute. 2014.

［74］Verberne F M，Ham J，Midden C J. Trust in smart systems：Sharing driving goals and giving information to increase trustworthiness and acceptability of smart systems in cars［J］. Human Factors，2012，54（5）：799–810.

［75］Xu X，Fan C K.（2018）. Autonomous vehicles，risk perceptions and insurance demand：An individual survey in China［J］. Transportation Research Part A：Policy and Practice. 2012.

[76] König M, Neumayr L. Users' resistance towards radical innovations: The case of the self-driving car [J]. Transportation research part F: traffic psychology and behaviour, 2017, 44: 42-52.

[77] Fraedrich E, Heinrichs D, Bahamonde-Birke F J, Cyganski R. Autonomous driving, the built environment and policy implications [J]. Transportation Research Part A: Policy and Practice, 2018.

[78] Sanbonmatsu D M, Strayer D L, Yu Z, Biondi F, et al. Cognitive underpinnings of beliefs and confidence in beliefs about fully automated vehicles [J]. Transportation research part F: traffic psychology and behaviour, 2018, 55: 114-122.

[79] Kyriakidis M, de Winter J C, Stanton N, et al. A human factors perspective on automated driving [J]. Theoretical Issues in Ergonomics Science, 2017, 1-27.

[80] Power J. Vehicle owners show willingness to spend on automotive infotainment features [M/OL]. Retrieved July 24, 2017.

[81] Bansal P, Kockelman K M, Singh A. Assessing public opinions of and interest in new vehicle technologies: An Austin perspective [J]. Transportation Research Part C: Emerging Technologies, 2016, 67: 1-14.

[82] Migliore L A. Relation between big five personality traits and Hofstede's cultural dimensions: Samples from the USA and India [J]. Cross Cultural Management: An International Journal, 2011, 18 (1): 38-54.

[83] Buckley L, Kaye S A, Pradhan A K. Psychosocial factors associated with intended use of automated vehicles: A simulated driving study [J]. Accident Analysis & Prevention, 2018, 115: 202-208.

[84] Molnar L J, Ryan L H, Pradhan A K, et al. Understanding trust and acceptance of automated vehicles: An exploratory simulator study of transfer of control between automated and manual driving [J]. Transportation research part F: traffic psychology and behaviour, 2018, 58: 319-328.

[85] Payre W, Cestac J, Dang N T, et al. Impact of training and in-vehicle task performance on manual control recovery in an automated car [J]. Transportation research part F: traffic psychology and behaviour, 2017, 46, 216-227.

[86] Lee J D, See K A. Trust in automation: Designing for appropriate reliance [J]. Human Factors, 2004, 46 (1): 50-80.

[87] Parasuraman R, Riley V. Humans and automation: Use, misuse, disuse, abuse [J]. Hum Factors, 1997, 39 (2): 230-253.

[88] Beukel A P V D, Voort M C V D. The influence of time-criticality on situation awareness when retrieving human control after automated driving [C]. Paper presented at the International IEEE Conference on Intelligent Transportation Systems.2013.

[89] Hulse L M, Xie H, Galea E R. Perceptions of autonomous vehicles: Relationships with road users, risk, gender and age [J]. Safety Science, 2018, 102: 1-13.

[90] Mok B, Johns M, Lee K J, et al. Emergency, automation off: Unstructured transition timing for distracted drivers of automated vehicles [C]. Paper presented at the IEEE International Conference on Intelligent Transportation Systems, 2015.

[91] Gold C, Dambock D, Lorenz L, et al. Take over! How long does it take to get the driver back into the loop [C]? Proceedings of the Human Factors & Ergonomics Society Annual Meeting, 2013: 1938-1942.

[92] Wan J. A study of driver taking-over control behavior in automated vehicles [D].State University of New York at Buffalo.2016.

[93] Petermeijer S, Bazilinskyy P, Bengler K, et al. Take-over again: Investigating multimodal and directional TORs to get the driver back into the loop [J]. Applied Ergonomics, 2017, 62: 204-215.

[94] Eriksson A, Petermeijer S M, Zimmerman M, et al. Rolling out the red (and green) carpet: supporting driver decision making in automation-to-manual transitions [J]. IEEE Transactions on Human-Machine Systems, 2017. http: //doi. org/10.1002/elan.

［95］ Petermeijer S M，Cieler S，De Winter J C. Comparing spatially static and dynamic vibrotactile take-over requests in the driver seat［J］. Accident Analysis & Prevention，2017，99，218-227.

［96］ Borojeni S S，Wallbaum T，Heuten W，et al. Comparing shape-changing and vibro-tactile steering wheels for take-over requests in highly automated driving［C］. In Proceedings of the 9th International Conference on Automotive User Interfaces and Interactive Vehicular Applications（pp. 221-225）. ACM. 2017.

［97］ Bazilinskyy P，De Winter J C F. Analyzing crowdsourced ratings of speech-based take-over requests for automated driving［J］. Applied Ergonomics，2017，64：56-64.

［98］ Bazilinskyy P，Petermeijer S M，Petrovych V，et al. Take-over requests in highly automated driving：A crowdsourcing survey on auditory，vibrotactile，and visual displays［J］. Transportation research part F：traffic psychology and behaviour，2018，56：82-98.

［99］ 潘永亮. 人机交互界面设计中的自然化趋势［J］. 装饰，2008，（6）：130-131.

［100］ 史元春. 自然人机交互［J］. 中国计算机学会通讯，2018，14（147）：8-10.

［101］ 王红兵，瞿裕忠，徐冬梅. 人机交互的若干关键技术［J］. 计算机工程与应用，2001，37（21）：129-131.

［102］ Neumann I，Krems J F. Battery electric vehicles – implications for the driver interface［J］. Ergonomics，2016. 59（3）：331-43.

［103］ Xu J，et al.，Human performance measures for the evaluation of process control human-system interfaces in high-fidelity simulations［J］. Appl Ergon，2018，73：151-165.

［104］ Jahn G，Krems J F，Gelau C. Skill acquisition while operating in-vehicle information systems：interface design determines the level of safety-relevant distractions［J］. Hum Factors，2009，51（2）：136-151.

［105］ 张警吁，张亮. 自然交互的认知机理与心理模型［J］. 中国计算机学会通讯，2018.14（147）：30-35.

［106］ Anderson J R，Lebiere C. The atomic components of thought［J］. Journal of Mathematical Psychology，1995，45（6）：917-923.

［107］ 王海燕 等. 图标视觉搜索行为的 ACT-R 认知模型分析［J］. 计算机辅助设计与图形学学报，2016. 28（10）：1740-1749.

［108］ Dzindolet M T，Peterson S A，Pomranky R A，et al. The role of trust in automation reliance［J］. International Journal of Human-Computer Studies，2003，58（6）：697-718.

［109］ deVries P，Midden C，Bouwhuis D. The effects of errors on system trust，self-confidence，and the allocation of control in route planning［J］. International Journal of Human-Computer Studies. 2003，58（6）：719-735.

［110］ Jian J-Y，Bisantz A M，Drury C G. Foundations for an Empirically Determined Scale of Trust in Automated Systems［J］. International Journal of Cognitive Ergonomics，2000，4（1）：53-71.

［111］ Bass B，Goodwin M，Brennan K，Pak R，McLaughlin A. Effects of age and gender stereotypes on trust in an anthropomorphic decision aid［C］. Proceedings of the Human Factors and Ergonomics Society Annual Meeting，2013：1575-1579.

［112］ deVisser E J，Monfort S S，McKendrick R，et al. Almost human：Anthropomorphism increases trust resilience in cognitive agents［J］. Journal of Experimental Psychology：Applied，2016，22（3）：331-349.

［113］ Koo J，Kwac J，Ju W，et al. Why did my car just do that? Explaining semi-autonomous driving actions to improve driver understanding，trust，and performance［J］. Int J Interact Des Manuf，2015，9（4）：269-75.

［114］ Kristin E，Jessie Y C，Chen James L，et al. A meta-analysis of factors influencing the development of trust in automation：Implications for understanding autonomy in future systems［J］. Human Factors，2016，58（3）：377-400.

［115］ Merritt S M，Ilgen D R. Not all trust is created equal：Dispositional and history-based trust in human-automation interactions［J］. Hum Factors，2008，50（2）：194-210.

[116] Hancock P A, Billings D R, Schaefer K E, et al. A meta-analysis of factors affecting trust in human-robot interaction[J]. Hum Factors, 2011, 53 (5): 517-527.

[117] Langevin, J. P., Koek, R. J., Schwartz, H. N., et al. Deep brain stimulation of the basolateral amygdala for treatment-refractory posttraumatic stress disorder[J]. Biological Psychiatry, 2016, 79 (10): e82-e84.

[118] Suthana N, Fried I. Deep brain stimulation for enhancement of learning and memory[J]. NeuroImage, 2014, 85: 996-1002.

[119] Beggiato M, Krems J F. The evolution of mental model, trust and acceptance of adaptive cruise control in relation to initial information[J]. Transportation Research Part F: Traffic Psychology and Behaviour, 2013, 18: 47-57.

[120] Korber M, Baseler E, Bengler K. Introduction matters: Manipulating trust in automation and reliance in automated driving[J]. Appl Ergon, 2018, 66: 18-31.

[121] Nöcker G, Blömacher K, Huff M. The role of system description for conditionally automated vehicles[J]. Transportation Research: Part F, 2018, 54: 159-170.

[122] Luber B, Lisanby S H. Enhancement of human cognitive performance using transcranial magnetic stimulation (TMS) [J]. NeuroImage, 2013, 85 (3): 961-970.

[123] Coffman B C, Clark V P, Parasuraman R. Battery powered thought: enhancement of attention, learning, and memory in healthy adults using transcranial direct current stimulation[J]. NeuroImage, 2014, 85: 897-910.

[124] Wang J X, Rogers L M, Gross E Z, et al. Targeted enhancement of cortical-hippocampal brain networks and associative memory[J]. Science, 2014, 345: 1054-1057.

[125] Albouy P, Weiss A S, Zatorre R J. Selective entrainment of theta oscillations in the dorsal stream causally enhances auditory working memory performance[J]. Neuron, 2017, 94 (1): 193-206.

[126] Schutter D, Wischnewski M. A meta-analytic study of exogenous oscillatory electric potentials in neuro enhancement[J]. Neuropsychologia, 2016, 86: 110-118.

[127] Wang P, Liu H H, Zhu X T, et al. Action video game training for healthy adults: A meta-analytic study[J]. Frontiers in Psychology, 2016, 7: 907.

[128] Qiu N, Ma W Y, Fan X, et al. Rapid improvement in visual selective attention related to action video gaming experience[J]. Frontiers in Human Neuroscience, 2018, 12: 47.

[129] Looi C Y, Duta M, Brem A K, et al. Combining brain stimulation and video game to promote long-term transfer of learning and cognitive enhancement[J]. Scientific Reports, 2016, 6: 22003.

[130] Velez J A, Mahood C, Ewoldsen D R, et al. Ingroup versus outgroup conflict in the context of violent video game play: The effect of cooperation on increased helping and decreased aggression[J]. Communication Research, 2014, 41 (5): 607-626.

[131] Antony J W, Gobel E W, O'Hare J K, et al. Cuedmemory reactivation during sleep influences skill learning[J]. Nature Neuroscience, 2012, 15: 1114-1116.

[132] Diekelmann S, Born J. The memory function of sleep[J]. Nature Reviews Neuroscience, 2010, 11: 114-126.

[133] Genzel L, Kroes M C, Dresler M, et al. Light sleep versus slow wave sleep inmemory consolidation: a question of global versus local processes[J]? Trends in Neuroscience, 2014, 37: 10-19.

[134] Arzi A, Shedlesky L, Ben-Shaul M, et al. Humans can learn new information during sleep[J]. Nature Neuroscience, 2012, 15 (10): 1460-1465.

[135] Liu Y Z, Lin W J, Liu C, et al. Memory consolidation reconfigures neural pathways involved in the suppression of emotional memories[J]. Nature Communications, 2016, 7: 13375.

[136] He J, Sun H Q, Li S X, et al. Effect of conditioned stimulus exposure during slow wave sleep on fear memory extinction in humans[J]. Sleep, 2015, 38 (3): 423-431.

［137］ Ai S Z，Yin Y L，Chen Y，et al. Promoting subjective preferences in simple economic choices during nap［J］. eLife，2018，7：e40583.

［138］ Daly J，Kline B，Martin G A. Coordinating graphics audio and user interaction in virtual reality applications［C］. IEEE Proceedings of 2002 Virtual Reality，2002：289-290.

［139］ Grigore C，Burdea，Philippe Coiffet.（2003）.Virtual reality technology［M］.Toronto：Wiley-IEEE Press.

［140］ Teo W P，Muthalib M Yamin S，et al. Does a combination of virtual reality，neuromodulation and neuroimaging provide a comprehensive platform for neurorehabilitation?-A narrative review of the literature［J］. Front Hum Neurosci，2016，10：284.

［141］ 申申，龚建华，李文航，等. 基于虚拟亲历行为的空间场所认知对比实验研究［J］. 武汉大学学报·信息科学版，2018，43（11）：1732-1738.

［142］ 王宏伟，姜若冲，朱磊. 基于虚拟现实技术的空间认知能力试验方法研究［J］. 军事医学，2018，42（07）：497-501.

［143］ 刘相，刘玉庆，朱秀庆，等. 基于虚拟现实的航天员舱内导航训练方法［J］. 计算机辅助设计与图形学学报，2017，29（01）：101-107.

［144］ 李明英，吴惠宁，蒯曙光，等. 虚拟现实技术在执行功能评估中的应用［J］. 心理科学进展，2017，25（6）：933-942.

［145］ 孙金磊，杜亚松. 虚拟现实技术在注意缺陷多动障碍诊疗中的应用［J］. 中国儿童保健杂志，2018，26（1）：37-39.

［146］ 宋金花，朱其秀，李培媛，等. 虚拟现实技术对非痴呆型血管性认知障碍患者认知功能、日常生活活动能力以及 p300 的影响［J］. 中华物理医学与康复杂志，2018，40（3）：195.

［147］ 沙庆庆，陈东帆，于新宇，等. 面向自闭症儿童的虚拟现实游戏设计与开发［J］. 中国教育技术装备，2018，（2）：37-40.

［148］ 陈靓影，王广帅，张坤. 为提高孤独症儿童社会互动能力的人机交互学习活动设计与实现［J］. 电化教育研究，2017，（5）：106-111.

［149］ Buckley D. The Personalisation by Pieces Framework：A Framework for the Incremental Transformation of Pedagogy Towards Greater Learner Empowerment in Schools［M］. CEA Publishing.2006.

［150］ Office of Educational Technology，US Department of Education. Reimagining the role of technology in education：2017 national education technology plan update［EB/OL］. 2017.

［151］ Atkinson R C. Adaptive Instructional Systems：Some Attempts to Optimize the Learning Process. Technical Report No. 240.［J］. Computer Oriented Programs，1974：58.

［152］ Park O，Lee J. Adaptive instructional systems［J］. Educational Technology Research and Development，2003，25：651-684.

［153］ Russell S J，Norvig P. Artificial intelligence：a modern approach［M］. Malaysia；Pearson Education Limited，2016.

［154］ Schmidhuber J. Deep learning in neural networks：An overview［J］. Neural networks，2015，61：85-117.

［155］ 马世龙，乌尼日其其格，李小平. 大数据与深度学习综述［J］. 智能系统学报，2016，11（6）：728-742.

［156］ Bates M. Models of natural language understanding［J］. Proceedings of the National Academy of Sciences，1995，92（22）：9977-9982.

［157］ Nye B D，Graesser A C，Hu X. AutoTutor and family：A review of 17 years of natural language tutoring［J］. International Journal of Artificial Intelligence in Education，2014，24（4）：427-469.

［158］ 王萌，俞士汶，朱学锋. 自然语言处理技术及其教育应用［J］. 数学的实践与认识，2015，45（20）：151-156.

［159］ Nguyen H，Xiong W，Litman D. Iterative design and classroom evaluation of automated formative feedback for improving peer feedback localization［J］. International Journal of Artificial Intelligence in Education，2017，27（3）：582-622.

［160］ Dias S B，Hadjileontiadou S J，Diniz J A，et al. Computer-based concept mapping combined with learning management system use：An explorative study under the self-and collaborative-mode［J］. Computers & Education，2017，107：127-146.

［161］ Lin Y S，Chang Y C，Liew K H，et al. Effects of concept map extraction and a test-based diagnostic environment on learning achievement and learners' perceptions［J］. British Journal of Educational Technology，2016，47（4）：649-664.

［162］ Crampes M，Ranwez S，Villerd J，et al. Concept maps for designing adaptive knowledge maps［J］. Information Visualization，2006，5（3）：211-224.

［163］ Manning C，Raghavan P，Schütze H. Introduction to information retrieval［J］. Natural Language Engineering，2010，16（1）：100-103.

［164］ 刘知远，孙茂松，林衍凯，等. 知识表示学习研究进展［J］. 计算机研究与发展，2016，53（2）：247-261.

［165］ 万海鹏，余胜泉. 基于学习元平台的学习认知地图构建［J］. 电化教育研究，2017，38（9）：83-88，107.

［166］ Shaw R S. The learning performance of different knowledge map construction methods and learning styles moderation for programming language learning［J］. Journal of Educational Computing Research，2019，56（8）：1407-1429.

［167］ 薛耀锋，杨金朋，郭威，等. 面向在线学习的多模态情感计算研究［J］. 中国电化教育，2018，（2）：46-50，83.

［168］ Santos O C. Emotions and personality in adaptive e-learning systems：an affective computing perspective［M］. Emotions and personality in personalized services. Springer，Cham，2016：263-285.

［169］ Ortigosa A，Martín J M，Carro R M. Sentiment analysis in Facebook and its application to e-learning［J］. Computers in human behavior，2014，31：527-541.

［170］ Gulz A，Haake M，Silvervarg A. Extending a teachable agent with a social conversation module-effects on student experiences and learning［C］. International Conference on Artificial Intelligence in Education. Springer，Berlin，Heidelberg，2011：106-114.

［171］ Kerly A，Ellis R，Bull S. CALMsystem：A conversational agent for learner modelling［J］. Knowledge-Based Systems，2008，21（3）：238-246.

［172］ Wik P，Hjalmarsson A. Embodied conversational agents in computer assisted language learning［J］. Speech Communication，2009，51（10）：1024-1037.

［173］ Ruttkay，Zsófia，Dormann C，Noot H. Embodied conversational agents on a common ground：from brows to trust［M］. Springer Netherlands，2004.

［174］ Haake M，Gulz A. A Look at the Roles of Look & Roles in Embodied Pedagogical Agents – A User Preference Perspective［J］. International Journal of Artificial Intelligence in Education，2009，19（1）：39-71.

［175］ Chi M，Vanlehn K. Accelerated future learning via explicit instruction of a problem solving strategy［J］. Frontiers in Artificial Intelligence and Applications，2007，158：409.

［176］ Brusk J，Lager T，Hjalmarsson A，et al. DEAL：dialogue management in SCXML for believable game characters［C］. Proceedings of the 2007 conference on Future Play. ACM，2007：137-144.

［177］ Kennedy C M，Powell J，Payne T H，et al. Active assistance technology for health-related behavior change：an interdisciplinary review［J］. Journal of medical Internet research，2012，14（3）：e80.

［178］Sawyer R，Rowe J，Lester J. Balancing learning and engagement in game-based learning environments with multi-objective reinforcement learning［C］. International Conference on Artificial Intelligence in Education. Springer，Cham，2017：323-334.

［179］Conati C，Jaques N，Muir M. Understanding attention to adaptive hints in educational games：an eye-tracking study［J］. International Journal of Artificial Intelligence in Education，2013，23（1-4）：136-161.

［180］Bosch N，D'Mello，Sidney. The affective experience of novice computer programmers［J］. International Journal of Artificial Intelligence in Education，2017，27（1）：181-206.

［181］Okur E，Alyuz N，Aslan S，et al. Behavioral engagement detection of students in the wild［C］. International Conference on Artificial Intelligence in Education. Springer，Cham，2017：250-261.

［182］Chen J，Luo N，et al. A hybrid intelligence-aided approach to affect-sensitive e-learning［J］. Computing，2016，98（1-2）：215-233.

［183］Luckin R，Holmes W，et al. Intelligence unleashed：An argument for AI in education［Z］. Open Ideas at Pearson.2016.

［184］Kinshuk，Chen N S，Cheng I L，et al. Evolution is not enough：Revolutionizing current learning environments to smart learning environments［J］. International Journal of Artificial Intelligence in Education，2016，26（2）：561-581.

［185］Liu Y，Chen J，et al. Student engagement study based on multi-cue detection and recognition in an intelligent learning environment［J］. Multimedia Tools and Applications，2018，77（21）：28749-28775.

［186］Björn Sjödén，Lind M，Silvervarg A. Can a teachable agent influence how students respond to competition in an educational game［C］. International Conference on Artificial Intelligence in Education. Springer，Cham. 2017.

［187］Si M. A virtual space for children to meet and practice Chinese［J］. International Journal of Artificial Intelligence in Education，2015，25（2）：271-290.

［188］Gonzalez A J，Hollister J R，Demara R F，et al. AI in informal science education：Bringing turing back to life to perform the turing test［J］. International Journal of Artificial Intelligence in Education，2017，27（2）：353-384.

［189］Arroyo I，Wixon N，Allessio D，et al. Collaboration improves student interest in online tutoring［C］. International Conference on Artificial Intelligence in Education. Springer，Cham. 2017.

［190］Stahl G，Koschmann T，Suthers D. Computer supported collaborative learning［J］. Encyclopedia of the Sciences of Learning，2012，65（3）：156-162.

［191］Kuo Y C，Chu H C，Huang C H. A learning style-based grouping collaborative learning approach to improve EFL students' performance in English courses［J］. Educational Technology & Society，2015，18（2）：284-298.

［192］Hayashi，Yugo. Multiple pedagogical conversational agents to support learner-learner collaborative learning：Effects of splitting suggestion types［J］. Cognitive Systems Research，2018：S1389041717302711.

［193］OECD. PISA 2015 Results（Volume V）：Collaborative problem solving［M］. Paris：OECD Publishing，2017.

［194］Fiore S M，Graesser A，et al. Collaborative problem solving：Considerations for the National Assessment of Educational Progress［M］. Alexandria，VA：National Center for Education Statistics. 2017.

［195］Fiore S M，Graesser A，Greiff S. Collaborative problem-solving education for the twenty-first-century workforce［J］. Nature Human Behaviour，2018，2（6）：367-369.

［196］Sottilare R A，Brawner K W，et al. The generalized intelligent framework for tutoring（GIFT）Volume 6 Team Tutoring［M］. Orlando，FL：U.S. Army Research Laboratory.2018.

［197］牟智佳，俞显. 教育大数据背景下智能测评研究的现实审视与发展趋向［J］. 中国远程教育，2018，520（5）：57-64.

［198］Craig S，Graesser A，Sullins J，et al. Affect and learning：An exploratory look into the role of affect in learning with AutoTutor[J]. Journal of Educational Media, 2004, 29 (3): 241-250.

[199] Conati C, Maclaren H. Empirically building and evaluating a probabilistic model of user affect[J]. User Modeling and User-Adapted Interaction, 2009, 19 (3): 267-303.

[200] Baker R S J D, Gowda S M, Wixon M, et al. Towards sensor-free affect detection in cognitive tutor algebra[J]. International Educational Data Mining Society, 2012, (1): 8.

[201] Pardos Z A, Baker R S J D, San Pedro M O C Z, et al. Affective states and state tests: Investigating how affect and engagement during the school year predict end-of-year learning outcomes[J]. Journal of Learning Analytics, 2014, 1 (1): 107-128.

[202] Paquette L, Baker R S J, Sao Pedro M A, et al. Sensor-free affect detection for a simulation-based science inquiry learning environment[C]. International Conference on Intelligent Tutoring Systems. Springer, Cham, 2014: 1-10.

[203] Conati C, Gutica M. Interaction with an Edu-Game: A detailed analysis of student emotions and judges' perceptions[J]. International Journal of Artificial Intelligence in Education, 2016, 26 (4): 975-1010.

[204] Shen L, Wang M, Shen R. Affective e-learning: Using emotional data to improve learning in pervasive learning environment[J]. Journal of Educational Technology & Society, 2009, 12 (2): 176-189.

[205] Kaklauskas A. Student progress assessment with the help of an intelligent pupil analysis system[J]. Engineering Applications of Artificial Intelligence, 2013, 26 (1): 35-50.

[206] Chi M T H, Wylie R. The ICAP framework: Linking cognitive engagement to active learning outcomes[J]. Educational Psychologist, 2014, 49 (4): 219-243.

[207] Parsons J, Taylor L. Improving student engagement.[J]. Current Issues in Education, 2012, 14 (1): 88.

[208] Baker R S, Corbett A T, Koedinger K R, et al. Off-task behavior in the cognitive tutor classroom: when students game the system[C]. Proceedings of the SIGCHI conference on Human factors in computing systems. ACM, 2004: 383-390.

[209] Baker R S J. Modeling and understanding students' off-task behavior in intelligent tutoring systems[C]. Proceedings of the SIGCHI conference on Human factors in computing systems. ACM, 2007: 1059-1068.

[210] Cetintas S, Si L, Xin Y P, et al. Learning to identify students' off-task behavior in intelligent tutoring systems[C]. AIED. 2009: 701-703.

[211] Hershkovitz A, Wixon M, d Baker R S J, et al. Carelessness and goal orientation in a science microworld[C]. International Conference on Artificial Intelligence in Education. Springer, Berlin, Heidelberg, 2011: 462-465.

[212] Poropat A E. A Meta-Analysis of the Five-Factor Model of Personality and Academic Performance.[J]. Psychological Bulletin, 2009, 135 (2): 322.

[213] Burton L J, Nelson L. The relationships between personality, approaches to learning, and academic success in first-year psychology distance education students[C]. Proceedings of the 29th HERDSA Annual Conference: Critical Visions: Thinking, Learning and Researching in Higher Education (HERDSA 2006). Higher Education Research and Development Society of Australasia (HERDSA), 2006, 29: 64-72.

[214] Al-Dujaily A, Kim J, Ryu H. Am I extravert or introvert? Considering the personality effect toward e-learning system[J]. Educational Technology & Society, 2013, 16 (3): 14-27.

[215] Golbeck J, Robles C, Turner K. Predicting personality with social media[C]. CHI'11 extended abstracts on human factors in computing systems. ACM, 2011: 253-262.

[216] Gao R, Hao B, Bai S, et al. Improving user profile with personality traits predicted from social media content[C]. Proceedings of the 7th ACM conference on Recommender systems. ACM, 2013: 355-358.

[217] Wu W, Chen L, Yang Q, et al. Inferring students' personality from their communication behavior in web-based learning systems[J]. International Journal of Artificial Intelligence in Education, 2019: 1-28.

［218］Shermis M D，Burstein J，et al. Automated writing evaluation：an expanding body of knowledge［M］．Handbook of writing research. 2016. 395–409.

［219］Vajjala S. Automated assessment of non-native learner essays：Investigating the role of linguistic features［J］．International Journal of Artificial Intelligence in Education，2018，28（1）：79–105.

［220］Bridgeman B. Human ratings and automated essay evaluation［M］．Handbook of automated essay evaluation：current applications and new directions. Taylor & Francis Group，2013. 221–232.

［221］Knight S，Shum S B，Ryan P，et al. Designing academic writing analytics for civil law student self-assessment［J］．International Journal of Artificial Intelligence in Education，2018，28（1）：1–28.

［222］Ullmann T D. Automated analysis of reflection in writing：Validating machine learning approaches［J］．International Journal of Artificial Intelligence in Education，2019：1–41.

［223］Perin D，Lauterbach M. Assessing text-based writing of low-skilled college students［J］．International Journal of Artificial Intelligence in Education，2018，28（1）：56–78.

［224］Schofield J W，Evans-Rhodes D，Huber B R. Artificial intelligence in the classroom：The impact of a computer-based tutor on teachers and students［J］．Social Science Computer Review，1990，8（1）：24–41.

［225］Fratamico L，Conati C，Kardan S，et al. Applying a framework for student modeling in exploratory learning environments：Comparing data representation granularity to handle environment complexity［J］．International Journal of Artificial Intelligence in Education，2017，27（2）：320–352.

［226］Perez S，Massey-Allard J，Butler D，et al. Identifying productive inquiry in virtual labs using sequence mining［C］．International Conference on Artificial Intelligence in Education. Springer，Cham，2017：287–298.

［227］Aleven V，Connolly H，Popescu O，et al. An adaptive coach for invention activities［C］．International Conference on Artificial Intelligence in Education. Springer，Cham，2017：3–14.

［228］Segal A，Hindi S，Prusak N，et al. Keeping the teacher in the loop：Technologies for monitoring group learning in real-time［C］．International Conference on Artificial Intelligence in Education. Springer，Cham，2017：64–76.

［229］Howard C，Jordan P，Di Eugenio B，et al. Shifting the load：a peer dialogue agent that encourages its human collaborator to contribute more to problem solving［J］．International Journal of Artificial Intelligence in Education，2017，27（1）：101–129.

［230］Timms M J. Letting artificial intelligence in education out of the box：educational cobots and smart classrooms［J］．International Journal of Artificial Intelligence in Education，2016，26（2）：701–712.

［231］Tegos S，Demetriadis S，Tsiatsos T. A configurable conversational agent to trigger students' productive dialogue：A pilot study in the CALL domain［J］．International Journal of Artificial Intelligence in Education，2014，24（1）：62–91.

［232］Sawyer R.，Smith A.，Rowe J.，et al. Is more agency better? The impact of student agency on game-based learning［C］// International Conference on Artificial Intelligence in Education. Springer，Cham，2017.

［233］Pezzullo L G，Wiggins J B，Frankosky M H，et al. "Thanks Alisha，Keep in Touch"：Gender effects and engagement with virtual learning companions［C］// International Conference on Artificial Intelligence in Education. Springer，Cham，2017.

［234］Li H，Graesser A. Impact of pedagogical agents' conversational formality on learning and engagement［C］// International Conference on Artificial Intelligence in Education. Springer，Cham，2017.

［235］Suleman R M，Mizoguchi R，Ikeda M. A new perspective of negotiation-based dialog to enhance metacognitive skills in the context of open learner models［J］．International Journal of Artificial Intelligence in Education，2016，26（4）：1069–1115.

［236］Yoo J，Kim J. Can online discussion participation predict group project performance? Investigating the roles of linguistic features and participation patterns［J］. International Journal of Artificial Intelligence in Education, 2014, 24（1）: 8–32.

［237］ Nwana H S. Intelligent tutoring systems: an overview［J］. Artificial Intelligence Review, 1990, 4（4）: 251–277.

［238］ 罗珍珍. 课堂教学环境下学生学习兴趣智能化分析［D］. 武汉: 华中师范大学, 2018.

［239］ 刘中宇, 高雨寒, 胡超. 基于深度学习的个性化学习模型设计［J］. 中国教育信息化, 2016,（8）: 82–86.

［240］ N. Ozbey, M. Karakose and A. Ucar. The determination and analysis of factors affecting to student learning by artificial intelligence in higher education: 2016 15th International Conference on Information Technology Based Higher Education and Training（ITHET）, Istanbul, September 5–9, 2016［C］. Washington: IEEE Computer Society, c2016.

［241］ 黄昌勤, 俞建慧, 王希哲. 学习云空间中基于情感分析的学习推荐研究［J］. 中国电化教育, 2018, 381（10）: 12–19, 44.

［242］ Gerdes A, Heeren B, Jeuring J, et al. Ask–Elle: an adaptable programming tutor for Haskell giving automated feedback［J］. International Journal of Artificial Intelligence in Education, 2016, 27（1）: 1–36.

［243］ 陈靓影, 刘乐元, 张坤, 等. 一种学生课堂参与度检测系统: 中国, 201620006749.1［P］. 2016–06–22.

［244］ Kumar R, Carolyn P, Wang Y C, et al. Tutorial dialogue as adaptive collaborative learning support［C］. International Conference on Artificial Intelligence in Education, Building Technology Rich Learning Contexts That Work. DBLP, 2007.

［245］ Dowell N M, Nixon T M, Graesser A C. Group communication analysis: A computational linguistics approach for detecting sociocognitive roles in multiparty interactions［J］. Behavior research methods, 2018, 17: 1–35.

［246］ 张星星, 王筱筱, 段宏为, 等.（2018）. 虚拟现实技术在卒中康复中的研究进展［J］. 中国脑血管病杂志, 15（6）: 322–326.

［247］ Wetzel J, Burkhardt H, Cheema S, et al. A preliminary evaluation of the usability of an AI–infused orchestration system［C］. International Conference on Artificial Intelligence in Education. Springer, Cham, 2018.

［248］ Alkhatlan A, Kalita J. Intelligent tutoring systems: A comprehensive historical survey with recent developments. https: //arxiv.org/abs/1812.09628?context=cs.CY.

［249］ Dowell N M, Cade W L, Tausczik Y, et al. What works: Creating adaptive and intelligent systems for collaborative learning support［M］. Intelligent Tutoring Systems. Springer International Publishing.2014.

［250］ Hayashi Y. Togetherness: Multiple pedagogical conversational agents as companions in collaborative learning［C］. International Conference on Intelligent Tutoring Systems. 2014.

［251］ Kumar R, Carolyn P, Wang Y C, et al. Tutorial dialogue as adaptive collaborative learning support［C］. International Conference on Artificial Intelligence in Education, Building Technology Rich Learning Contexts That Work. DBLP, 2007.

［252］ Olsen J K, Belenky D M, Aleven V, et al. Using an intelligent tutoring system to support collaborative as well as individual learning［C］. International Conference on Intelligent Tutoring Systems. Springer, Cham, 2014.

［253］ Dowell N M, Nixon T M, Graesser A C. Group communication analysis: A computational linguistics approach for detecting sociocognitive roles in multiparty interactions［J］. Behavior research methods, 2018, 17: 1–35.

［254］ Hu X, Dowell N, et al. Characteristics Curves（ICCC）for interactive intelligent tutoring environments（IITE）［M］. Design Recommendations for Intelligent Tutoring Systems: Volume 6–Team Tutoring.2018.

［255］ 刘凯, 胡静. 人工智能教育应用理论框架: 学习者与教育资源对称性假设——访智能导学系统专家胡祥恩教授［J］. 开放教育研究, 2018, 24（6）: 4–11.

［256］National Academies of Sciences, Engineering, and Medicine. How people learn II: Learners, contexts, and cultures［M］. National Academies Press, 2018.

撰稿人：杨玉芳　陈　琦　栾胜华　周　详　刘　凯　郭秀艳　杜　峰　杜　忆
蒯曙光　葛　燕　瞿炜娜　张　亮　张警吁　孙向红　彭　霁　周　博
许　放　田　菲　黄勖詰　胡祥恩　周宗奎

专题报告

心理学在人工智能进化中的重要作用

1. 引言

人工智能（artificial intelligence，AI）是研究、开发用于模拟、延伸和扩展人的智能的理论、方法、技术及应用系统的一门新的技术科学，属计算机科学的一个分支。人类企图通过对人的意识、思维的信息过程的模拟，了解智能的实质，并生产出一种新的能与人类智能相似的方式做出反应的智能机器。艾宾浩斯曾说："心理学有一长期的过去，但仅有一短期的历史。"[1] 人工智能与此类似。很早以前人类就有关于机器人的遐想。例如，《荷马史诗》中记载火神及工艺之神赫菲斯托斯所铸造的能自动为诸神准备食物的三角鼎，以及辅助其日常工作的用黄金铸造的机械侍女[2]；《列子·汤问》中有工匠偃师为周穆王打造供观赏的歌舞机器人的记载[3]。17—18 世纪的欧洲，哲学家笛卡尔、莱布尼茨等对机器能否实现人类智能问题也进行过深入探讨[4]。不过，直到 20 世纪五六十年代，伴随着人工智能学科的诞生，人类才真正有能力用计算机等手段在一定程度上模拟人类的智能。人工智能在其诞生之时受到许多其他学科思想的影响，这些学科包括逻辑学与哲学[5]、工程学[6]以及信息学[7]等。在人工智能的随后发展中，不断地超越这些学科边界，并且在某种程度上反过来对它们产生重要影响。心理学与人工智能之间的关系也与上述学科类似。一方面，在人工智能发展的各个阶段，心理学，特别是认知心理学起着至关重要的作用，从人工智能诞生初期的纽维尔（Allen Newell）、西蒙（Herbert A. Simon），到近期的辛顿（Geoffrey Hinton）、马库斯（Gary Marcus）等，这些人工智能学者都具有心理学背景；众多人工智能学术概念，例如深度学习和强化学习等也是借鉴或直接来自心理学。另一方面，人工智能的发展也在影响着心理学，尤其是影响了心理学中的应用技术。例如，基于面部表情的情绪识别系统与基于虚拟现实（VR）技术的心理健康干预系统等[8]。人工智能学科的主要目的是模拟、延伸和扩展人的智能，并建造出像人类一样可以胜任多种任务的通用人工智能系统，而心理学关于人类心理与行为研究可以算是目前唯一的智能模板，所以心理学理应为人工智能的发展提供指导思想。不过，随着两门学科的不断深化，逐渐呈现出背离初心的趋势。人工智能目前的主流为深度学习，本质为采用统计方法通过大样本训练解决特定领域的任务或问题，与达到哲学家佛笃（Jerry Fodor）所说的具备"全局性质"（global properties，面对多个问题领域时，主体可以对来自不同领域的要求进行通盘考量与权衡）的通用人工智能相去甚远[9]；而多数心理学家对科学心理学的支离破碎和形同散沙也深感忧虑[10]，心理学热衷于对具体现象与细部结构的描述也越来越脱离对人类宏观心理结构的整体刻画，以致有人发出"心理学对人工智能研究供给不足"的感叹[11]。梳理与反思心理学在人工智能进化中的重要作用，是为人工智能发展提供补给的前提，同时也能为两门学科以及它们的交叉研究提供启示。本文将以人工智能的发展与演化历史为主线，将其大致分为：早期阶段——人工智能的诞生、第一个黄金发展期及第一个寒冬；中期阶段——人工智能的第二个黄金发展期；现阶段——人工智能有希望迎来第三个黄金发展期。随后依次梳理不同取向的认知心理学派在这三个阶段所起的重要作用，最后指出人工智能的潜在风险并提出相应的对策。

2. 符号认知主义与人工智能的诞生、第一个黄金发展期及第一个寒冬

符号认知主义是信息加工认知心理学的基本观点。信息加工认知心理学又称狭义的认知心理学或现代认知心理学，是 20 世纪 60 年代兴起的一种心理学思潮，它把人的认知和计算机进行功能上的类比，用信息加工的观点看待人的认知过程，认为人的认知过程是一个主动寻找信息、接收信息并在一定的信息结构中进行加工的过程[12]。符号认知主义认为，无论是有生命的人，还是无生命的计算机，其信息加工系统都是物理符号系统。信息加工认知心理学的两个重要创始人纽维尔与西蒙认为，一个物理符号系统对于展现智能具有必要和充分的手段：一方面，任何一个展现智能的系统归根结底都能够被分析为一个物理符号系统；另一方面，任何一个物理符号系统只要具有足够的组织规模和适当的组织形式，都会展现出智能[13]。

纽维尔与西蒙在人工智能学科的诞生过程中也扮演着不可或缺的角色，同时，上述"物理符号假设"也是人工智能符号学派的重要基础。人工智能诞生于一个暑期研讨会，1956 年夏，由麦卡锡（John McCarthy）召集，一群志同道合的学者于达特茅斯学院（Dartmouth College）计划举行为期两个月的闭门研讨会，商讨如何利用计算机来实现人类智能的问题，研讨会被麦卡锡命名为"人工智能夏季研讨会"（summer research project on artificial intelligence），虽然图灵于 1950 年就发表经典论文《计算机与智能》讨论过机器能否思维，但本次会议是第一次正式地提出"人工智能"概念，因此这一会议的成功召开被公认为标志着人工智能学科的诞生。研讨会上最为出彩的当数纽维尔与西蒙的报告，他们公布了一款名为"逻辑理论家"（logic theorist）的程序，这个程序可以证明怀特海与罗

素《数学原理》中命题逻辑部分的大部分定理。纽维尔与西蒙的研究本质上是在功能主义思想的指导下，将人类理性抽象等同为可以自行处理各种物理符号的心理能力，并用计算机实现这一能力，因此，这一研究取向又被称为人工智能的符号学派，有学者将这一学派称为"老而妙的人工智能"（good old-fashioned artificial intelligence，GOFAI），以区分不是采用符号派思想的"新式人工智能"（new-fangled artificial intelligence，NFAI）[14]。

符号认知主义心理学思想对 GOFAI 的突出贡献是，探究了人类智能在问题解决时所应遵循的一般规律。问题解决是现代认知心理学研究的重要内容之一，指一系列有目的指向的认知操作过程。心理学家认为人们解决问题时需要经过三个阶段：一是获得与了解问题的初始状态，即问题空间；二是解决者在记忆中搜索有关知识，形成解决问题的中间状态；三是不断进行反馈性评价，衡量操作过程与目的状态和初始状态的距离[15]。在逻辑理论家程序成功的基础上，西蒙等人又通过模拟人类的问题解决过程开发"通用问题求解程序"（general problem solver，GPS），与问题解决三阶段相对应：首先，GPS 处理的是由对象构成的作业环境；其次，这些对象可以通过各种算子（operator）加以转换；最后，GPS 可以检测对象之间的差别，并把作业环境的信息组织成目标[16]。

符号主义心理学家除了认为人类问题解决在各阶段与 GPS 相对应，还将做问题解决思维的人评价自身的言语报告，与相应人工智能程序在问题解决过程中产生的输出结果相比较，并以此作为对人工智能程序有效性检验的一种方式。GPS 程序的作用已经接近人类思维，并且其"行为"在较大程度上同被试在解决问题时的言语报告记录相吻合。该程序可以在启发式策略的引导下采用试错手段来寻找解决方案，从而解决各种难题，例如"传教士与野人"问题。

研究者又进一步通过添加具体领域的知识以及模拟该领域专家，开发具有商业应用价值的专家系统。例如，第一个专家系统 DENDRAL 就是由计算机科学家费根鲍姆（Edward Albert Feigenbaum，西蒙的学生）、遗传学家里德伯格（Johua Lederberger）以及化学家翟若适（Carl Djerassi）联合开发完成，该系统可以根据输入的质谱仪数据自行给定一个化学结构式[17]。

从人工智能诞生到 20 世纪七八十年代，符号学派一直主导着人工智能的研究，在机器定理证明、专家系统等领域作出重大贡献，促成人工智能的第一个黄金发展期。不过，在这一过程中，符号派人工智能的弊端也逐渐显露并引起大家批评，例如，对于机器定理证明，GOFAI 虽然有时会给出新颖的证明方法，但是迄今为止并没有自行推导出未知的定理。有人指出，机器定理证明实际上只是在验证事实，并不是在数学意义上证明定理[18]。其次，符号派人工智能在机器翻译、智能机器人的研究上也停步不前。1966年美国国家科学院的自动语言处理顾问委员会（Automatic Language Processing Advisory Committee，ALPAC）发布报告，认为机器翻译远不如人工翻译准确与迅速，并且认为，在较近的未来不会达到人类水平。1973 年，剑桥大学物理学家莱特希尔（James LightHill）

向英国科学研究理事会提交一份独立报告，报告建议理事会仅支持对心理学过程的计算机模拟，而放弃对语言处理和智能机器人的资助。另外，哲学家德瑞福斯（Hubert Lederer Dreyfus）从现象学与海德格尔哲学的立场出发，通过对符号派人工智能研究纲领中的关于人类认知与问题解决的假设进行批判性思考，发表研究报告《计算机不能做什么——人工智能的极限》[19]，论证真实的思维无法被明述的程序所穷尽。三份专业学术报告直接导致了政府的相关机构大规模削减甚至终止对人工智能的研究资助，结果，人工智能在20世纪七八十年代进入了人工智能史上的第一次寒冬[20]。

3. 联结主义与人工智能的第二个黄金发展期

联结主义是认知心理学的另一种取向，不同于符号主义，它从人脑的生理结构出发，试图通过模拟构建一个更接近人脑神经活动的认知模型。这一思想可以追溯到麦卡洛克（Warren McCulloch）和皮茨（Walter Pitts）于1943年发表的《神经活动内在概念的逻辑演算》一文，他们总结了生物神经元的一些基本特征，提出了形式神经元的数学描述与结构方法，试图用一阶逻辑语句来抽象地刻画二值化阈值神经元（binary threshold neurons）所构成的网络具有的种种行为特征[21]。1947年心理学家赫布（Donald Olding Hebb）出版了《行为组织》一书，书中他提出著名的赫布定律（即学习定律），这是关于突触联系效率可变的定性假说[22]。赫布认为，突触联系强度或权重可以通过学习自动进行调整，从而改变神经元的功能，体现了如何按照经验来改变网络组织的相互联结问题，即网络的学习问题。2003年，以诺贝尔奖得主肯德尔（Eric Kandel）为首的团队所进行的动物实验首次为这一定律提供实证支持[23]。赫布定律表明突触联系强度能随神经网络运行状态的变化而变化，这恰恰就是神经网络的内在学习机制，即通过调整联结点的权重来适应新的运行状态。这一观点是联结主义思想在心理学中的第一次完整表达，奠定了联结主义的科学基础。

1957年，美国康奈尔大学的实验心理学家罗森布拉特（Frank Rosenblatt）受到这一思想的启发，在一台IBM-704计算机上模拟实现了一种可以完成简单视觉处理任务的人工神经网络模型，并将其命名为"感知机"（perceptron），代号为MARK I。罗森布拉特从理论上论证了单层神经网络在处理线性可分的模式识别问题时可以收敛，以此为基础做了一系列"感知机"具有学习能力的实验研究，引起了巨大反响[24]。不过，单层神经网络的能力是有限的，感知机也只能完成一定的模式识别任务。这一点受到人工智能符号主义一派的"攻击"，明斯基与佩帕特（Seymour Papert）合写的《感知机——计算几何学导论》一书，证明由单层神经网络组成的"感知机"无法处理"XOR"（异或）问题，而异或问题是逻辑运算中的一个基本问题[25]。此书的出版在理论否定了联结主义模型，再加上当时人工智能符号主义进路的主流地位，使得联结主义取向失去了必要的社会关注与财政支持，导致人工神经网络研究受到沉重打击。

虽然这一阶段人工智能联结主义取向式微，但是神经科学内部依然对其进行深入研究，例如，胡贝尔（David Hunter Hubel）和维瑟尔（Torsen Wiesel）对猫的视觉中枢及相关神经元的信息处理模式进行研究，发现猫的视觉中枢中不同类型神经元对不同方向的直线敏感，不同复杂程度的模式识别也对应不同等级的神经元[26]。后来马尔（David Marr）从联结主义视角出发，引入约束机制为低水平视觉神经的信息处理建立了数学模型[27]。这些神经科学内的研究在某种程度上启发了后来的计算机科学家对人工神经网络的研究，进而帮助人工智能联结主义进路的复苏。

人工智能联结主义进路的复兴过程也就是人工智能的第二个发展黄金期。联结主义的复兴主要归功于美国物理学家霍普菲尔德（John Hopfield），他于1982年提出一种新的回归模型，即霍普菲尔德模型[28]。这种模型具有联想记忆能力，他在这种网络模型研究中引入了能量函数，阐明了神经网络与动力学的关系，并用非线性动力学的方法来研究这种神经网络的特性，建立了神经网络的稳定性判据，并指出信息储存于网络中神经元之间的联结上。1984年，霍普菲尔德又将这一模型用模拟集成电路实现，并解决一大类模式识别问题[29]。霍普菲尔德模型开创了人工神经网络研究的新气象，成功激发了众多人工智能研究者投入联结主义进路的研究，到1986年由鲁梅尔哈特（David Rumelhart）和麦克莱兰德（James McLelland）共同编辑的文集《并行发布加工》（*Parallel and Distributed Processing*，*PDP*）出版，在这一著作中他们提出多层神经网络模型的反向传播算法，解决了明斯基与佩帕特在《感知机》中所指出的有关人工神经网络的计算能力低、学习任务单一等缺陷，后来联结主义进路的研究者将这本书视为"圣经"[30]。众多联结主义学者相继提出了多种具备不同信号处理能力的人工神经网络模型，人工智能的联结主义进路也由此进入鼎盛时期。

心理学家主要利用联结主义思想在有限的技术条件范围内构建各种心理过程的神经网络模型，用来为相关理论提供支撑。研究者主要将联结主义思想应用在视知觉、语言及学习等领域。例如，在马尔低水平视觉模型的基础上用于解释高水平视觉的辛顿（Geoffrey Hinton）模型；在汉字语句加工问题上，中国学者提出的汉字识别和命名的联结主义模型与汉语句子阅读的宽松规则混合计算模型[31]；郭秀艳等有关内隐学习人工神经网络模型[32]与陈琦等有关心理数量表征的人工神经网络模型[33]。基于对人的视知觉与语言相关能力的模拟，人工智能在图像、语音等模式识别以及机器翻译的产品开发上取得重要突破，目前很多产品已投入商业应用。

联结主义人工智能虽然取得众多成就，但这一进路缺乏坚实的理论基础，因为其本质上采取的是一种仿生手段，利用统计学方法在某种程度上模拟人脑神经元的工作方式，通过反馈算法与训练样本去调整网络节点间的权重，对特定输入材料进行信息加工，以便最终输出接近之前目标所设定的结果。在这股热潮中，认知科学家佛笃（Jerry Fodor）最早提出批评,依据其提出的"思想构成性"(the compositionality of thought)假说,他与派利辛(Zenon Pylyshyn)共同指出,以人工神经网络技术为蓝本的联结主义模型无法建构起一个完整的心智模型,即联结主义或者是经典符号主义的一种落实形式,或者是一种错误的心智理论[34]。乔姆斯基认为使用联结主义进路进行机器翻译只是模仿并不"理解"。他指出 0~3 岁的婴幼儿可以在语言刺激相对贫瘠的环境下学会复杂的人类语法,因此对人类语言能力的机器模拟,需要具备对"刺激贫乏性"(the poverty of stimuli)的容忍,只有这样才能谈得上对人类语言能力的理解[35],而小的训练样本则会使基于联结主义进路的机器翻译人工智能系统产生"过度拟合"(overfitting)问题,即当系统适应初始小规模样本的训练,就无法对不同于初始样本的新数据进行灵活处理。另外,由于当时电脑硬件、网络大数据等条件还不够成熟,人工智能的联结主义进路还无法进行大样本训练,只能完成人类无须付出认知努力的诸如计算机视觉、语音识别、自然语言处理等模式识别类问题,并不像现在这样可以在众多领域取得超出人类水平的成就。人工智能的第二个黄金发展期也是互联网技术蓬勃发展的年代,其光芒也迅速被后者掩盖,不过互联网技术提供的海量数据也为人工智能第三次黄金发展期的到来奠定了基础。

4. 具身认知、联结主义与符号认知主义三取向并存,人工智能迎来第三个黄金发展期

符号主义进路与联结主义进路是人工智能领域相互斗争的两派,初期是符号主义进路占据上风,如今联结主义进路成为人工智能的主流[36]。最新一届有着"计算机界的诺贝尔奖"之称的图灵奖就颁发给了因在人工智能联结主义进路上做出突出贡献的三位学者:本西奥(Yoshua Bengio)、辛顿(Geoffrey Hinton)以及莱坎(Yann LeCun)[37]。联结主义进路下的人工智能已在图像识别、语音识别、游戏博弈以及艺术创作等领域达到或超越人类水平,这些成就的取得主要依靠三个方面的进步:首先是算法上的改进,例如欣顿等人开发的深度学习算法[38];其次是硬件水平的提高,例如以 GPU 取代 CPU 以提高计算力[39];最后是互联网所生成的海量训练数据,例如有研究者从谷歌的视频网站 YouTube 上截取获得 1000 万张原始图片用来完成算法的培训[40]。人工智能联结主义进路的成功使得各国政府纷纷出台有关人工智能发展的报告或文件,例如美国白宫于 2016 年前后相继颁发《美国国家人工智能战略计划》《为人工智能的未来做好准备》以及《人工智能、自动化与经济报告》三份报告用以指导美国人工智能的相关科学研究与商业开发。我国国务院于 2017 年 7 月发布《新一代人工智能发展规划》,提出要在 2030 年达到人工智能理论、技术与应用总体世界领先水平,成为世界主要人工智能创新中心;全球各大科技公司也纷纷投入这一领域,例如特斯拉的开源人工智能系统 OpenAI、IBM 的沃森系统以及百度大脑计划等。这些报告与文件的出台以及商业化浪潮的开启,吸引了大量社会资

本的涌入，人工智能就此也迎来了第三次黄金发展期。

虽然联结主义进路如日中天，但由于经过特定样本训练的神经网络只能处理特定类型的任务，无法成为通用人工智能。而符号主义进路研究者一直在为开发具有通用性质的人工智能努力，例如基于符号主义所开发的"非公理推理系统"（non-axiomatic reasoning system，NARS，又称纳思系统）就是一种具有通用用途的计算机推理系统。纳思系统能够对其过去的经验加以学习，并能够在资源约束的条件下对给定的问题进行实时解答[41]。目前，纳思已经被学界视为"通用人工智能"（artificial general intelligence）运动的代表性项目之一[42]。此外，IBM公司的专家系统沃森也是基于符号主义开发，沃森系统在电视知识竞赛"危险边缘"（Jeopardy）中击败了人类对手赢得冠军，沃森系统也具有一定的通用性，因为该节目问题设置的涵盖面非常广泛，涉及历史、文学、艺术、科技以及文字游戏等多个领域，并且有时还要解析反讽与谜语。

无论是符号主义还是联结主义进路，都依赖于研究者对信息的表征与符号化（联结主义又被称为"亚符号"），但客观世界并不是符号化的，并且研究者也意识到基于明确表征的人工智能研究范式不能完全解释人类智能所具有的实时性与灵活性[43, 44]。因此，有研究者主张认知科学应从以人工智能为主的强调"认知即计算"的观念，重回到以人的智能为主的研究中，并提出以第二代认知科学来应对以符号主义与联结主义为主的第一代认知科学所面临的这些问题[45]。第二代认知科学的一个核心特征就是心智的具身性，即心智深植于个体的身体结构及身体与环境的互相作用之中。具身认知（embodiment cognition）就是在第二代认知科学的感召下，在认知心理学领域所发展出的一个新兴取向，主要指感官运动经验与系统在认知过程中的动态加工处理[46]。具身认知取向研究者认为抽象思维依赖于身体经验，大量行为以及脑神经方面的研究结果支持这一观点[47]。最具说服力的当数人脑中镜像神经元（一类特殊神经元，它们可以在个体操作一个指向特定目标的动作时以及在观察其他个体操作同样或类似的动作时皆被激活，表现出电生理效应）的发现，因为这一发现表明并不是如传统符号主义认知心理学所认为大脑中的运动皮层仅起到动作执行角色，而是在动作目标和意图理解等复杂认知能力中也起着关键作用，为具身认知提供了脑神经方面的证据[48, 49]。

具身化运动也发展到人工智能领域，著名人工智能专家布鲁克斯（Rodney Brooks）第一次明确提出具身人工智能（embodied artificial intelligence）思想，他认为只有当智能系统具有身体，它才有可能发展出真正的智能，传统以表征为核心的经典人工智能进路是错误的，而清除表征的方式就是制造基于行为的机器人，智能体必须拥有一个身体才能进入真实世界中，并通过与世界的互动来突显和进化出智能[50]。1991年，布鲁克斯凭借具身人工智能获得人工智能界青年学者的最高奖"计算机与思维奖"，可见人工智能领域对具身主义进路寄予厚望。另一位人工智能专家普菲尔（Rolf Pfeifer）也摒弃了传统认知主义进路，而转向具身进路。普菲尔的突出贡献是其提出的感觉－运动模型回路替换传统的感觉－模型－计划－运动模型回路，正是对表征消除以及身体的介入使得中间环节得以去除[51]。由于智能体只通过传感和运动设备来与真实进行互动，具身人工智能又被称为行为主义人工智能。目前具身主义进路人工智能已成为机器人、人机交互等领域的主要指导思想[52, 53]。

5. 当前人工智能发展中潜藏的问题、风险及对策

5.1　当前人工智能发展中潜藏的问题及对策

联结主义进路中的深度学习技术是当前人工智能的主流，其前身就是联结主义进路中的人工神经网络，与前身相比其隐藏层的层次更多，内部的反馈算法更为复杂[54]。毋庸置疑，它相比之前有更强的数据处理能力，但也存在诸多缺陷。一方面，是联结主义进路的通病，即由于通过采用特定训练材料来调整各个节点的权重，所以它们只能处理特定类型的任务，譬如谷歌的阿尔法围棋（AlphaGo）只能用来下围棋，甚至不能用来其下象棋，使得离人工智能研究者或大众所期望的通用人工智能渐行渐远。另一方面，相比之前的人工神经网络，深度学习的运作需要更多的训练材料与更强大的硬件来加以支持，这使得人工智能的商业化浪潮中包含不少泡沫，如果一个公司没有谷歌那样高的预算，或者没有能力收集到大量数据，那么深度学习的商业价值将非常有限。以上两点极有可能导致人工智能再次陷入"寒冬"，因为与第一次寒冬时面临的情况类似，即一方面人工智能学者盲目地预言可以实现达到人类智能水平的通用人工智能，另一方面却只能开发出具有观赏价值而无实用价值的人工智能商业产品。

为了防止人工智能再次进入寒冬，至少需要做好三方面的工作：①做好基础研究。这里不仅指人工智能或计算机学科的基础科研，还包括除了人工智能外，"认知科学六边形"中涉及的心理学、语言学、神经科学、人类学和哲学其他五门学科的基础科研，其中又需要特别关注心理学、语言学以及神经科学对人认知方面以及它们与人工智能之间交叉的研究；②"不能将鸡蛋放入同一个篮子里"。在大力发展以深度学习技术为主的联结主义进路的同时，需要给予符号主义与具身主义两种取向的人工智能一定的支持；③应明确政府与企业在人工智能发展上的不同作用。政府资助应重点放在基础研究上，特别是关于各种进路人工智能的基础理论研究与有关揭示人类大脑工作的研究，例如我国启动的"侧重以探索大脑认知原理的基础研究为主体，以发展类脑人工智能的计算技术和器件及研发脑重大疾病的诊断干预手段为应用导向"的中国脑计划（脑科学和类脑研究）[55]。而企业则应重点放在开发具有商业应用价值的项目上，不应一味追求观赏性，例如有人工智能学者指出在深度学习应该带来革命的所有方向中，只有玩游戏一个方向持续带来良好结果，而训练人工智能玩某个游戏就需要花费数十万美元（仅仅是电力和计算硬件成本），长此以往势必难以为继[56]。

5.2 当前人工智能发展中潜藏的风险及对策

除需要关注人工智能自身发展所潜藏的问题外，还应关注其对人类社会可能造成的一些负面影响。克劳福德（K. Crawford）与卡罗（R. Calo）系统总结了当前人工智能产品对人类社会造成的负面影响，例如，人工智能可能会加重当前社会的不平等以及做出错误的决策，一个来帮助法官决定罪犯再次犯罪风险的人工智能系统具有明显的种族偏见，其所得出的结果表明黑人被告被错误标记两倍多于白人被告；应用于医疗系统的机器学习技术曾经犯过一个致命的错误：由于医院一般会把哮喘患者送往重症监护室，而这类患者较少，因此机器学习没有这方面的训练，所以导致它指示医生将哮喘患者送回家。他们继而提出人工智能的社会系统分析（social-systems analyses），即认为人们应该利用好哲学及法律等学科的研究成果，综合考察人工智能对社会文化与人们生活的影响以应对上述风险[57]。还有学者提出在人工智能系统编写"伦理代码"（ethical codes），开发"道德机器"（moral machine），将人类的伦理规则嵌入人工智能系统中来应对这些风险[58, 59]。

除上述已经带来的风险外，人工智能未来还可能发展出远超人类水平的强人工智能，进而可能会给人类生存带来威胁。例如，霍金、比尔·盖茨等人认为，人工智能的全面发展可能会导致人类的灭绝。不过现阶段的人工智能，一方面仍未达到真正意义上的自主控制水平，这主要体现在当前人工智能是人造的，工作程序是人编的，工作过程最终受人控制，其不具备人的主观能动性，也不具有人类所特有的自我意识、需要、兴趣、情感及其他心理活动等；更重要的是，人工智能无法建构和追寻自己的"人生意义"，故它既无法进行真正意义上的创造学习，也无法进行情绪学习和道德学习。另一方面更未达到人类智慧的水平，因为"创造性"和"善"是智慧所固有的两大特性，这恰恰是当前的人工智能所不具备的：首先，像计算机之类的人工智能都是由人设计出来的，尽管它能高效地为人们办许多事情，但到目前为止，其自身无法做到自主地制定规则，只能在人类为它定好的规则内行动，故缺乏真正意义上的原创性；其次，目前人工智能自身缺乏能够判断善恶的良心，仅是工具而已，人们既可用它行善，也可用它作恶。但是，随着量子计算机发展的突飞猛进，将来能否制造出功能更加强大的神经网络计算机，从而为人工智能提供更强大的硬件支持？学习理论能否有质的突破，进而提出新的学习理论以超越目前的深度学习理论，从而为人工智能提供更强大的技术手段？计算机视觉图像识别、语音识别合成技术的快速发展和大数据时代下，通过大数据、大计算、精准模型能否最终让机器更高效地开展自我学习？这些问题能否彻底解决？何时能彻底解决，目前都是未知数，导致对强人工智能能否实现一直存在争议。当前一些研究向我们论证了其实现的可能性。例如未来学家库兹韦尔（Ray Kurzweil）认为，2045年将到达"奇点"（特指人工智能技术能够颠覆性改变整个人类文明的那个历史时刻点），非生物智能在这一年会10亿倍于今天的人类智能[60]。众多神经科学家及机器学习专家在"皮层神经网络机器智能"（machine intelligence from cortical networks，MICrONS）项目上，即主要绘制啮齿类动物大脑皮层结构与功能图谱，已取得突破性进展，为"下一代人工智能"提供理论计算构件的原理[61]。

针对上述风险，国内学者从安全学的视角探讨预防人工智能不受控的情形发生，解决方案包含内部进路与外部进路：其中，内部进路包括伦理设计、限定人工智能的应用范围及限制人工智能的自主程度和智能水平等；外部进路主要指依靠政府部门的监管及人工智能科学家的责任意识等[62]。笔者从智慧心理学的研究中获取灵感，提出应将人工智能升级为人工智慧（artificial wisdom）：一旦让人工智能具有了德才一体的性能，那么，当其面临某种复杂问题解决情境时，就能让其适时产生下列行为：在"善"的算法或原则引导与激发下，及时运用其聪明才智去正确认知和理解所面临的复杂问题，进而采用正确、新颖（常常能给人灵活与巧妙的印象）且最好能合乎伦理道德规范的手段或方法高效率地解决问题，并保证其行动结果不但不会损害他人和社会的正当权益，还能长久地增进他人和社会的福祉。当然，限于学科背景，这里所提出的方案仅仅是从智慧的德才一体理论出发探讨人工智慧的可行性，并不涉及开发具体的程序或软件。但人工智慧的诞生离不开一个理论或想法的先行，正如图灵在思考"机器可以思考吗？"这一问题时所产生的想法最终引导出人工智能的诞生一样，希望这里提出的有关人工智慧的理论与想法，能引起更多的人关注与思考，最终必然也会产生丰硕的成果[63]。

参考文献

［1］波林. 实验心理学史［M］. 高觉敷，译. 北京：商务印书馆，2017：2.

［2］荷马. 荷马史诗·伊利亚特［M］. 罗念生，王焕生，译. 北京：人民文学出版社，2008：433–434.

［3］杨伯峻. 列子集释［M］. 北京：中华书局，2016：188–190.

［4］徐英瑾. 人工智能科学在十七、十八世纪欧洲哲学中的观念起源［J］. 复旦学报（社会科学版），2011，（1）：78–90.

［5］Turing A M. Computing machinery and intelligence［J］. Mind，1950，59（236）：433–460.

［6］Wiener N. Cybernetics or Control and Communication in the Animal and the Machine（Vol. 25）［M］. MIT press.1965.

［7］Shannon C E. A mathematical theory of communication. Bell system technical journal［J］，1948，27（3）：379–423.

［8］刘凯，王培，胡祥恩. 心理学与人工智能交叉研究困难与出路［N］. 中国社会科学报，2019-01-04（6）.

［9］Fodor J. The Mind Doesn't Work That Way：The Scope and Limits of Computational Psychology［M］. Cambridge，MA：MIT Press.2000.

［10］Staats A W. Unified positivism and unification psychology：fad or new field［J］？American Psychologist，1991，46（9）：899–912.

［11］徐英瑾. 心理学对人工智能研究供给不足［N］. 中国社会科学报，2017-09-19（07）.

［12］Neisser U. Cognitive psychology：Classic edition［M］. Psychology Press.2014.

［13］ Newell A，Simon H. Computer Science as Empirical Inquiry：Symbols and Search［M］// Haugeland，J.（Eds）Mind Design II：Philosophy Psychology Artificial Intelligence. London：The MIT Press.1976：35–66.

［14］ Haugeland J. What is Mind Design?［M］// Haugeland，J.（Eds）Mind DesignII：Philosophy Psychology Artificial Intelligence. London：The MIT Press. 1985：1–28.

［15］ Newell A，Shaw J C，Simon H A. Elements of a theory of human problem solving［J］. Psychological Review，1958，65（3）：151–166.

［16］ Ernst G W，Newell A. GPS：A case study in generality and problem solving［M］. Academic Press.1969.

［17］ Lindsay R K，Buchanan B G，Feigenbaum E A，et al. DENDRAL：a case study of the first expert system for scientific hypothesis formation［J］. Artificial intelligence，1993，61（2）：209–261.

［18］ 顾险峰. 人工智能的历史回顾和发展现状［J］. 自然杂志，2016，38（3）：157–166.

［19］ Dreyfus H. what computers Can't Do：The limits of Artificial Intelligence［M］. Cambridge，MA：The MIT Press，1979.

［20］ 陈自富. 炼金术与人工智能：休伯特·德雷福斯对人工智能发展的影响［J］. 科学与管理，2015，35（4）：55–62.

［21］ Mcculloch W S，Pitts W. A logical calculus of the ideas immanent in nervous activity［J］. The bulletin of mathematical biophysics，1943，5（4）：115–133.

［22］ Hebb O D. The organization of behavior：A Neuropsychological Theory［M］. Mahwah，NJ：Psychology Press.1947.

［23］ Antonov I，Antonova I，Kandel E R，et al. Activity–dependent presynaptic facilitation and Hebbian LTP are both required and interact during classical conditioning in Aplysia［J］. Neuron，2003，37（1）：135–147.

［24］ Rosenblatt F. The perceptron：A probabilistic model for information storage and organization in the brain［J］. Psychological Review，1958，65（6）：386–408.

［25］ Minsky M，Papert S A. Perceptrons：An introduction to computational geometry［M］. MIT press.1969.

［26］ Hubel D H，Wiesel T N. Receptive fields，binocular interaction and functional architecture in the cat's visual cortex［J］. The Journal of physiology，1962. 160（1）：106–154.

［27］ Marr D. Vision：A computational Investigation into the human representation and processing of visual information［M］. San Francisco：W. H. Freeman and Company.1982.

［28］ Hopfield J J. Neural networks and physical systems with emergent collective computational abilities［J］. Proceedings of the national academy of sciences，1982，79（8）：2554–2558.

［29］ Hopfield J J. Neurons with graded response have collective computational properties like those of two–state neurons［J］. Proceedings of the national academy of sciences，1984，81（10）：3088–3092.

［30］ Rumelhart D，McClelland J. Parallel distributed processing（vol. 1）［M］. Cambridge：MIT press.1986.

［31］ 彭聃龄. 汉语认知研究［M］. 济南：山东教育出版社，2006.

［32］ 郭秀艳，朱磊，魏知超. 内隐学习的人工神经网络模型［J］. 心理科学进展，2006，14（6）：837–843.

［33］ Chen Q，Verguts T. Beyond the mental number line：A neural network model of number–space interactions［J］. Cognitive Psychology，2010，60（3）：218–240.

［34］ Fodor J A，Pylyshyn Z W. Connectionism and cognitive architecture：A critical analysis［J］. Cognition，1988，28（1）：3–71.

［35］ Chomsky N. Rules and representations［M］. Oxford：Basil Blackwell.1980.

［36］ 尼克. 人工智能简史［M］. 北京：人民邮电出版社，2017.

［37］ 新华网. 三名深度学习技术科学家获"计算机界诺奖"图灵奖［EB/OL］.［2019–04–15］. http：//www.xinhuanet.com/2019–03/28/c_1124294277.htm.

［38］ Hinton G E，Osindero S，Teh Y. W. A fast learning algorithm for deep belief nets［J］. Neural computation，

2006，18（7）：1527-1554.

［39］Raina R，Madhavan A，Ng A Y. Large-scale deep unsupervised learning using graphics processors［C］. In Proceedings of the 26th annual international conference on machine learning（pp. 873-880）. June 2009. ACM.

［40］Le Q V，Ranzato M A，Monga R，et al. Building high-level features using large scale unsupervised learning［J］. arXiv preprint arXiv：1112.6209，2011.

［41］Wang P. Rigid Flexibility：The Logic of Intelligence［M］. Netherlands：Springer.2006.

［42］Goertzel B，Pennachin C. Artificial General Intelligence［M］. Berlin：Springer Verlag.2007.

［43］Clark A. Surfing Uncertainty：Prediction，Action，and the Embodied Mind［M］. Oxford：Oxford University Press. 2016.

［44］Gallagher S. How the Body Shapes the Mind［M］. Oxford：Oxford University Press.2005.

［45］李其维. "认知革命"与"第二代认知科学"刍议［J］. 心理学报，2008，40（12）：1306-1327.

［46］Glenberg A M，Witt J K，Metcalfe J. From the revolution to embodiment：25 years of cognitive psychology［J］. Perspectives on Psychological Science，2013，8（5）：573-585.

［47］Glenberg A M. Few believe the world is flat：How embodiment is changing the scientific understanding of cognition ［J］. Canadian Journal of Experimental Psychology，2015，69（2）：165-171.

［48］叶浩生. 镜像神经元的意义［J］. 心理学报，2016，48（4）：444-456.

［49］Gallese V，Rochat M，Cossu G，et al. Motor cognition and its role in the phylogeny and ontogeny of action understanding［J］. Developmental Psychology，2009，45（1）：103-113.

［50］Brooks R A. Intelligence without representation［J］. Artificial intelligence，1991，47（1）：139-159.

［51］Pfeifer R，Bongard J. 身体的智能：智能科学的新视角［M］. 俞文伟等，译. 北京：科学出版社，2009.

［52］陈巍，赵翯. 社会机器人何以可能？——朝向一种具身卷入的人工智能设计［J］. 自然辩证法通讯，2018，40：22-31.

［53］李海英，Graesser A C，Gobert J. 具身在人工智能导师系统中隐身何处？［J］. 华南师范大学学报（社会科学版），2017，（2）：79-91.

［54］Lecun Y，Bengio Y，Hinton G. Deep Learning［J］. Nature，2015，521（7553）：436-444.

［55］蒲慕明，徐波，谭铁牛. 脑科学与类脑研究概述［J］. 中国科学院院刊，2016，31（7）：725-736.

［56］Piekniewski F. Re：AI Winter Is Well On Its Way. Retrieved from［EB/OL］.［2018，03-28］http：//blog.piekniewski.info/2018/05/28/ai-winter-is-well-on-its-way/

［57］Crawford K，Calo R. There is a Blind Sport in AI Research［J］. Nature，2016，538：311-313.

［58］Davies J. Program Good Ethics into Artificial Intelligence［J］. Nature，2016，538：291.

［59］Wallach W，Allen C. Moral Machine：Teaching Robots Right from Wrong［M］. New York：Oxford University Press. 2009.

［60］库兹韦尔. 奇点临近［M］. 李庆诚，董振华，田源，译. 北京：机械工业出版社.2012.

［61］Underwood E. Barcoding the Brain［J］. Science，2016，351（6275）：799-800.

［62］杜严勇. 人工智能安全问题及其解决进路［J］. 哲学动态，2016，9：99-104.

［63］汪凤炎，魏新东. 以人工智慧应对人工智能的威胁［J］. 自然辩证法通讯，2018，40（4）：9-14.

撰稿人：汪凤炎　魏新东

人工智能技术在心理学研究中的应用

1. 什么是人工智能

1.1　智能的概念与发展

随着科学技术的进步，智能（intelligence）一词早已被大众所熟知。但学术界关于智能这一概念的定义，却尚未形成统一的看法。其中一个重要原因就是关于智能的内涵和外延界定并没有得到统一；另一个原因是不同的研究取向导致有关智能的研究千差万别。目前接受度最高的定义指出，智能就是智力，是指一种能力，即顺利实现某种活动的心理条件，其高低会影响人从事活动的效率[1]。

智能的定义经历了从注重外部表现到关注内部过程的发展阶段。早期行为主义代表人物高尔顿指出，智力就是个体在区分高低，重量等特性时表现出来的区分能力[2]。斯滕伯格认为智能是个体在信息处理过程中，理解其潜在复杂关系和问题解决的能力[3]。随着认知心理学的兴起，有关智能的研究开始更加关注内部结构。桑代克提出了智能的独立因素理论，即他认为人的能力可以分为许多不同的成分或因素，但这些成分或因素构彼此之间是相互独立的，没有关联的。能力的发展也只是单个一种能力的发展[4]。

1.2　人工智能的概念与发展

1965 年，约翰·麦卡锡（John McCarthy）首先在美国达特茅斯学院的研讨会中提出了"人工智能"（artificial intelligence，AI）概念。维纳（Wiener）的控制论、香农（Shannon）的信息论以及图灵（Turing）的计算理论等，都为人工智能的出现奠定了基础。人工智能奠基者之一西蒙（Simon）认为人工智能是指计算机所表现出的类似人类智能的行为。

人工智能的发展大致可以分为三个阶段：20 世纪 50 年代到 60 年代是第一阶段，主要通过推理与搜索，让计算机学习解决指定的问题；20 世纪 80 年代到 21 世纪初是第二阶段，通过建设专家系统，为计算机建立知识库；2010 年以后进入第三阶段，这个阶段

通过机器学习和深度学习的方法，解决实际的工业、农业、商业等问题[5]。

2. 心理学研究与人工智能

2.1 心理学传统研究方法

心理学是研究人的行为和心理活动规律的科学[1]。心理学的主要研究方法包括观察法、调查法（问卷法和访谈法）、测验法、实验法等，这些方法很容易受到主试和被试自身期待或动机的影响（有意或无意），而产生虚假或迷惑性的结果，即内部效度可能会受到影响[6]。比如，美国康奈尔大学教授布莱恩·万辛克（Brian Wansink）自称食品心理学家，不仅是一名高产的作家，且常年活跃于电视荧幕之上。后因其研究方法存在重大问题，他的多篇论文相继被撤稿。另外，心理学的一些研究方法在实操中也存在一定的困难，以问卷法或实验法为例，在时间、金钱和人力成本的影响下，这些方法只能在一定的时间段内选取有限的有代表性的样本进行研究，然后将结论推广到相同的群体中，所以外部效度和实效性一直以来都是心理学十分关注的问题。

2.2 人工智能为心理学的研究提供了新的思路

随着网络及各种智能可穿戴设备的普及，虚拟环境与真实生活不断融合，现实社会中人的各种心理与行为现象能够被电子化记录成大数据保存下来，例如网络访问行为、社会情绪、社会态度、心理健康问题等；同时，依赖于现代生活方式，尤其是基于网络信息传播与人际互动，已经深刻地影响甚至改变了人们的心理与行为特征，产生出一系列亟待解决的全新课题，例如谣言传播、网络煽动群体性事件、网络成瘾等。

大数据不仅为心理学家提供了数据的便利，更重要的是，通过与人工智能的结合，使得我们可以利用生态化的行为数据，结合人工智能技术，实现对人们心理指标的自动识别，即生态化识别（ecological recognition）[7]，从而大大拓展了心理学研究和应用范畴。生态化识别是指一种非接触式的心理特征测量方法，利用机器学习，建立心理指标预测模型，从而实现对于受试者的心理指标的自动识别。

相比传统的心理学研究方法，生态化识别具有以下优势：首先，由于数据自身的特点，不同时间粒度的纵向追踪成为可能；其次，可以通过时间回溯，获取重大事件发生前后受试者的心理状态和行为表现及其变化规律，从而对事件的影响进行量化研究；最后，该方法不依赖于被试的主观报告，也不依赖于主试的操控，从而可以有效避免实验条件带来的误差，提高了研究结果的内部效度和外部效度。

下面我们将主要从网络心理理论的提出、计算模型的建立以及主要应用等几个方面介绍人工智能大数据是如何应用于心理学研究当中的。

3. 人工智能应用于心理学研究

3.1 理论研究

3.1.1 网络行为特征指标体系

在探讨网络用户的网络使用行为与其自身心理特征的关系时，既有研究在提取能够表征网络用户的心理特征的网络使用行为特征时缺乏理论体系框架的指导，致使网络使用行为特征提取的主观随意性较大，网络使用行为特征提取的种类有限。鉴于此，Zhang、Zhu等人[8]借鉴计算机领域的本体建立思想，利用半自动本体建立方法，基于心理学的叙词表资源建立起一个关于人类现实行为的心理学概念树。根据心理学的决策理论解析网络使用行为元素，通过对网络使用行为元素的组合逐渐将关于人类现实行为的心理学概念树映射到互联网络空间之中，最终逐渐形成网络使用行为指标体系。在将网络使用行为元素组合成网络使用行为的过程中，采取循环验证的方法，即在计算机领域研究人员根据心理学概念树中的目标概念结点的含义将网络使用行为元素组合成网络使用行为后，再由心理学领域研究人员在不知道该网络使用行为与心理学概念树中的目标概念结点之间的对应关系时，核实该网络使用行为是否可以表征心理学概念树中的概念结点，如果不能够有效地表征概念树中的目标概念结点，那么就需要由计算机领域研究人员重新组合网络使用行为元素，直到满意为止。

3.1.2 网络内容心理语义分析

用户发表的微博内容与其心理特征具有一定的相关性，因此通过分析用户微博内容，能够建立基于微博内容的用户心理特征预测模型。Gao、Hao等人[9]提出了微博内容心理分析方法，研发了基于LIWC的中文心理分析词典、微博心理分析词典和"文心"中文心理分析系统等微博内容心理分析工具。中文分析词典对微博内容文本的词语识别率约为43.56%，而通过扩展微博高频词汇建立的微博心理分析词典的识别率约为54.68%。该方法被广泛应用于网络心理学各方面的研究，具体研究将在后面的计算建模和研究应用中介绍。

3.1.3 步态分析

步态是指人们走路的方式，它可以传达个体的情绪状态、认知、意图、个性和态度等丰富的信息[10]。研究表明，高兴、愤怒以及中性情绪可以通过步态数据进行识别[11]。除此之外，步态也可用于自尊[12]以及人格[13]的研究当中。

3.1.4 语音情感分析

近些年来，语音情感识别研究越来越多地受到了研究者的关注。自动语音情感识别是人工智能应用的重要领域之一，是指计算机从收集到的语音中提取人们表达情绪情感的声学特征，从而将这些特征与人类情感相匹配[14]。语音情感识别在人机交互领域具有广阔

的应用前景，除商业用途，如市场调查或服务提升以外，语音情感识别对心理健康识别与干预也能发挥重要作用。

汪静莹[15]采用栅栏式的研究方式将语音情感识别应用于抑郁症的辅助诊断。结果表明，通过语音能够从抑郁症和双相障碍的混合人群中有效地识别出抑郁症且区分效果具备跨情境的稳定性。隋小芸、朱廷劭等人[16]也进一步提出一种基于局部特征优化的方法对语音样本做进一步提纯。通过聚类分析对情感特征相对不显著的帧进行过滤，在此基础上进行统计计算和分类，以提高预测的准确率。实验结果表明，基于优化后的样本进行情感分类语料库的平均准确率提高 5%~17%。

3.2 计算建模——机器学习方法研究

3.2.1 利用主动学习方法获取更有效的实验被试

在进行心理学实验时，需要进行样本抽样，在抽样过程当中，可能会引入抽样偏置；此外，对每个用户进行心理特征标注需要花费的成本较高。为了尽可能地减小抽样偏置，并选取、邀请有效的用户参加心理学实验，从而节省实验成本，并获得对建模更有价值的数据，可采用机器学习领域的"主动学习"方法。

主动学习在无标注数据集合里，选取对实验结果最有用的子集作为待标注点。其主要方法包括：启发式方法和参数方法。启发式方法包括：委员会投票选择算法（query by committee），不确定度采样策略（uncertainty）等；参数方法主要是优化目标函数，求最优参数。主动学习是一个无标注数据处理的过程，在其中寻找对于当前任务最有意义的查询（query）的过程，目前已有一些根据主动学习方法开发出的成功应用，但这些应用往往缺乏普适性的方法，例如，启发式方法较粗糙，参数方法又太具体。

Liu、Nie 等人[17]将被试选取的问题转化为一个主动学习的问题，在一个未标注的用户池中，将被试样本点的选取视为一个基于池（pool-based）的回归（连续值预测）问题。基于其他学者提出的加权最小二乘估计的线性回归模型（weighted least square for linear regression model）：

$$\hat{f}(x) = \sum_{i=1}^{b} \alpha_i \varphi_i(x)$$

$$\hat{\alpha} = \arg\min_{\alpha} = \left[\sum_{i=1}^{n_{tr}} w(x_i^{tr})(\hat{f}(x_i^{tr}) - y_i^{tr})^2 \right]$$

其中权重函数为下面重抽样函数的倒数

$$b_{\lambda}(x) = \left(\sum_{m,n=1}^{t} \left[\hat{U}^{-1} \right]_{m,n} \varphi_m(x) \varphi_n(x) \right)^{\lambda}$$

为了使该方法适合多响应变量回归，选择基函数为高斯函数，让多个响应变量可以共用同一套特征，从而在一个式子里完成计算。研究表明，使用该方法可显著提高预测效果。

3.2.2 利用半监督学习方法克服心理标注数据量不足的局限

在网络心理研究中，用户标注数据具有成本高、标注数据少的特点，而无标注数据则成本低、数据量大。为了充分利用无标注数据，建立更有效的用户心理特征预测模型，可采用机器学习领域的"半监督学习"方法，从相关的无标注数据中获得知识，提升预测模型的有效性。

根据实验数据的特点，Nie、Guan 等人[18]提出了基于图的全局连续和局部连续解决方案来指导半监督学习，该方案要求算法满足两个假设：①相似的点有相同的标注；②在同一个结构上的点要有相同的标注。其核心思想是优化如下的公式：

$$\min_f\left\{\sum_{i=1}^{1}\left(f(x_i)-y_i\right)^2+\lambda f^{\mathrm{T}}\Delta f\right\}$$

在实验数据上开展了分类问题的实验，结果表明半监督学习方法对分类问题的有效性。

3.2.3 利用迁移学习方法提高模型的预测效果

在现实世界中，广泛存在人们用来训练模型的数据集与待推广领域的数据集的数据分布或特征空间不一致的情况，这时候由于不满足机器学习的独立同分布假设，传统监督学习方法常常表现不佳。为了解决这个问题，迁移学习研究受到大量关注并逐渐发展起来。迁移学习一般是指利用与目标任务相关的辅助数据集帮助目标任务上的学习和预测。

在利用因特网的网络行为预测用户的心理特征时，同样存在着网络行为的测试集与训练集的分布或特征空间不同的情况，需要引进迁移学习来改进心理特征预测模型。其一般的解决方案是（图1）：

根据任务中的目标集和辅助集是否具有相同的特征空间，将其分为同构迁移学习和异构迁移学习。对于一般情况下的同构迁移学习问题，也即数据集间只有数据分布不一致的情况，Guan 和 Zhu[19]提出了局部迁移学习回归方法和基于位移的核均值匹配（kernel mean match，KMM）迁移方法来分别处理两种不同情况下的迁移学习。其中，局部迁移学习回归方法处理训练集和测试集的输入的数据分布不一致的问题。Guan 等人提出了两种基于聚类估计法和基于 k-NN 估计法的迁移学习回归方法，通过以局部近邻法估计训练集数据在测试集分布下的权重，结合回归学习以加权误差的形式训练模型。其中基于 k-NN 估计法的迁移学习回归比传统的监督学习方法在人格预测中提高了预测精度，均方误差（MSE）最高可降低 30%。基于位移的 KMM 迁移学习方法面向的是训练集和测试集不仅数据分布不同，而且输入值也有本质变化的情况，它将协变量偏移扩展到领域偏移情况。具

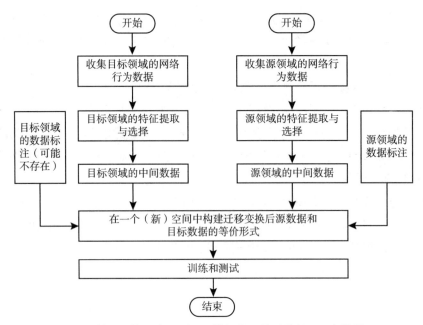

图 1　基于网络行为预测心理特征的一种迁移学习研究流程

体的，通过实现数据集平移情况下的数据分布匹配，来学习一个更有效的机器学习模型。实验结果表明预测精度比传统的监督学习和 KMM 方法分别最大提高约 9% 和 10%[20]。

针对特征空间不同的异构迁移学习情况，即不仅有数据分布不同，更主要的是特征集异构的情况。Guan 等进一步提出了基于线性核和基于平移不变核的两种异构迁移学习方法[21, 22]。通过使用核方法来进行异构转换并采用图正则项在转换中保持原数据的拓扑性质。其中基于线性核的方法，简单易用，在人格预测中精度最高可达 88%。基于平移不变核的方法能够有效处理非线性异构变换并保持数据的平移不变性，在实验中目标集样本较少的情况时，预测精度比监督学习最多可提高 12%。

3.2.4　利用多任务学习方法进行多标签的预测

人格、心理健康和社会态度等心理属性皆是多维度指标，各个指标之间虽然相对独立，却存在某种较为紧密的联系。在实际建模预测中，属于多个具有相关性的任务在同一训练集的同时学习问题。传统的思路是在训练集上对各个任务分别训练模型。这种方法仅仅考虑了各个任务的特定信息；忽略了任务之间的相关性，没有考虑到任务之间的某些共享信息。因而为了提高学习效果，就需要考虑多任务学习。

在训练建模的过程中，需要首先分析各个任务之间的相关性。当任务之间的相关性达到某个阈值时，多任务学习的使用前提才得以满足，这才使得多任务学习有了使用的意义。回归的目的是寻找最合适的输入输出传递矩阵。由于输出包含多个维度，传统的回归思路是对各个任务分别拟合。回归一个任务后，就可以得到传递矩阵的一个列向量。当所有任务建模完成后，就得到了最终的传递矩阵。在多任务学习的情况下，Bai、Hao 等人[23]

将各个目标任务合在一起作为任务矩阵，然后寻找能代表任务矩阵和特征矩阵之间关系的最佳传递矩阵。为防止过拟合，通过加入正则因子，并采用最小偏移平方与方差之和的方法寻找最优正则系数。研究结果表明，利用该方法，可以有效提高基于微博使用行为的人格预测精度。

3.3 研究应用

人工智能和大数据的结合，不仅扩展了心理学研究的范畴，也使得相关心理学应用的可行性大大提高。

3.3.1 基于网络内容心理语义分析的应用

（1）人格预测

人格是心理学的核心研究领域之一。由于人格具有内隐性，因此如何有效地测量人格特征是开展人格心理学研究的前提基础。传统的测量方法主要是采用自评问卷，但该方法在被试招募效率、测试资源消耗等诸多方面存在着局限。

互联网络的出现为人格测量的改善带来了契机并提供了便利。但是，既有研究大多关注网络使用行为与人格特征之间的相关关系，并未妥善解决如何借助网络使用行为来预测人格特征的问题；此外，既有研究多采用自评问卷来测量用户的网络使用行为，其数据结果的可靠性也存在着疑问。

鉴于此，Li 等人[24]开展了相关研究，旨在利用网络日志获取客观的用户网络使用行为数据，利用机器学习的方法建立一个基于网络使用行为的人格特征预测模型，并尝试在局域网网关、网络新媒体、网络浏览器等不同颗粒度层次的网络平台上开展了相关的研究。以网络新媒体（新浪微博）为例，Li 等人从 1953485 名新浪微博活跃用户中随机选取了 547 名用户作为被试，下载其微博行为记录，并且进一步由原始记录中提取 839 种行为特征，以此作为预测变量；同时，对全体被试施测人格问卷，获取其在各人格维度上的得分，以此作为结果变量。分别利用"支持向量机"（support vector machine，SVM）与"Pace回归"（pace regression）算法训练基于微博行为的人格特征预测模型。研究结果表明，基于微博行为的人格特征预测模型具有良好的测量属性。在 SVM 模型中，微博行为对各人格维度高低得分组被试的分类精度达到 84%~92%；而在"Pace 回归"模型中，基于微博行为的人格特征预测结果与基于自评问卷的人格测验结果之间的相关系数达到 0.48~0.54。此外，在人格计算模型中，微博行为与人格特征之间的预测关系也具有一定的可解释性。这表明，通过网络使用行为来预测用户的人格特征是完全可行的。基于网络使用行为的微博用户人格特征预测模型的预测精确度水平已经达到了国际先进水平。

（2）心理健康预测

据 2012 年 10 月 9 日世界卫生组织报告说，全球有超过 3.5 亿人罹患抑郁症。抑郁症目前已经成为导致北美和其他高收入国家社会疾病负担的最主要原因，到 2030 年它将可能会成为仅次于艾滋病的世界第二大造成社会疾病负担的原因。著名医学杂志《柳叶刀》曾发表过一份研究报告，称中国精神障碍患病率为 17.5%，其中抑郁障碍人群排名第一，预计达到 6100 万，并且绝大多数从未就诊。

传统的抑郁测试方法：问卷测验。借助于一些综合性的心理健康测评问卷（比如 SCL-90 问卷、CES-D 问卷）从多个角度来综合考量个体的心理健康状态。但这种方法具有一定的局限性：①如果想要掌握大规模人群的抑郁情绪状态，就需要开展大范围的问卷调查，这显然是费时费力的。甚至说达到了万人的级别时，这种方法实施难度很大；②用户填写问卷会受到其主观意识的影响。也就是说如果用户认为自己没有抑郁情绪，在填写测评问卷时会刻意隐瞒一些自身的真实情况；③对于大规模人群，整个调查周期较长，时效性不强。

通过用户的网络行为（微博）来预测心理健康问题将有着广阔的前景和巨大的优势。Hu，Li[25] 主要研究的是一个基于新浪微博的心理健康（抑郁）预测模型。利用被试的微博行为代替通过问卷收集的答案，并且用机器学习的方法建立基于网络行为的心理健康（抑郁）预测模型，通过模型计算得出被试的心理健康（抑郁）状态评分。详细的过程如图 2 所示。

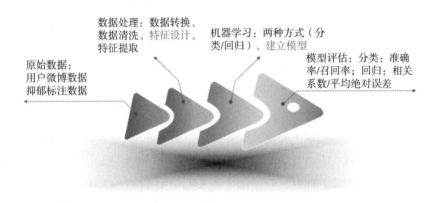

图 2　基于新浪微博的心理健康（抑郁）预测模型流程

通过新浪微博，收集了 10102 个用户的 CES-D 抑郁测评量表的得分并且下载了这些用户的微博数据。然后从文本内容和微博行为两方面设计特征并且建立了分类和预测模型。考虑到心理健康的阶段性特点，设计不同时间周期，根据这些周期来下载不同时间段的微博数据并建立模型。对于分类模型，利用准确率作为评价标准，对于预测模型，使用相关性作为评价标准。结果表明，通过社交媒体可以预测用户的抑郁情绪。在观测时间为 2 个月的情况下，提前半个月进行预测，结果最佳。

（3）主观幸福感预测

主观幸福感（subjective well being）的研究者来自心理学、经济学等学科。传统的心理学研究当中，研究个人主观幸福感的定义、结构、度量以及影响因素，经济学研究当中，通常以一个地区为研究单位，以问卷调查获得的生活满意度指标作为地区的主观幸福感度量，通过地区的人均可支配收入、受教育水平等来预测该地区人口的主观幸福感水平。

近来，有学者提出利用社会媒体平台，通过分析各地区社会媒体用户的微博数据，来预测该地区居民的生活满意度。但是仅利用微博数据难以取得较好的预测结果，在加入地区的居民人均收入、受教育水平等人口统计学变量之后，预测效果能够得到显著提升。

Hao、Li 等人[26]在个体层面上对社会媒体用户进行主观幸福感的预测，通过划分不同的特征集合：人口统计学信息、用户微博行为特征、用户微博内容特征，以其主观幸福感作为目标变量，通过 StepWise、LASSO、Support Vector Regression、Multivariate Adaptive Regression Splines 等机器学习算法来进行建模。利用这种方法，在人数规模为 1785 个用户样本上，取得的预测效果能够达到其他研究者以居民人均收入、受教育水平等客观统计指标达到的最佳预测准确度水平，预测模型得到的预测分数与心理学量表得到的测评分数之间的相关系数达到 0.6。利用社会媒体平台，对个体用户进行主观幸福感预测，目前在本领域尚未见到其他研究者利用同样方法对个体用户的主观幸福感进行预测，Hao 等率先从个体层面建立了利用用户社会媒体行为数据预测其主观幸福感的方法。

（4）社会态度预测

人是群居动物，人的社会存在决定他的社会意识。对于同样的社会生活环境和公共政策，不同的个人特质及不同的社会态度具有不同的社会行为，了解公民的社会态度，就可以预见其可能采取的应对行动。根据先前研究的经验，社会态度的指标体系包含了四个方面的指标，分别为社会状况评价、社会风险判断、经济发展信心和对政府执政的满意程度。Bai、Gao 等人[27]在广东省开展用户实验，并采集了 2018 个合格样本。利用微博数据，采用多任务回归进行群体社会态度的预测。预测结果和标注结果的平均相关系数达 0.41，平均预测误差率为 15.5%。该研究利用网络数据的可回溯性，尝试描述某地群体社会态度随时间的变化情况，并将结果与广东省各地市年度经济指标进行相关性分析。结果显示，地方经济满意度（LES）和经济指标显著相关，而生活满意度（LS）、收入满意度（IS）、社会地位满意度（SPS）以及国家经济满意度（NES）则为弱相关。社会消费品零售总额和批发零售贸易业零售额与社会公平满意度（SJS）正相关。

（5）网络用户自杀预防

在中国，每年有 28.7 万人死于自杀，200 万人自杀未遂，因此造成的直接和间接经济、社会、心理损失不可估量。作为一个严重的公共卫生问题，需要对自杀进行深入研究。传统的自杀风险评估研究主要采用心理测验、访谈、问卷等分析方法，但从应用效果上说，以上方法具有较大的被动性；往往有自杀企图或倾向的人不会主动寻求帮助，而且很难防止被试刻意隐藏内心的真实想法，难以起到及时预警的作用。

随着近年来越来越多的社交网络平台给人们更多机会在虚拟集群中吐露自己的感受和观点，不同于传统研究方法的被动性，通过社交网络能主动寻找有潜在自杀倾向的个体，

并对他们产生影响。

Zhang、Huang 等人[28]在新浪微博用户文本分析基础上结合用户行为数据分析，全面比较自杀用户和无自杀倾向用户在社交行为、语言使用上的差别，归纳有自杀倾向的用户的可识别模式，为建立微博用户自杀意念预警系统提供思路和数据支持。结果表明，自杀人群在微博上的一些特定行为表现以及语言表达上和普通用户确实存在差异性，这样的差别可以从一定程度上帮助研究人员大规模地、实时地识别流露出自杀意念或者自杀企图的用户，对他们进行及时的心理援助。

为了更进一步对自杀意念进行及时有效的识别，目前正在开展网络内容的自杀意念研究，通过建立基于网络内容（包括微博、评论、帖子、博文等）的分析，建立自杀意念识别模型，并通过对各种网络媒介内容的实时分析，甄别出其中带有自杀意念的发言，并通过对发言用户的以往行为和内容的分析，更进一步确认该用户的自杀意念，向他们提供及时有效的干预[29]。

（6）家暴研究

家庭暴力（domestic violence）广泛存在于世界各国的家庭之中。根据世界卫生组织（WHO）在《针对妇女的暴力行为》中对 80 多个国家调查结果，全世界约三分之一（35%）的妇女在一生中曾经遭受亲密伴侣的身体和 / 或性暴力或者非伴侣的性暴力。

在中国，家庭暴力也是一项重要的社会问题。根据全国妇联（2002）的调查显示，我国约 30% 的家庭存在着不同程度的家庭暴力，其中施暴者九成是男性。张亚林等人在湖南省对于 9000 户家庭的抽样调查发现，家庭暴力的总发生率为 16.2%。其中，按照受害人分为夫妻间暴力、虐待儿童和虐待老人三类，家暴发生率分别为 10.2%，7.8% 和 1.5%。随着家暴事件的屡屡曝光，这一社会问题越来越受到人们的关注。对于家庭暴力的探索研究具有十分重要的意义。

对于家庭暴力的影响研究常用的研究法包括量表法、个案法或两者相结合的方式。然而由于家庭暴力发生的突然性与社会文化的隐蔽性，传统研究方法往往因为难以获得足够的受害者样本而无法测量在家庭暴力发生短时间内受害者心理特征的变化模式。同时，在目前的家暴影响研究中，由于纵向追踪的多次测量中间隔时间过长，不能确定在后测中发现的心理特征变化出现的具体时间。

为了克服测量周期长、短期内可测量样本小的困难，Liu、Xue 等人[7]利用生态化识别方法，通过微博内容，对家庭暴力后短时心理健康变化和家庭暴力对受害者大五人格的影响模式进行探索性研究。研究结果表明：家庭暴力后短期内，受害者出现更多的心理问题。家庭暴力前受害者宜人性较低，家庭暴力后神经质较高。

（7）失独家长心理变化模型

在过去的 30 年里，随着我国计划生育政策的实施，我国独生子女的数量在不断增加，因独生子女死亡所产生的失独家庭数量也在增长。据测算，目前在中国已经有超过 100 万户家庭失去独生子女，并且每年有超过 7600 户家庭加入这个群体中来。独生子女死亡所导致的家庭问题和社会问题已经引起了社会的高度关注。由于中国父母在独生子女身上倾注了大量时间、精力和感情，这种失独将导致严重的适应问题。然而，目前的研究多集中于横向比较研究，无法描述创伤事件后个体反应的变化发展。

尽管有大量证据表明丧子家长的心理过程会随着时间的推移而发生变化，但目前很少有研究关注这种影响的变化轨迹，特别是在丧亲的短期内。传统的基于问卷调查的研究或结构化访谈很难在短期内反复测量心理变量的变化，也很难招募到刚刚经历失独的家长进行研究。一方面，参与者可能会对重复的问题感到厌倦，导致测量结果产生练习偏差；另一方面，由于失独家长的数量占比较少，同时对于心理研究的态度非常回避，因此难以获得足够大的样本用于纵向研究。在一些记录了被试流失率的丧亲的研究中，问卷回应率不超过 10%。

刘明明[30]应用生态化识别方法可以基于已有的微博记录对于失独家长的心理动态变化进行识别，为开展纵向研究提供宝贵的客观数据。由此，应用生态化识别方法，对于失独用户在经历事件后的心理状态模式进行探索。研究发现，失独用户会表达出更多的消极情绪 $[t(452)=3.643, P<0.001]$，更少的积极情绪 $[t(452)=3.643, P<0.001]$。

（8）小说人物重大生活事件影响分析

文艺作品中的人物心理过程与人格形象塑造是文学创作、评价的核心，由于其主观性和复杂性，以往研究大多以文学评论或哲学思辨为主。由于文学人物是虚拟的或理想化的，研究者无法采用传统心理学中自我报告的方法对其进行直接测量。一般来说，测量一个人的性格，可以让这个人自己描述性格、填写性格测试，或者让周围的人对他的性格进行评价。但是如果测量一个文学作品中的人物性格，因为无法让文学作品中的人物进行自我报告或者填写问卷，也无法找到熟悉他的人来对其进行评价，因此对其性格分析的唯一"抓手"便是作者对他的描写，尤其是人物的对话。基于此，Liu、Wu 等人[31]将生态化识别方法引入小说《平凡的世界》的人物心理分析中，以文学智能分析的可重复的、客观性强的中文心理分析系统处理小说人物对话，以得到对应人物大五人格的预测分数。结果显示，孙少安具有极强的外向性，较强的尽责性和开放性。孙少平具有很强的开放性，较强的尽责性和外向性，与前人在文学评论中的点评相对一致。

（9）"一带一路"：文化与合作

"一带一路"，即"丝绸之路经济带"与"21世纪海上丝绸之路"，是中国政府目前大力倡导的亚欧非大陆及附近海洋的区域合作倡议，是中国扩大和深化对外开放的重要举措。因此，了解"一带一路"所涉及各个国家和地区人民的态度和观点，从而确定"一带一路"最为有效的共同交流模式，是"一带一路"顺利推进的关键举措。吴胜涛、周阳等人[32]将文化心理学和大数据分析技术相结合，利用推特（Twitter）数据来分析"一带一路"沿线国家或地区民众的自我表征特点（独立性或个人主义），并建立自我表征与社会信任（普遍信任、特殊信任）的预测模型，以探究与"一带一路"沿线国家或地区合作交往的行为模式。结果表明，"一带一路"沿线国家或地区在自我独立性这一个人主义文化指标上存在较大的变异，且主要受欧美国家殖民历史和当地宗教传统的影响；此外，针对陌生人、外国人的普遍信任与针对家人、熟人的特殊信任，可以通过个人主义指标来预测。总之，"一带一路"沿线的文化是多样的，可以通过社交媒体产生的海量语料库快速计算其个人主义指标，并以此来建立自我表征与社会信任的预测模型。

3.3.2 基于步态的研究

（1）情绪识别

近年来，情感识别已成为人机交互中的一个热门话题。如果计算机能理解人类的情感，他们就可以更好地与用户互动。Zhang、Song 等人[11]提出了一种新的识别方法：使用智能手镯内置的加速计来测量人们的步态，从而识别人类情感（中性、快乐和愤怒）。在该研究中，共有 123 名受试者被要求佩戴定制智能手镯，内置加速度计，可跟踪和记录他们的行动。参与者首先在中性情绪状态下正常步行两分钟，然后观看情感电影剪辑来引发情感（快乐和愤怒）。看两段视频之间的时间间隔超过四个小时。看完电影剪辑后，他们走了一分钟，这是一种快乐或愤怒的行走行为。通过收集智能手镯的原始数据，从而提取了一些特征。基于这些特点，他们建立了情绪分类。对于两类分类，分类精度可以达到91.3%（中性与愤怒），88.5%（中性与快乐），88.5%（快乐与愤怒）；区分三种情绪（中立、高兴、愤怒）的准确率达 81.2%。

（2）自尊识别

自尊是个人心理健康的一个重要方面。当受试者不能完成自我报告问卷，行为评估将是一个很好的补充。Sun、Zhang 等人[12]使用 Kinect 收集的步态数据作为识别自尊的指标。在该研究中，178 名无残疾研究生参与了实验。首先，所有参与者完成罗森博格自尊量表（RSS）10 项获得自尊得分。完成 RRS 后，每个参与者在一块长方形的红地毯上自然行走两分钟，并用以下方法记录步态数据：Kinect 传感器经过数据预处理，提取了一些行为特征，通过机器学习训练预测模型。基于这些特征，建立自尊的预测模型。结果显示，自尊预测中，预测得分与自我报告得分的最佳相关系数为 0.45（$P < 0.001$）。根据性别划分参与者，对于男性，相关系数为 0.43（$P < 0.001$），女性 0.59（$P < 0.001$）。该研究表明，利用 Kinect 传感器获取的步态数据可用于识别自尊，标准效度较好。步态预测模型可以作为烟油自尊测量方法的补充。

（3）人格识别

人格是一种独特而稳定的思维和行为方式。Sun、Wu 等人[13]探讨了人格与步态之间的关系，有 179 名研究生参加了研究。首先，所有参与者完成了艾森克人格问卷（EPQ）。EPQ 将人格划分为四个维度：外向型 / 内向型（E）神经质 / 稳定性（N）、精神病 / 社会化（P）和谎言 / 社会期望（1）。参与者随后在红地毯上走两分钟，Kinect 被用作获取参与者的行为数据作为原始数据。进行预处理，如去噪和协调原始数据的翻译，他们通过回归分析阐释步态对人格的影响。实验结果表明，步态特征可以很好地解释 N，对 E 和 P 维度解释性较好，对 L 维解释性为中等。结果表明，步态可以预测人的性格特征。

3.3.3　基于语音的抑郁症识别

抑郁症是一种以抑郁情绪为核心并伴随多种症状的严重心理疾病。诊断的正确率低是抑郁症治疗过程中面临的一个重要问题。这一问题主要由可用于诊断的手段和工具的滞后导致。身体疾病通常有明确的生化指标，其诊断可以实现主客观的相互印证；而抑郁症和大多心理疾病一样没有明确的客观指标，诊断主要依靠医生的主观经验判断。为了改善抑郁症的诊断，需要找到能够有效反应疾病状态、辅助诊断抑郁症的客观指标。

行为线索是一种可以提供给医务人员以量化、客观的观察结果的指标。已有研究表明，抑郁被试的行为和抑郁存在显著相关关系，也就是说行为可用于抑郁症的辅助诊断。语音是一种常见且容易获得的行为线索。利用语音特征识别抑郁症，实施方便、不耗费人力物力、不依赖患者的自制力，且自然地消除了内部一致性的问题。

通过语音特征自动检测抑郁症的研究当前还面临着两个重要问题：一是语音的区分效果是否具备跨情境的稳定性问题；二是语音特征识别抑郁症的诊断效力问题。针对这两个问题，汪静莹[15]做了一系列的研究，分别针对健康人群、抑郁症患者、躯体疾病患者以及其他心理疾病患者进行了比较研究。结果显示，用语音区分健康人的不同情绪能达到 84.1% 准确率，表明语音特征能够区分健康人的不同情绪。语音区分抑郁症患者和健康人的敏感性达到 74.5%。语音区分抑郁症和躯体疾患的敏感性能达到 86.8%。研究结果表明，语音特征能够有效地区分抑郁症患者和健康人、抑郁症患者和躯体疾病患者。用语音区分抑郁症中有无焦虑共病的敏感性能达到 79%，区分抑郁症和双相障碍的敏感性能达到 84.8%，区分抑郁症、双相障碍和健康人的敏感性能达 62.8%。这些结果表明，通过语音能够从抑郁症和双相障碍的混合人群中有效地识别出抑郁症患者，语音可以作为一种有效的行为指标辅助诊断抑郁症。

3.3.4　应用产品

（1）心导网：心理干预——走出抑郁，克服焦虑

心理健康是人类健康的重要组成部分。目前，心理健康问题日趋严重，且受限于专业服务资源的匮乏，心理健康问题干预的服务规模与范围十分有限。由于自助式网络心理咨询允许用户在计算机的提示下自我引导地完成整个心理咨询过程，因此可以有效地缓解上述问题。目前，国外研究者已经成功地研发出一些基于认知行为疗法的自助式网络心理咨询程序，如 MoodGYM、FearFighter、Beating the Blues 等。但是这些程序都是基于英文语境来开发的，无法大规模应用于我国并测试该方法在我国的实际应用效果，而国内的研究者对于这个主题还几乎没有涉及。

鉴此，李昂、朱廷劭[33]成立了专门的研发团队，经过数次专家研讨与审核确定了开

发方案，在此基础上研发了基于中文语境的自助式网络心理咨询程序"走出抑郁"与"克服焦虑"（http：//ccpl.psych.ac.cn：10001/），旨在针对抑郁情绪问题与焦虑情绪问题进行在线干预。随后，依托于开发的基于认知行为疗法的自助式网络心理咨询程序，他们开展了随机对照试验，以此来测试研发的程序对于抑郁情绪问题的实际调节作用。具体的试验流程是，在招募到了至少达到轻度以上抑郁水平的被试之后，对所有被试第一次测试了心理健康问卷，并将被试随机分为试验组与对照组，试验组需要使用开发的基于认知行为疗法的自助式网络心理咨询程序，而对照组则不需要使用该程序，三周后再对两组被试第二次施测心理健康问卷，最后通过对比两组被试在两次心理健康问卷测试中的得分变化趋势来确定开发的基于中文语境的自助式网络心理咨询程序的实际应用效果。研究结果发现，经过了自助式网络心理咨询程序的调节，试验组被试的抑郁情绪水平显著下降（$t = 3.42$，$P = 0.001$，Cohen's $d = 0.58$），而对照组被试的抑郁情绪水平则没有显著变化（$t = 1.94$，$P = 0.061$，Cohen's $d = 0.39$）。这意味着，基于认知行为疗法的自助式网络心理咨询程序在我国同样具有一定程度的调节效果。

该研究成果填补了国内相关研究领域的空白。与国际相关领域的研究相比，在治疗脱落率、用户使用满意度、是否针对用户的心理健康问题具有显著的调节效果三项评价指标方面均达到了国际同行的水平。

（2）心理地图 WEBAPP：通过社会媒体平台预测用户心理特征

在获得了一系列原创性的科学研究成果的同时也积极将研究成果进行应用转化，基于科研成果建立了"心理地图"应用（http：//ccpl.psych.ac.cn：10002）。

朱廷劭研究团队利用小规模用户的微博数据及其对应的心理特征标注，利用机器学习方法，建立了心理特征预测模型。利用建立的模型，就可以对其他的未填写过心理学量表的用户进行心理特征的预测。"心理地图"应用实现了上述功能[34]。在利用传统的纸笔心理学量表来获得对用户心理特征的标注的基础之上，他们把研究得到的心理特征预测模型应用到用户的微博数据上，就可以实现对其心理特征的分析预测，并进行界面友好的可视化展示（图 3）。"心理地图"在线问卷填写和调查平台已经成功地采集了调查数据 20000余人次，并可以满足后续大规模用户调查的需求；已经有数千名用户在"心理地图"上通过模型的预测结果来分析自己的人格、心理健康等心理特征。

（3）文心：中文语言心理分析系统

朱廷劭研究团队在先前的研究中，已经建立了网络内容分析的词库及分析方法，满足了在简体中文语境下对网络文本进行心理特征分析的需求。为了建立中文语言心理特征分析的"一揽子"解决方案，并将其研究成果共享给其他的研究者，他们开发了"文心"（TextMind）中文心理分析系统[35]。"文心"系统为用户提供从简体中文自动分词到语言心理分析的一揽子解决方案，是针对中文文本进行语言分析的理想软件系统，利用"文心"系统，可以便捷地分析用户在文本中使用不同类别语言的程度、偏好等特点，

图3 "心理地图"分析得出的用户心理特征的可视化展示

"文心"的词库的开发参照了 LIWC2007 和繁体中文 C–LIWC 词库，并在网络用词、文字和符号等方面，专门针对简体中文语境进行了扩充和优化，词库分类体系也与 LIWC 兼容一致。

除用于第三方调用的程序库外，他们还建立了"文心"系统的 Web 版（http：//ccpl.psych.ac.cn/textmind/），供所有用户便捷地使用其研究成果。"文心"中文心理分析系统，接受的输入是一段用户中文文本，输出是输入文本中表现出来的语言心理特征（见图4）。

（4）社会心理态势感知与分析

态势指的是事物发展的状态和趋势，是事物动态变化趋势的体现。社会由个体组成，社会心理态势正是由社会中每个人的心理态势组成，并影响着每个人的心理态势发展的方向和趋势。人对涉及的社会事物，因其是否符合自身物质方面或理念方面的需要，会产生肯定或否定、赞成或反对、接近或拒绝的体验。因此，人的心理态势反映了个体的社会存在，同时主导个体的社会行为。个体因社会事物对自己的差异影响，会形成不同方向、不同强度以及从核心到边缘地位不同的态度，这些都属于社会心理态势的范畴。

利用机器学习方法预测得到的社会态势的原始呈现形式是数值的时间序列，较为抽象，难以给使用者提供直观的感受。为此，基于 HTML5 技术朱廷劭研究团队开发了"社会心理态势感知与分析"系统[34]，直观展示社会心理状态及其发展趋势，在全国及各个省的范围内，从两个不同的区域粒度来观测社会民情。在此基础上，利用不同的色彩，直观而形象地对民情指数的不同水平进行展示。结合地图和曲线图，可以直观地了解各个维

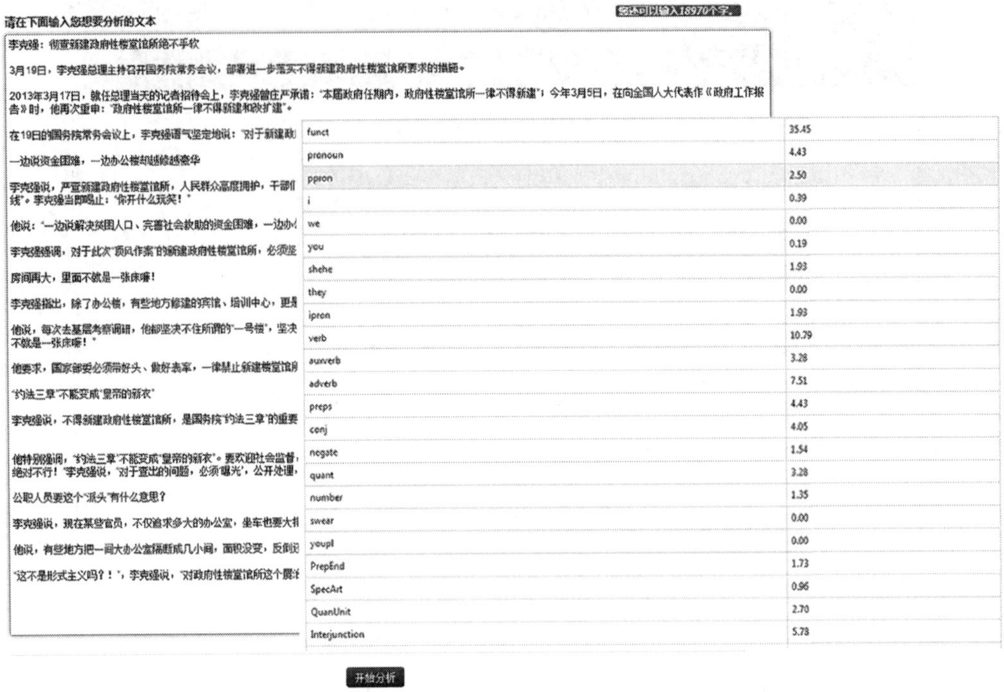

图 4　"文心"系统的 Web 版使用示例

度的民情指数。同时，系统提供时间轴的动画播放效果，通过时间轴动画的播放。可以形象地观察各区域在指定的时间区间内的民情指数变化状况。在全国范围内查看民情指数（图 5）。

4. 总结

　　将人工智能应用于心理学的研究，不仅开拓了新的研究方向，更是提供了新的研究方法。利用人工智能大数据技术，能够帮助我们以更生态化的方式对个体与群体的心理行为变化规律进行研究。利用行为大数据研究人们的认知、情感和行为规律，结合人工智能建立基于社会实时感知数据的心理预测模型，形成个体心理、行为特征预测和群体心理、行为分析及决策支持的关联架构。通过深入不同环境下的个体与群体的行为与心理，能够帮助我们实现人们的心理健康或社会态度等进行大规模，实时性的描述、预测、解释和控制。同时充分地提高效率并防范风险，最终促进现实社会的和谐与进步。

　　人工智能在心理学中的应用是多方面的，不仅涉及网络使用行为，也涉及可穿戴设备、语音识别等各个方面。为网络时代下理解人格、心理健康、幸福感、自杀干预乃至社会热点事件的分析都提供了全新的可能。

回到主页　曲线图
维度：生活满意度　时间：2012 年 2 月
开始时间：2012 年 2 月　结束时间：2013 年 1 月　播放动画

图 5　利用"社会心理态势感知与分析"系统产生的民情指数

　　建立适用于互联网的人格理论，我们才能更准确地描述人们在互联网中的行为。利用社交媒体平台，我们可以建立在线主动自杀干预模式 (proactive suicide prevention online, PSPO)，对抑郁、自杀等问题进行及时的识别与干预，不仅填补了目前的研究空白，也是学科发展的必然规律。通过分析网络舆情的事件信息特征与参与人群的心理特点，探究网络突发事件中舆情的传播演化规律与内在机制，并进一步探究舆情的引导时机与引导策略。不仅如此，人工智能使之前难以动态研究，不易量化或时效性强研究的对象，如家暴对受害者的影响，小说人物性格分析或"一带一路"的影响等都成了可能。

　　心理学的主要任务包括描述、解释、控制和改变实验对象。科研的最终目的是服务于大众。研产学一体，将科研成果转化为实际可用的成品，是科研的意义和动力。人工智能使得科研转化为应用产品的能力增强，无论是抑郁干预系统、心理预测平台、中文心理分析系统和社会心理态势感知分析系统等，不仅开辟了新的思路，更服务于后来研究者，大大提高了各个领域研究的进展和速度。

参考文献

［1］彭聃龄. 普通心理学［M］. 北京：北京师范大学出版社，2004.

［2］Eysenck H J. Revolution in the theory and measurement of intelligence［J］. Evaluación Psicológica, 1985, 1（1-2）：99-158.

［3］Sternberg R J, Detterman D K, Human intelligence：Perspectives on its theory and measurement［J］. Praeger Pub Text, 1979.

［4］Thorndike E L. Intelligence and its uses［J］. Harper's magazine, 1920.

［5］松尾丰. 人工智能狂潮：机器人会超越人类吗［M］. 北京：机械工业出版社，2015.

［6］梁宁建. 心理学导论［M］. 上海：上海教育出版社，2006.

［7］ Liu M M，Xue J，Zhao N，et al. Using social media to explore the consequences of domestic violence on mental health［J］. Journal of interpersonal violence，2018：0886260518757756.

［8］ Zhang Q，Zhu T S，Xin J L，et al. Constructing the internet behavior ontology：projection from psychological phenomena with qualitative and quantitative methods［C］//in International Conference on Active Media Technology，2011：123-128.

［9］ Gao R，Hao B B，Gao H L，et al. Developing simplified Chinese psychological linguistic analysis dictionary for microblog［C］// in international conference on brain and health informatics，2013：359-368.

［10］ Matsumoto D，Hwang H C，Frank M G. The body：postures，gait，proxemics，and haptics［J］. APA handbook of nonverbal communication，2016：387-400.

［11］ Zhang Z，Song Y，Cui L，et al. Emotion recognition based on customized smart bracelet with built-in accelerometer［J］. PeerJ，2016，4：e2258.

［12］ Sun B L，Zhang Z，Liu X Y，et al. Self-esteem recognition based on gait pattern using Kinect［J］. Gait & posture，2017. 58：428-432.

［13］ Sun J M，Wu P，Shen Y，et al. Relationship between personality and gait：predicting personality with gait features［C］// in 2018 IEEE International Conference on Bioinformatics and Biomedicine（BIBM）. 2018：1227-1231.

［14］ 韩文静，李海峰，阮华斌，等. 语音情感识别研究进展综述［J］. 软件学报，2014. 25（1）：37-50.

［15］ 汪静莹. 抑郁症的辅助诊断研究——基于语音特征的探索［D］. 北京：中国科学院心理研究所. 2017.

［16］ 隋小芸，朱廷劭，汪静莹. 基于局部特征优化的语音情感识别［J］. 中国科学院大学学报，2017，34（4）：431-438.

［17］ Liu X，Nie D，Bai S，et al. Personality prediction for microblog users with active learning method［C］// in International Conference on Human Centered Computing. 2014：41-54.

［18］ Nie D，Guan Z，Hao B B，et al. Predicting personality on social media with semi-supervised learning［C］// in 2014 IEEE/WIC/ACM International Joint Conferences on Web Intelligence（WI）and Intelligent Agent Technologies（IAT）. 2014，2：158-162.

［19］ Guan Z，Zhu T S. An overview of transfer learning and computational cyberpsychology［C］// in Joint International Conference on Pervasive Computing and the Networked World. 2012：209-215.

［20］ Guan Z，Nie D，Hao B，et al. Local regression transfer learning for users' personality prediction［C］// in International Conference on Active Media Technology. 2014：23-34.

［21］ Guan Z，Bai，S，Zhu T S. Heterogeneous domain adaptation using linear kernel［C］// in Joint International Conference on Pervasive Computing and the Networked World. 2013：124-133.

［22］ 关增达，程立，朱廷劭. 基于平移不变核的异构迁移学习［J］. 中国科学院大学学报，2015. 32（1）：121-126.

［23］ Bai S，Hao B B，Li A，et al. Predicting big five personality traits of microblog users［C］// in Proceedings of the 2013 IEEE/WIC/ACM International Joint Conferences on Web Intelligence（WI）and Intelligent Agent Technologies（IAT）. 2013：501-508.

［24］ Li L，Li A，Hao B B，et al. Predicting active users' personality based on micro-blogging behaviors［J］. PloS one，2014. 9（1）：e84997.

［25］ Hu Q，Li A，Heng F，et al. Predicting depression of social media user on different observation windows［C］// in 2015 IEEE/WIC/ACM International Conference on Web Intelligence and Intelligent Agent Technology（WI-IAT）. 2015：361-364.

［26］ Hao B B，Li L，Gao R，et al. Sensing subjective well-being from social media［C］// in International conference on active media technology. 2014：324-335.

［27］ Bai S，Gao R，Hao B B，et al. Identifying social satisfaction from social media［J］. arXiv preprint，2014.

［28］ Zhang L, Huang X, Liu T, et al. Using linguistic features to estimate suicide probability of Chinese microblog users［C］// in International Conference on Human Centered Computing. 2014：549–559.

［29］ Liu X Y, Liu X Q, Sun J M, et al. Proactive Suicide Prevention Online（PSPO）：Machine Identification and Crisis Management for Chinese Social Media Users with Suicidal Thoughts and Behaviors［J］. J Med Internet Res, forthcoming.

［30］ 刘明明，刘天俐，汪昕宇，等. 基于社交网络行为分析的失独用户微博使用调查：追思、维权、抱团取暖［J］. 人口与发展，2019. 25（2）：57–63.

［31］ Liu M, Wu Y, Jiao D D, et al. Literary intelligence analysis of novel protagonists' personality traits and development［J］. Digital Scholarship in the Humanities，2018. 34（1）：221–229.

［32］ 吴胜涛，周阳，傅小兰，等. "一带一路"沿线文化与合作交往模式探究：基于社交媒体大数据的心理分析［J］. 中国科学院院刊，2018. 33（3）：298–307.

［33］ 李昂，朱廷劭，宁悦. 研究生抑郁情绪的网络自助心理咨询效果［J］. 中国心理卫生杂志，2013. 27（2）：145–146.

［34］ 黄欣荣. 大数据时代的哲学变革［N］. 光明日报，2014–12–03（15）.

［35］ 曹奔，夏勉，任志洪，等. 大数据时代心理学文本分析技术——"主题模型"的应用［J］. 心理科学进展，2018. 26（5）：770–780.

撰稿人：刘兴云　朱廷劭

人工智能在军事心理领域研究的前景

人工智能在军事领域的应用受到军事大国的高度重视。从精准战场规划、高效指挥决策到快速后勤保障，人工智能为军事优势提供了新路径，也为大幅削减军费开支、降低军人面临风险提供了技术支撑。俄罗斯总统弗拉基米尔·普京曾经说过这样的话："在 21 世纪，谁能领导人工智能技术，谁就能主宰世界。"人工智能正在加速军事变革进程，对部队编程、作战样式、装备体系和战斗力生成等将带来根本性变化，甚至可以称是引发一场深刻的军事革命。2017 年《联合国特定常规武器公约》（CCW）[1]对"致命自主武器系统"的热议，引发了关于人工智能在军事领域应用前景的广泛探讨：创造致命武器自主系统是人工智能最具前景的应用领域。

1. 人工智能在军事领域的研究

1.1 海量军事信息数据处理

现代战争战场形式瞬息变换，"信息爆炸"对海量信息的快速处理构成极大挑战，现代计算技术已无法承担如此重任。人工智能技术能够快速解析来自图像、音频、电磁、声波等的信息，提供准确的战场动态变换趋势分析和快速解析，为指挥决策提供了便利手段。美国国防部"Maven 计划"人工智能项目对无人机监控反馈图像分析（图 1）就是一个很好的例证[2]。2017 年 4 月，美军成立了"算法战跨职能小组"，将 Maven 算法与海军及海军陆战队 Minotaur 系统相结合，运用 Maven 算法识别物体并对其进行追踪，利用 Minotaur 系统获得地理坐标，将位置标注在地图上。在中东一个秘密地点，加载特殊算法的"扫描鹰"无人机对 10 千米范围内的人员、车辆、物体等视频图像进行算法识别与自动分析，识别率可高达 80%。这项研究的目的是加快美国国防部融入人工智能与机器学习技术的速度，将海量军事信息数据快速转换为切实可用的情报。

图 1　Maven 无人机监控反馈图像分析系统

1.2　迅速有效的指挥决策

从高超音速武器打击到指挥决策，速度是未来战争成败的决定性要素。无论是 OODA[3]（观察、适应、决定、行动）循环还是先于敌方发现目标实施打击，速度是现代战争的制胜要素。人工智能控制下的飞机，尽管缺少了人类飞行员的诸多优点，但它摆脱保护人类飞行员的限制，提高了飞行的速度、灵活性和可操控性，与人类操作相比，在面对导弹饱和攻击时，能更高效地保护飞机安全，而人类的反应速度则不堪一击。2016 年，美国辛辛那提大学研发的人工智能程序阿尔法（ALPHA）[4]（图 2）在模拟空战中击败了美军资深飞行员空军上校李·吉恩（Gene Lee）。ALPHA 使用了"迷糊逻辑"概念的人工智能，

图 2　人工智能程序 ALPHA 模拟空战

决定前会考虑广泛的选择，反应快速，及时有效地躲避了人类的攻击。

1.3 敏锐快捷的战场态势感知

对未来战场的态势感知必须基于人类认知与人工智能的有机融合。深度态势感知是对态势感知的认知，如 Mica Endsley[5]所述，态势感知是在一定时间和空间内对环境中的各组成部分的感知、理解，进而预知整个态势随后变化的规律。以往战场态势感知是通过有经验指挥员观察、对比、分析和直觉决策而形成的。感知的准确性取决于知识、经验和直觉，形成过程是一个漫长的过程。态势感知就是状态的形式化向意向性描述的转化。意向性是对同一事物在不同时空情境中转换的映射、漫射、影射，即从数学的映射到物理的漫射再到心理的影射。这种转化因时间、空间的复杂性，超越了人类理性思维的范畴，错误的发生是难免的。人机合作则有利于该问题的解决，人的意向性是形而上，机的形式化是形而下，人解决"做正确的事"，计算机解决"正确地做事"，充分发挥人容易感知前提条件变化差异的，让机器产生感知外部前提条件的变化。人机智能融合的本质就是事实与价值的统一[6]：人负责方向性（价值）问题，机处理具体客观事实性问题，形成深度态势感知的意向性计算加形式化计算。对军事人工智能而言，无论机器学习还是自主系统，不外乎都是对战场形态做出精确地感知、正确地推理和准确地预测：感知（perception）、融合（fusion）、展现（visualization）和预测（projection），简称 PFPV 模型（图 3）。

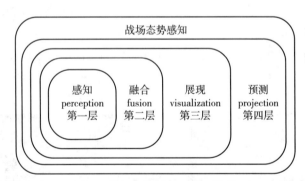

图 3　战场态势感知 PFPV 模型

目前战场态势感知系统主要是利用遍布陆、海、空、天各领域的传感器网络，对一定时间和空间环境内的战场态势要素进行感知，采用融合手段对获取的繁杂信息进行融合理解和深度学习，形成战场要素实时的战场状态，进而通过可视化等技术，将这些实时战场状态转换成人眼可观测的形式，并形成对战场态势变化预测[7]。

1.4 安全有效的人机协同作战

人工智能已成为人与人、人与机的协同作战能力的重要手段。2016 年，美国国防部副部长沃克阐述了"忠诚僚机"(Loyal Wingman)[8]概念，旨在为 F-16 战隼战斗机设计和研制人工智能模块增加无人机自主作战能力，确保在未来战争中实现无人驾驶 F-16 四代战机与 F-35A 五代战机之间的搭配，通过人–无人编队协同作战，有效摧毁空中和地面目标。该系统包括自主作战概念、无人机自主作战技术概况、无人机自主技术架构和空军研究实验室自主技术发展 4 个目标。"忠诚僚机"突破了人类协同作战理念，使协调作战的边界变得更加宽广和有效。研究发现，战争空间越复杂，"僚机"运算法则越有效，可帮助人类在非直接操控下对长机安全做出恰如其分的反应（图 4）。

图 4　与"忠诚僚机"的作战协同

2. 人工智能在军事心理学领域的研究

人工智能在军事心理学研究与应用上展现出一个高度综合化发展趋势。它涵盖了传感器技术、计算机科学、认知科学、行为学、生理学、哲学、社会学等方面，其发展目标是赋予计算以类似人的情感能力，即人的情绪、注意力和感知能力。通过计算科学与心理科学、认知科学的结合，研究人与人交互、人与计算机交互过程中的信息特点，设计能自动识别并具有情感反馈的人与计算机的交互环境，以提高信息传递的速度，协助人与人、人与机的协调高效率决策，最终人工智能将协助人类对认知和情感能力进行识别和响应，进一步优化未来战争中人与各类装备的和谐性，提高计算机感知情境，理解人的情感和意图，做出更恰当的反应（见图 5）。

人工智能在军事心理学领域的研究主要包括以下五个方面。

2.1　智能军人心理选拔研究

军事活动的特殊性客观地要求军队必须通过人员筛查，淘汰不适合者，选拔在躯体上

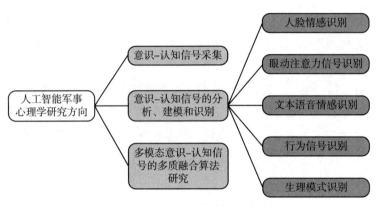

图 5　军事人工智能技术的开发途径

以及心理上符合部队需要的个体，并通过人员配置实现人尽其才[9]。第一次世界大战和第二次世界大战美军对大批青年开展心理选拔筛查，奠定了今天世界各国从部队到地方的人事心理选拔与安置的基础。但是，目前国际心理测量选拔技术走入瓶颈，主要是指因技术手段自身存在固有的弊端，如掩饰性、社会赞许、动机性等，使心理测验背上"主观性强"的帽子。随着人工智能的发展，意识和认知相关信号的采集和识别技术不断出现，其中眼动和人脸表情识别技术以其客观、非干扰、全时段、可视、可验证等优势，给军人心理选拔科学技术的发展带来了希望[10]。

眼动技术作为一项成熟的注意观察技术[11]，被称为注意力显微镜，可以在时间轴上高分辨率记载注意力行为过程，在意识—认知测量中是一个重要指标。在人才选拔的心理测试中，眼动指标大致包括两类：一类是与眼睛何时移动的时间维度的眼动指标，另一类是与眼睛移动位置有关的空间维度的眼动指标[12]。不同的眼动指标有自己的适用范围和优缺点，可以反映认知的不同加工阶段，针对不同的研究目的，可以选取适当有效的眼动指标[13]。通过眼动识别人类心理活动特征，是目前心理测量技术与机器学习技术融合研究的重要方向。

人脸面部表情的研究已开展了较长的时间。但由于研究方法与技术的限制，对面部表情的研究与应用没有达到客观化、数量化的程度。面部表情的客观基础是面部肌肉运动并导致的面容变化，但它是对面部运动的一种主观评价与解读，是人们给面部运动赋予了行为意义的结果。因此，只有直接研究面部运动才能提高面部表情研究的客观化水平[14]。20 世纪 70 年代，美国心理学家保罗·艾克曼（Paul Ekman）开发了面部运动编码系统，用面部运动单元对面部运动进行分解、编码，并量化研究，极大地推动了面部运动研究的客观化水平，且取得了一些明显的结论。如 AU14（action unit14，编码为 14 的面部运动单元）的频率与强度在抑郁症与非抑郁症人群间有显著性差异；在比较抑郁症患者与正常人疼痛面部表情时，重度抑郁患者的 AU 4 比正常人的反应显著增加[16]；非讲话的嘴部运动（AU15、AU16 等多个面部运动单元的组合）与随后的自杀意愿与行为有显著相关等。当人通过视觉器官把他人面部的刺激信号接收并传递到人的大脑之中，大脑就会进行人脸检测、人脸图像预处理、人脸特征提取等程序，然后把以前存储在大脑中的若干基本表情的人脸特征（即脸谱）提取出来，进行对比分析和模糊判断，找出两者的人脸特征最接近的某种基本表情[15]。这时，大脑皮层就会接通该基本表情所对应的兴奋区与边缘系统的神经联系，从而产生愉快或痛苦的情感体验。同时，大脑皮层还会接通该基本表情所对应的兴奋区与网状结构的神经联系，从而确定愉快或痛苦的强度。随着人脸的计算机处理技术（包括人脸检测和人脸识别）不断完善，利用计算机进行面部表情分析也就成为可能。当将人类自然语言的心理测量作为刺激时，机器学习自动识别人脸特征，就能分析其间的意识活动倾向。

2.2 智能军事应激研究

军事医学和军事心理学研究者们始终在努力揭示军事应激对军人高级神经活动的影响机制，寻找应激发生、发展的特点和规律，为防护提供理论基础[17]。目前，国内外一般认为，军事应激的心理损伤指在作战、军事作业、特殊军事环境下发生的认知、情绪、行为和态度等系列的心理反应。在人工智能的推动下，意识—认知信号的采集技术不断发展，可以为应激的识别、定量测量和识别开辟众多崭新的方法。这里意识—认知信号的采集技术主要是指各类情绪和注意力感知的有效传感器的研制。它是极为重要的环节，没有有效的传感器，就没有情感计算的研究，因为情感计算的所有研究都是基于传感器所获得的信号。各类传感器应具有如下的基本特征：使用过程中不影响用户（如重量、体积、耐压性等），经过医学检验对用户无伤害；数据的隐私性、安全性和可靠性；传感器价格低、易于制造等。美国麻省理工学院媒体实验室的传感器研制较为先进，已研制出多种传感器，如脉压传感器、皮肤电流传感器、汗液传感器及肌电流传感器等。其中，皮肤电流传感器可实时测量皮肤的导电系数，通过导电系数的变化可测量用户的紧张程度；脉压传感器可时刻监测由心率变化而引起的脉压变化；汗液传感器是一条带状物，可通过其伸缩的变化时刻监测呼吸与汗液的关系；肌电流传感器可以测得肌肉运动时的弱电压值。

与应激相关的情感信号的获取必须通过一定形式的情感测量技术来完成，情感测量包括对情感维度、表情维度和生理指标三种成分的测量[18, 19]。一旦各类有效传感器获得了情感信号，下一步就是将情感信号与情感机理相应方面的内容对应，对所获得的信号进行建模和机器识别[20]。

2.3 智能军事心理训练研究

军事心理训练是以提高作战效能为出发点，以保证作战胜利为落脚点的主动心理干预过程，其目的是维护军人情绪控制和调节能力、提高心理活动强度、增强环境适应能力、改善挫折耐受和心理康复能力等。常用的军事心理训练包括：教育训练法、模拟训练法、生理调控训练法、表象训练、拓展训练和野外生存训练等[21]。但目前在训练理念上仍存在一些误区：训练多针对个体，忽略群体；训练多侧重感知及能力，忽视非认知活动；训练评价指标多体现个人绩效和心理抗压，忽视对可持续发展的全面、纵深评估；训练理论多源于学院理论和思辨，缺乏认知神经机制研究；训练方法多局限于场地训练、器械训练或实验室模拟训练，缺乏高仿真、模拟实战的整合训练[22]。

未来以人为中心、人机协同的联合作战体系中，指挥作战人员将主要通过沉浸式显示系统获得战场环境的虚实信息，战场信息来源繁多、瞬息万变，随着战场要素的增加，信息量急剧增加，各种作战符号、显示画面多达上千种，指挥作战人员必然处于一种高密度、高强度的信息认知状态中[23]。传统基于鼠标、键盘、操纵杆的人交互方式还停留在"以机器为中心"的阶段，用户认知负荷重、交互效率低，当超过作战人员的负荷极限时，其认知能力会发生阻滞甚至丧失，误判和误操作将导致人因失误的产生，难以完成作战任务。目前基于情景感知的增强实境互动技术，利用眼动手势结合的多通道人机交互。在军事训练环境中，增强现实型头戴显示器在作战人员眼前呈现了一种虚实叠加的信息增强画面，作战人员需要与增强实境进行人机互动，从而达到人机协同作战的目标[24]。如图 6 所示的基于增强现实的作战训练信息系统中，单兵增强现实型头戴显示器中显示了当前的战场态势信息。训练作战人员需要通过手势交互来滑动战术菜单，眼动交互来选择关注点信息。通过手势交互与眼动交互的结合快速选择交互菜单，增强显示关注点信息。因此，交互系统需要支持手势滑动、点击、确认、退出以及眼动扫视、关注等多种基本交互模式。

图 6　基于增强现实的单兵作战训练信息系统

图 7 所示的是基于增强现实的车载战场导航系统。作战人员根据道路情况检测障碍目标，根据眼睛注视的目标给出参考信息，道路场景的导航提示信息根据眼睛的注视点而自

动变化。车载条件下由于路面颠簸，眼睛很难长时间凝视某信息。因此，此时的基本交互模式就是视线检测与手势滑动、点击等。

图 7　基于增强现实的车载战场导航训练系统

在危险情况下，随时掌握关键信息尤为重要。Q-Warrior Helmet[25]是一款应用于军事训练的增强现实项目（图 8），希望能为士兵提供"保持警惕，视野开阔，手搭扳机"的场景意识，以及敌我识别、夜视影像和远程协调小分队的增强功能。该头盔会将每个佩戴者的具体位置信息提供给其他人，军事组织可以通过它在战斗或侦查行动中集结、行军、分享信息与位置。

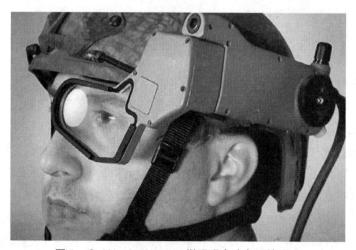

图 8　Q-Warrior Helmet 增强现实头盔训练系统

结合基于情景感知的增强实境互动技术，利用眼动手势结合的多通道人机交互可以用于的军事心理训练包括：教育训练法、模拟训练法、生理调控训练法、表象训练、拓展训练和野外生存训练等。结合基于情景感知的增强实境互动技术，利用眼动手势结合的多通道人机交互仿真模拟训练是目前各国军事心理训练发展的重要领域，如外形仿真、操作仿真、视觉感受仿真；通常使用真实汽车模型、等比飞机、飞船模型等作为参与者的操控平台；利用情景感知的增强实境互动技术，通过实际操作，使参与者身临其境[26]。在军事上，仿真模拟训练可以将军人在训练中所获知识和经验有效应用到未来战场。

2.4　无人化军用平台的人员训练研究

无人作战飞机、无人潜航器、战场机器人等基于人工智能的无人机器能够自动搜索和跟踪目标，自主识别地形并选择前进道路，独立完成侦察、补给、攻击等任务[27]。目前世界上已有 70 多个国家的军队在发展无人化系统平台。在智能化军事装备的同时，无人化军用平台的人员训练是一个崭新的课题。

2.4.1　增强无人系统的格斗能力

2002 年 12 月，美国一架"捕食者"无人机与伊拉克军队的一架"米格"战斗机在空中遭遇，美军无人机很快被击落，这一事件被称为是有人机和无人机的第一次较量[28]。由于当前无人系统的智能化程度仍然很低，面对激烈复杂的战场环境，特别是与有人平台对抗时，不能及时做出灵活准确的操纵、瞄准、开火甚至逃跑等战术动作，只能成为对方的"活靶子"。随着人工智能"智力"水平的提升，以强人工智能为"大脑"的空战无人机，将学习大量优秀人类飞行员的空战经验，通过模拟人类决策过程来"思考"和采取行动，能够自主规划航路、自主控制飞行、自主搜索目标、自动处理海量数据、自动识别不同武器装备、自动判定威胁程度、自主决策行动等，再加之无人机与有人机相比所具有的大过载、长航时和隐形等独特优势，都使得无人机将称霸未来空中战场，成为有人战斗机的可怕对手。

2.4.2　提升无人系统的环境适应性

理解并适应战场环境，是无人系统过去很想实现却很难实现的目标。由于恶劣天气、复杂电磁环境等原因，无人机失事的概率目前比有人机还要高[29]。导致无人机坠毁的主要原因除恶劣天气外，还包括机器故障、失去通信信号、受到干扰以及人为操作失误等。原美国空军情报处副局长戴维曾坦言："我们今天虽然拥有一些无人机，但如果把它们放在一个具有高度威胁性的环境中，它们就会像雨点一样从空中往下掉。"阿尔法围棋（AlphaGo）[30]所使用的深度学习技术一旦应用到无人系统，通过集中强化训练，无人系统的环境感知、运动控制、电子对抗等自主能力大大增强，就能更加灵敏地感知外部环境的变化并做出调整，更加灵活地处置突发情况。

2.4.3 减少无人系统的保障需求

目前，无人系统的发展尚处在遥控无人阶段，多数无人系统还需要有人在后方操纵，形象地说还只是"提线木偶"。由于智能化程度不高，无人系统与有人武器相比，在作战保障人员需求上可能还要多。例如，绝大多数美军无人机不仅要求地面操控员，还需要由监视分析师、传感器操作员、维修人员等人员组成的庞大团队。一架"捕食者"无人机升空，需要 168 人为之服务[30]。相比之下，F-16 战斗机升空所需保障人员仅约 100 人。最近几年，美国空军培训的无人机操控保障人员数量已超过了飞行员的数量，但由于无人机数量增加迅猛人手仍然不足。长时间操控无人机还会带来操作者的疲劳。美国空军研究表明，三分之一的长航时战略侦察无人机机组成员，因长时间工作而有过度疲劳的现象，其中很多人还患有焦虑症和抑郁症等心理疾病。未来高度智能化的无人系统，其自主性将越来越强，人类操作者在后方提供的保障可以大幅度减少。

2.4.4 提高无人系统的操控效率

研究表明，让一名操作手同时操控两台无人系统，而不是一人一台无人系统的这种方法会让无人系统的性能平均降低 50%[31]。随着人工智能水平的提升，无人系统可以最大限度地"自己管自己"，大幅度提高控制效率，从而实现一人控制多个无人系统。据媒体报道，韩国 2010 年试验的 SGR-1 遥控武器系统，一名士兵已经可以同时操控十六台遥控武器站。美陆军的未来作战系统（FCS），计划安排两名操作手一起坐在完全相同的控制台前，联合监督一个由十台地面机器人构成的作战分队。无人系统操作效率的提高，一方面可以进一步减少军队人力需求和扩大无人化部队，另一方面官兵将有更多的时间和精力去考虑战略和战术，而不必陷入烦琐的具体作战事务之中[32]。

2.5 人工智能与军事信息支援作战

军事信息支援作战已成为现代战争中不可或缺的重要作战力量，近年来各国在其理论和技术研究方面形成了激烈的竞争。在军事信息支援战方面，信息战已成为最重要的作战形式，信息也成为比核武器威力更加强大的"杀伤性"武器。信息技术的广泛应用引发心理战的不断创新，高科技领域为主的信息控制与反控制将成为军事信息支援作战的主要手段。通过信息技术，操控致伤性信息打击认识系统，改变或扭曲态度体系和作战意志，影响或干扰指挥者决策，诱导心理/精神障碍，严重影响部队作战效能。人工智能技术从非接触的个体和群体行为识别入手，联合运用人的视觉、触觉、听觉等多通道信息，充分发挥信息互补优势，改善战场信息传输效率和战场环境认知的准确度，提高战场环境信交互的智能化水平，提升军事信息支援作战的效能。

2.5.1 肢体语言识别技术

人的姿态一般伴随着交互过程而发生变化，这种变化表达了一些信息。例如手势的加强通常反映一种强调的心态，身体某一部位不停地摆动，通常是情绪紧张的表现。相对于语音和人脸表情变化来说，姿态变化的规律性较难获取，但由于人的姿态变化会使表述更加生动，因而人们依然对其表示强烈的关注。科学家针对肢体运动专门设计了一系列运动和身体信息捕获设备，例如运动捕获仪、数据手套、智能座椅等；国外一些著名的大学和跨国公司，例如麻省理工学院、IBM 等则在这些设备的基础上构筑了智能空间；同时也有人将智能座椅应用于汽车的驾座上，用于动态监测驾驶人员的情绪状态，并适时提出警告。

通过数据手套的传感器等输入设备，计算机可以获取手的位姿，手指的伸展状态等信息，进而控制人手与沉浸式显示场景进行交互，进行物体抓取、移动、装配、操纵、控制等操作。其原理如图 9 所示。数据手套使用简单、操作舒适、驱动范围广，高的数据质量使得它成为单兵、车载与机载用户的理想人机交互工具。

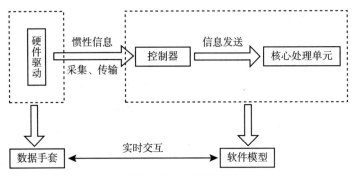

图 9 数据手套交互数据采集原理

图 10 基于 MEMS 惯性传感器的手势识别

数据手套设有 MEMS 惯性传感器，如图 10 所示，分别位于人手的远节指骨、中节指骨、近节指骨及掌骨处。每根手指处配有三个 MEMS 惯性传感器，每个传感器体积都非常小，安装在弹力手套中不易被察觉。因为传感器体形小、重量轻，对弯曲没有阻力，安装位置和手指弯曲曲率半径对其精度的影响很小，从而保证了传感器可以准确地重复测量手指的运动。

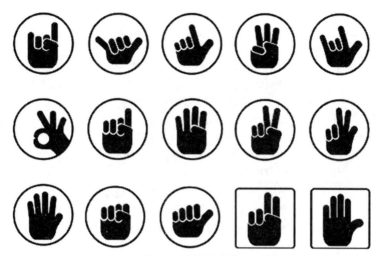

图 11　手势指令集

图 11 所示，定义 15 种手势的指令集，通过真实数据采集以及人为添加平移、倾斜与噪声增加训练集合数量。使用 SqueezeNet（一种深度网络模型）训练深度分类器模型，类别总数为 15。迭代多次训练模型（为加快模型收敛速度，考虑 GPU 加速，使用高端图形计算卡进行并行训练，训练后模型部署在头戴显示器中），每隔一定的迭代次数在验证集上做一次验证，选择准确率最高模型作为最终实际部署的模型。

2.5.2　语音及情感识别

在人类的交互过程中，语音是人们最直接的交流通道，人们通过语音能够明显地感受到对方的情绪变化，例如通过特殊的语气词、语调发生变化等。在信息支援作战中，人们虽然看不到彼此，但能从语气中感觉到对方的情绪变化。例如同样一句话"你真行"，在运用不同语气时可以使之成为一句赞赏的话，也可以使之成为讽刺或妒忌的话。

表 1　近 5 年国内外经典语音情感数据库

数据库	特点简介
Belfast 英语情感数据库	Belfast 情感数据库由女王大学的 Cowie 和 Cowie 录制，由 40 位录音人（18~69 岁，20 男 20 女）对 5 个段落进行演绎得到每个段落包含 7~8 个句子，且具有某种特定的情感倾向分别为生气、悲伤、高兴、恐惧、中性
柏林 EMO-DB 德语情感语音库	DMO-DB 是由柏林工业大学录制的德语情感语音库，由 10 位演员（5 男 5 女）对 10 个语句（5 长 5 短）进行 7 种情感（中性、生气、害怕、高兴、悲伤、厌恶、无聊）的模拟得到，共包含 800 句语料，采样率 48 千赫（后压缩到 16 千赫），16 字节量化。语料文本的选取遵从语义中性、无情感倾向的原则，且为日常口语化风格，无过多的书面语修饰语音的录制在专业录音室中完成。经过 20 个参与者（10 男 10 女）的听辨实验，得到 84.3% 的听辨识别率

续表

数据库	特点简介
FAU AIBO 儿童德语情感语音库	FAU AIBO 录制了 51 名儿童（10~13 岁，21 男 30 女）在与索尼公司生产的电子宠物 AIBO 游戏过程中的自然语音，并且只保留了情感信息明显的语料，总时长为 9.2 小时（不包括停顿），包括 48401 个单词，由 DAT-recorder 录制，48 千赫采样（而后压缩到 16 千赫），16 字节量化。为了记录真实情感的语音，工作人员让孩子们相信 AIBO 能够对他们的口头命令加以反应和执行，而实际上，ATBO 则是由工作人员暗中人为操控的。标注共涵盖包括高兴、生气、中性等在内的 11 个情感标签。该数据库中的 18216 个单词被选定为 INTERSPEECH 2009 年情感识别竞赛用数据库
CASIA 汉语情感语料库	该数据库由中国科学院自动化研究所录制，由 4 位录音人（2 男 2 女）在纯净录音环境下（信噪比约为 35 分贝）分别在 5 类不同情感下（高兴、悲哀、生气、惊吓、中性）对 500 句文本进行的演绎得到，16 千赫采样，16 字节量化，经过听辨筛选，最终保留其中 9600 句

目前，国际上对情感语音的研究主要侧重于情感的声学特征分析这一方面（表 1）。一般来说，语音中的情感特征往往通过语音韵律的变化表现出来。例如，当一个人发怒的时候，讲话的速率会变快，音量会变大，音调会变高等，同时一些音素特征（共振峰、声道截面函数等）也能反映情感的变化。语音情感识别是指由计算机自动识别输入语音的情感状态。不同语言声调表情的信号在其时间构造、振幅构造基频构造和共振峰构造等特征方面也有着不同的构造特点和分布规律。只要把各种具体模式的语言声调表情在时间构造、振幅构造、基频构造和共振峰构造等方面的特点和分布规律进行测算和分析，并以此为基础或模板，就可以识别出所有语言声调中所隐含的情感内容。

中国科学院自动化研究所模式识别国家重点实验室的专家针对语言中的焦点现象，首先提出了情感焦点生成模型。这为语音合成中情感状态的自动预测提供了依据，结合高质量的声学模型，使得情感语音合成和识别率先达到了实际应用水平语音中的情感特征化比面部表情的情感特征化要难。面部表情信号传达了个人特征和表情但不传达语言信息。另外，语音信号包含的是混合信息，包括说话者特征、情感和说话内容中强调的词汇和语法。计算机在语音情感的识别和合成方面的进展很慢。

随着计算机多媒体技术的不断发展，能处理包含在媒体中的情感信息的拟人化的多媒体计算机系统的研究越来越引起人们的兴趣。因为语音信号既是多媒体人机交互的主要利用方式，又是传载情感信息的重要媒体，所以对于包含在语音信号中的情感信息进行计算机处理研究就显得尤为重要。当人通过听觉器官把他人的语言声调信号接收并传递到大脑之中，大脑就会对其时间构造、振幅构造、基频构造和共振峰构造等方面的特点和分布规律进行检测、预处理和特征提取，然后，把以前存储在大脑中的若干基本表情的语言声调信号的时间构造、振幅构造、基频构造和共振峰构造等特征方面的构造特点和分布规律提取出来，进行对比分析和模糊判断，找出两者声音特征最接近的某种基本表情。

当代军事信息支援作战技术主要特点有：利用卫星技术搜集心理战情报信息，利用信息检测技术嗅探敌心理战信息，利用网络技术获取心理战素材信息；应用虚拟现实技术灵活加工心理攻击信息，应用影视编辑技术实时制作心理战信息，应用传媒技术改善宣传品制作质量；运用互联网快捷投送截获军事信息支援作战信息，运用无线电波实时发送宣传信息，运用飞行器及时投送宣传品等，形成借"声"攻心、以"光"夺心、用"波"动心、变"形"惑心。未来在战场环境下，作战人员应用的全局/局部位置识别系统结合虚拟现实，增强现实以及混合现实等新的可视化技术，虚实结合识别身体位置和语音情感信息，考虑到作战环境的复杂性，落实全球导航卫星系统（GNSS）、惯导、红外定位装置、深度传感器结合的数据融合方法，获取高精度的头戴显示器全局/局部随动位姿，为作战人员导航定位、跟踪注册提供位置姿态基准和语音情感识别信息。

2.5.3 人工智能助力情报分析

情报工作面对的是具有独立、敌对意志的敌人和复杂的战场环境，大数据时代的到来使需要分析的数据更加复杂多样，未来战场中情报博弈将更加微妙，情报人员提供切实有效情报的难度增大。因此，人工智能辅助分析、支持决策的能力就显得更为重要[33]。2007年，DARPA启动了"深绿"（deep green）项目，利用多模态人机交互、计算机混合仿真等技术，通过对决策各要素的汇聚，基于实时战场态势数据，生成指挥官决策的未来可能结果，并预判敌方的可能行动，协助指挥官做出正确决策。

今天，大数据和机器学习技术取得重大进展，人工智能可以更好地为情报分析、支持决策服务。美国于2016年启动了指挥官虚拟参谋（commanders virtual staff，CVS）项目，通过综合应用认知计算、人工智能等技术，提供持续的作战预测方案，评估作战流程，为陆军指挥官和参谋制定与修改决策提供建议与预警，使其更快做出正确决策，应对未来更加复杂的战场环境。其中，智能人机交互成为数据汇聚、向指挥官提供在线评估、基于态势数据生成告警和提供预测中的核心技术。美军的其他相关项目还包括：美空军研究室于2018年1月发布的"数字企业多源开发助手"和2018年3月美国国防高级研究计划局战略技术办公室发布的"指南针"（COMPASS）项目（图12）。前者旨在研发一种交互式问题解答系统，作为虚拟助手协助引导情报分析人员从

Broad Agency Announcement
Collection and Monitoring via Planning for Active
Situational Scenarios (COMPASS)
STRATEGIC TECHNOLOGY OFFICE
HR001118S0022
April 4, 2018

图 12　美国防部高级研究计划局"指南针计划"

对手相关信息进行情报分析和帮助决策制定，提高多源情报分析的效率；后者意在通过重复博弈过程中使用人工智能技术，帮助作战人员通过衡量对手对各种刺激手段的反应来弄清对手意图，为情报人员和指挥官提供短期、中期、长期的分析和决策支持。

俄军计划在 2025 年前装配新一代 RB–109A "勇士赞歌" 智能自动指挥系统。该系统可以在没有操作员参与的情况下实时分析战区形势，发现并对目标进行分类，自动连接营和连的指挥所、上级司令部甚至独立的无线电电子对抗站，并实时共享情报和下达作战指令，司令部军官和系统操作员则只需监控自动指挥系统的工作。尽管该系统性能上与当前最先进的人工智能还有差距，但已显示出俄军利用人工智能服务军事情报分析与决策的坚定决心。以色列的新版梅卡瓦 –4 坦克的车载计算机系统将会加入人工智能技术，以辅助分析各种外部信息，并根据危险程度做优先级排序，以减轻乘员负担、提高作战效率。可以预见，未来人工智能将在辅助分析与支持决策方面发挥越来越大的作用，并成为军事情报工作的重要发展趋势。

3. 结束语

2017 年，《联合国特定常规武器公约》（CCW）对 "致命自主武器系统" 原本旨在停止使用被认为是限制开发具有过度不人道或滥杀滥伤作用智能武器。法国总统埃马纽埃尔·马克龙（Emmanuel Macron）也曾声称 "坚决反对" 将人工智能投放战场用以杀敌。尽管他向这一可能实现的军事应用发出警告，但由于人工智能将打破现有军事模式和对抗的平衡性，他也不得不承认法国急需制定新的人工智能战略以确保在军事装备研发领导地位。而实际上，法国情报部却早已在利用人工智能提高数据处理速度、提升数据可靠性，帮助法国军队在战场上提高自身能力了。因此，人工智能对未来军事力量和战争发展的影响是无法避免的，在某种程度上甚至会重塑未来全球军事。

美国认为，中国大刀阔斧地全面推进人工智能研究引发了美军极大的担忧，担心美国之外的研究力量超越美军，因为任何国家都不希望自己的战士、舰艇、飞机以及坦克受到敌军的威胁，也没有国家希望敌方系统能够在战斗环境中做出更快速的反应和回击。但实际上，在军事装备系统中融合人工智能技术我军才刚刚起步。美军的担忧从另一个方面告诫我们，对未来而言，发展人工智能技术是军事科学发展的硬道理。

同时，也应该看到，尽管人工智能技术能够帮助军队快速、准确行动，预见坐以待毙的风险，但也存在安全性和可靠性问题，并使一些军人置身于更大的危险之中。

参考文献

［1］ https：//www.govexec.com/media/gbc/docs/pdfs.

［2］ US Department of Defense. Establishment of an algorithmic warfare cross –functional team（Project Maven）［2018-04-26］.

［3］ http：//pogoarchives.org/m/dni/john_boyd_compendium/essence_of_winning_losing.pdf Surdu J R. Deep Green Broad Agency Announcement No.07 –56. Defense Advanced Research Projects Agency（DARPA），Information Processing Technology Office（IPTO）. https：//www.defenseindustrydaily.com/files/.

［4］ Mane K K，Rubenstein K B，Nassery N，et al. Diagnostic performance dashboards：tracking diagnostic errors using big data. BMJ Quality & Safety，2018：bmjqs-2018-007945.

［5］ Bertino E，Ferrari E. Big data security and privacy［M］// A Comprehensive Guide Through the Italian Database Research Over the Last 25 Years. Springer International Publishing，2018：757-761.

［6］ 吴正午，付建川，任华，等. 体系作战下的多域指挥与控制探讨［J］. 指挥与控制学报，2016，2（4）：292-295.

［7］ 刘伟. 追问军事人机混合智能［R/OL］. 人机与认知实验室［2019-09-22］. https：//www.sohu.com/a/342597707_358040.

［8］ 石海明，贾珍珍. 人工智能颠覆未来战争［M］. 北京：人民出版社，2019.

［9］ 苗丹民，肖玮，刘旭峰，等. 军人心理选拔［M］. 北京：人民军医出版社，2014.

［10］ 苗丹民，张昀. 心理测验多质融合技术的未来. 见：中国未来研究会科学未来研究分会 编. 引领时代的中国学者［M］. 北京：三辰影库音像出版社，2017. 88-89.

［11］ 张昀，辛伟，苗丹民. 基于视线追踪技术的人格测验平台研究［C］. 重庆：第十届中国人类工效学学术会议论文集，2015-10.31-11.2.

［12］ Zhang Y，Mou X. Survey on eye movement based authentication systems［C］. Proceeding of Chinese Conference on Computer Vision 2015. Xi'an China，2015，Sept. 18th~ 20th.（Oral Presentation）.

［13］ Zhang Y，Xin W，Min D. Personality test based on eye tracking techniques［C］. Proceeding of sixth International Conference on Affective Computing and Intelligent Interaction（ACII2015）. Xi'an China，2015，Sept. 21st~24th.（Oral Presentation）.

［14］ Does Emotive Computing Belong in the Classroom?［J/OL］. https：//www.edsurge.com/news/2017-01-04-does-emotive-computing-belong-in-the-classroom.

［15］ 在美国，情感计算是如何应用到课堂教学中的？［J/OL］. https：//www.jianshu.com/p/6e79a65c1267.

［16］ Detecting emotions with wireless signals［J/OL］. http：//news.mit.edu/2016/detecting-emotions-with-wireless-signals-0920.

［17］ 夏锋，冯正直. 军事应激研究进展与类战争心身应激模型建立的思考［J］. 第三军医大学学报，2017，39（24）：2335-2340.

［18］ 李津强，马进，魏焕成. 军事应激及其防治措施综述［J］. 华南国防医学杂志，2014，28（2）：194-196.

［19］ 张璐. 基于情感计算的网络社区舆情分析预警技术研究［D］. 北京：北京邮电大学，2018.

［20］ 认知心理学与人工智能的交叉：情感计算综述［J/OL］. http：//www.sohu.com/a/83873777_297710.

［21］ 蔡亚梅. 人工智能在军事领域中的应用及其发展［J］. 智能物联技术，2018，1（3）：45-52.

［22］ 高金虎. 试论信息时代的情报分析理论创新. 情报杂志，2018.37（7）：1-6.

［23］谢晓专. 美国执法情报共享融合：发展轨迹、特点与关键成功因素. 情报杂志，2019，（2）：12.

［24］邱志明，罗荣，王亮，等. 军事智能技术在海战领域应用的几点思考［J］. 北京：空天防御，2019，2（1）：5-9.

［25］靳涵宇. 人工智能在军事领域的应用研究［J］. 通讯世界，2018，342（11）：246-247.

［26］徐鹏飞，彭琦，刘嘉祁，等. 国外人工智能技术在军事领域的应用［J］. 电子产品可靠性与环境试验，2018，36（S1）：254-257.

［27］岳凡，王怡. 大数据在促进军事装备和决策智能化中的应用［J］. 中华医学图书情报杂志，2018，27（4）：32-35.

［28］周晓宇，高扬，袁馥蓉. 人工智能技术对军事领域的影响及发展［J］. 军事问题研究，2016，（12）.

［29］侯立峰，郑玉福，孙剑. 强人工智能对军事后勤的变革性影响［J］. 后勤学术，2016，（8）：30-32.

［30］朱开盈，沈浩强. 浅谈人工智能技术在军事领域的应用［J］. 特种作战学院学报，2016，（2）.

［31］郭若冰. 大数据时代的战争复杂系统研究［M］. 北京：国防大学出版社，2016.

［32］陶九阳，吴琳，胡晓峰. AlphaGo 技术原理分析及人工智能军事应用展望［J］. 指挥与控制学报，2016，2（2）：114-120.

［33］郭昱瑾，郭峙男，邰妮. 浅析 AI 在军事领域的应用［J］. 信息系统工程，2019，（6）：85-86，88.

撰稿人：张　昀　苗丹民

人工智能技术在法律心理学领域中的应用前沿

1. 前言

当前人工智能技术与法律心理学研究的结合，主要体现在法理心理学、执法心理学、司法心理学与公共安全心理学领域。针对每一个领域，按照基本问题意识、法律心理学理论解释、人工智能技术应用、代表性的实现方案与装备四个部分进行阐述。

2. 法理心理学领域与人工智能技术

2.1 发展现状

以法教义学与社科法学为代表的法理学研究中基本问题意识在于：如何确保法的正当性？法教义学的基本观点是：通过采用德国法教义学的方法提升法的"形式主义理性"水平，对法理论进行完善，从而确保法的正当性，代表性的研究如：舒国滢对德国法教义学方法的历史回顾[1]，雷磊对法理论的效用探讨[2]；社科法学的基本观点是：具有正当性的制度，需要与社会文化、社会习俗、社会心理相适应，代表性的研究如：徐忠明对传统时代法律文化的研究[3]，苏力对法治文化的本土资源研究[4]，马皑对法的公正感知问题研究[5]。

法理心理学主要关注的问题与法理学的基本问题一脉相承，重点从社会心理、社会心态角度解释公民个体与群体对法律保持正当性、公正性感知的原因，探索其影响因素，并通过干预、影响这些因素，促进公民对法律正当性认同，从而促进公民主动守法。法理心理学领域的代表性研究主要包括：①在法治全球化视角下，探讨欧美式的民主制度和法律制度在"民主全球化"的浪潮中，与亚洲、非洲传统制度结合，对民众法律意识产生的影响，如：David 和 Jaruwan 在 20 世纪 70—90 年代对清迈社会民众进行了追踪研究，发现欧美法律制度与泰国传统文化结合，形成了泰国民众与众不同的法律意识形态[6]；②在决策心理学视角下，探讨民众的法律行为决策心理特征，如：Wiener，Bernstein，Schopp 和 Willborn 采用以主观期望效用理论为代表的规范性决策理论和以棱镜模型为代表的描述性启发式决策理论，对警察执法中的歧视和偏见、学校平权运动中的招生问题、工作场所中的歧视与性骚扰问题进行研究[7]；在社会心理学视角下，采用相对剥夺感、公正感等社会公正感知因素，对司法、执法领域的法律公正感问题进行研究，如：马皑、李婕对中国公民的法律公正感进行普查式调研，并在此基础上对法律公正感的影响因素进行分析[8, 9]。

法理心理学领域与人工智能技术结合，主要体现为将先进技术引入与法律公正感有关的社会心理、社会心态数据库及状态监测体系中，辅助政府对民众法律社会心理、社会心态状态进行及时掌握，为科学决策提供有力支撑。马皑提出的主要技术方案为：首先，"定期搜集'重点人群心理健康指数、公众安全感、主观幸福感、社会公正感、焦虑抑郁指数、社会信任感、社会情绪、特殊利益群体诉求、对特殊事件特殊人员态度指数'等指标"；其次，"分区域、分群体、分维度建立心理指标常模，建构形成'中央—省（自治区、直辖市）—市（州）—县（区）—街道（乡镇）—社区（村）'六级网络并行的'中国社会心态大数据库'"；最后，在此基础上"建设'中国社会心态风险预警系统'，为政府平时对社会面的总体把控以及应对重大紧急公共安全事件的决策提供科学依据"。[10]

2.2 未来发展方向

法理心理学与人工智能技术进一步融合的发展方向主要有二：其一是进一步推动法理心理学的研究，借助目前的大数据与云计算技术，建立能够处理静态批量数量、流式动态数据和大规模图数据的社会舆情、社会行动大数据采集、管理、分析平台，提取更多的社会舆情、网络行为等社会公共领域、公共空间中的行为数据，并将其与法理心理学中如法律公正感、社会公正感等抽象概念进行关联，促进法理心理学理论的进步；其二是进一步推动中国社会法律心态大数据库的建设，将法理心理学的理论逐步转化为数据库与监测平台的设计架构，并与适合的人工智能算法结合，形成科学化与自动化数据库及监测平台。

3. 执法心理学领域与人工智能技术

执法心理学领域的基本问题意识在于：如何借助心理学的前沿理论与方法提升执法文明度与执法工作效率？执法心理学的重点应用问题集中于侦查心理学领域，具体应用领域主要包括审讯心理研究与测谎技术研究，人工智能技术与执法心理学结合主要也体现在人工智能审讯心理装备与人工智能测谎技术装备的研发上。

3.1 发展现状

审讯心理领域的人工智能技术主要为解决被审讯人员在审讯过程中的动态实时认知、情绪状态的测定、识别问题。传统审讯心理研究的主要问题集中于：审讯人员的能力与特质、审讯人员的训练、审讯成功的辅助行为、审讯中的谈话与交流方法、审讯中的证据信息出示方法、审讯中的谎言识别与应对[11]、审讯中的心理学原理与方法[12]等。传统审讯心理研究由于观测技术的限制，难以解决的问题在于：若期望审讯方法能够达到获得被审讯人供述真实涉案信息的目的，需要针对被审讯人在审讯中的实时认知情绪状态选取适合的审讯方法，那么如何能够精确识别被审讯人在审讯过程中的动态实时认知情绪状态？通过将计算机视觉等人工智能技术引入审讯心理学领域，开发智能审讯机与非接触式测谎机可以有效应对上述现实困难。

3.1.1 智能审讯机与非接触式测谎机的设计原理

在审讯过程中，被审讯人员在面对不同的问题时，会对特定问题进行认知信息加工，具体步骤为：首先对问题进行信息感知、抽取，并形成供述—不供述两个选项与对应的决策表征维度构成的特征空间；其次将对问题内容的信息的抽取与决策表征维度绑定，判断回答问题中的内容是否产生不利后果；最后根据是否对自身产生不利后果进行供述与否、供述真实信息与否的决策。

在上述过程中，被审讯人员在审讯过程中的心理状态可以根据提问—回答时间点分为提问阶段的认知情绪状态、回答时的认知情绪状态与回答后的认知情况状态三个阶段：在提问阶段，被审讯人员的认知情绪状态主要包括：被审讯人是否对问题启动注意机制并进行信息的控制加工、是否对问题进行进一步的认知信息加工并调用语义记忆进行有效应对、完成对问题的信息加工后，对其是否做出供述决策的认知情绪状态判断。在回答问题时的认知情绪状态主要包括：被审讯人员在回答问题时是否对自身回答表示确定的认知判断状态、在回答问题时是否产生了愧疚情绪状态、在回答问题时是否基于对回答内容的认知判断而处于状态性焦虑的情绪状态；在回答问题后的认知情绪状态主要包括：被审讯人员对某一问题的回答是基于对记忆的调用，还是基于想象的认知加工。

上述审讯过程中被审讯人的认知情绪状态，主要是基于审讯实践中的经验研究与审讯心理学理论相结合而形成。在智能审讯机的设计中，上述认知情绪状态主要作为以深度神经网络算法为核心技术的自动分类器的类别标签，即机器学习中监督学习方法的类别标签 Y 值。人工智能审讯机的主要目的在于根据被审讯人所表现出的一系列外部反应，包括但不限于：面部活动单元的变化、体温变化、呼吸变化、心率变化、眼动轨迹等作为 X 值，进行数据的监督学习，训练生成准确率较高的自动分类器，以实现动态实时地对被审讯人的认知情绪状态自动分类，从而有效推荐根据被审讯人的实时状态而确定的审讯策略与方法，促进被审讯人做出供述决策。

就测谎技术的基本心理学原理来看，首先，被审讯人在说谎后产生"自己正在说谎"的认知评价，这种认知评价会激发情绪反应；其次，被审讯人的情绪反应会引发身体的自主神经反应，从而引起面部活动单元（FAUs）、体温、心率、呼吸、皮肤电阻等生理指标的变化。测谎仪记录被审讯人发生生理指标变化的回答，从而标注出异常问题，缩小讯问范围。

非接触式测谎机通过计算机视觉技术进行输入信息的特征抽取，采用监督学习技术进行结果自动运算。其中，所采集的被测试人员的 X 值与智能审讯机类似，在 Y 值上略有区别：将被审讯人的紧张程度划分为：正常、轻度紧张、严重紧张三个紧张程度的 Y 值，进行数据的监督学习，训练生成准确率较高的自动分类器，自动对被审讯人在审讯中对某个问题的回答的紧张程度进行判断。[13]

3.1.2 智能审讯机与非接触式测谎机的底层技术与运算原理

智能审讯机与非接触式测谎机的底层技术包括两个组成部分：计算机视觉部分与知识图谱推荐部分。

计算机视觉部分主要用于对被审讯人的生理状态进行感知分析，并自动判别被审讯人处于何种认知情绪状态。计算机视觉部分实现上述功能，需要完成以下几个步骤：自动判断视频图像中是否存在人的面部、对面部活动单元等特征进行感知、分析感知到的数据进行自动分类。上述步骤涉及两种关键技术：面部特征检测、提取技术与自动分类运算技术。

面部特征检测、提取技术：在进行面部特征检测提取前要对包含面部图像的视频 / 图片进行预处理，一般而言需要对图像进行灰度调整，采用平均值法、直方图变换法、幂次变换法、对数变换法等将图像变换为二值图[14]；对图像进行滤波降噪处理，可以采用均值滤波或中值滤波的方法；将图像进行尺寸归一化处理，可以采用双线性插值、最邻近插值、立方卷积法进行尺寸归一化[14]。在完成图像预处理后进行面部检测，目的在于精确定位面部位置并剔除冗余信息，该部分的难点在于：消除面部内在变化造成的检测误差，主要包括：表情、外貌造成的面部特征变化；消除面部外在变化造成的检测误差，主要包括：姿势、光照、成像条件造成的面部特征变化。

面部检测可以采用的主要方法包括：基于高斯混合模型、非参数估计模型的肤色建模检测；基于人脸轮廓—模板匹配的边缘特征检测；基于 Adaboost 设计寻求最优分类器的Haar 特征检测的统计方法[15]。在完成面部检测之后，进行对面部特征的提取与分类分析。

面部特征提取与分类分析包括两种主要方法：①基于"特征工程"的方法，其思路为依靠人为手工标注面部特征，将标注部分的图像数据转化为数字集合，随后进行数据分类。特征工程方法包括以下几种具体实现方法：特征脸法（eigenfaces）[16]、局部二值模式（local binary patterns，LBP）[17]、Fisherface 方法[18]。特征工程中进行人为标注的特征包括但不限于：面部活动单元的区域变化：将面部活动单元标注为 18~20 个活动点位

（landmarks），每一个活动点位由一组坐标值描述：D_n（X_n，Y_n），D 表示某一活动点位，
n 为序号，X_n 为第 n 个活动点位的横坐标值，Y_n 为第 n 个活动点位的纵坐标值；面部温
度变化：面部温度的变化表现在视频图像上，体现为面部图像颜色差异，通过图像增强技
术将面部温度转化为图像颜色差异；呼吸、心率变化：呼吸、心率变化体现在面部特定区
域的颜色变化上，呼吸、心率变化采用与上述计算相似的方法可计算出[19]；②基于深度
神经网络的方法，其思路为首先依靠深度神经网络中的卷积神经网络（convolutional neural
networks）对图像进行初步处理，随后将图像数据转化为数字集合输入深度神经网络进行
模型训练、测试，完成自动分类模型的建立。卷积神经网络针对的传统问题是：图像是由
一系列的像素点组成，表征像素的数值以特定方式排列，在进行数据分析时，全链接网络
将像素矩阵平滑化当作数据组，丢失了像素的空间排列信息，卷积神经网络能够从原图像
素中提取信息并且保留像素空间排列信息[20]。卷积神经网络的处理流程为：首先设置一
个权重矩阵并设置相应的移动步长（stride）、边界（padding）等超参数，将权重矩阵与图
像中的每组对应像素点数值相乘，得到一个乘以权重矩阵后的过滤掉边缘信息、不需要的
噪声点等冗余信息的"缩小的"图像像素矩阵；其次设置一个池化层，减少图像的空间大
小，池化层设计常采用最大池化（max pooling）方法；最后设置一个输出层，用以控制输
出卷的大小，将图像像素数据转化为平滑化的数据组输入深度神经网络进行模型训练。近
年来，为提升卷积神经网络图像分类的准确率，研究者引入了 ROI、LSTM 等机制优化神
经网络图像识别的能力。

自动分类运算技术：主要采用的是机器学习中的监督学习类运算方法，监督学习类
运算方法主要包括：线性回归模型、线性判别分析模型、反向传播（BP）神经网络、支
持向量机（SVM）、贝叶斯分类器、决策树等[21]。一般而言，评价一个自动分类运算模
型的效果常采用以下几个指标：错误率、精确度：分类错误的样本数除以总样本数；训
练（经验）误差、泛化误差：分类结果在训练数据上的准确率、分类结果在推广样本上
的准确率；查准率：TP（true positive）与 TP+FP（false positive）的比值；查全率：TP 与
TP+FN（false negative）的比值[22]。通过计算实验的方法得出上述几项评价指标，当训练
所得模型无法满足研究者的要求时，对模型参数进行调整优化模型，再次进行计算实验测
试上述指标，直到评价指标满足研究者要求。

3.2 未来发展方向

智能审讯机与非接触式测谎机未来发展有以下四个要点。

一是进一步增强计算机视觉技术的准确性。具体包括：①解决光照、遮挡物等信号采
集过程中的干扰问题；②在实际应用场景中，通过增加现实场景中采集到的训练数据集训
练、调整分类器参数，以不断提升自动分类器的准确率、鲁棒性；③增加观测通道，如增
加使用 ERP、fMRI 等观测通道获取的信号并与计算机视觉通道的信号融合。

二是进一步收集审讯实践中的记录审讯过程的视频，检索出其中成功片段，对被审讯人的实时状态进行记录，并分析其是否可归类于既有标注体系，以实现训练数据集的扩展与智能审讯机的性能优化。

三是在智能审讯机中增加一个以知识图谱[22]为底层技术的自动推荐系统模块，根据被审讯人在审讯过程中的认知情绪状态，进行审讯策略与方法的自动推荐，便于审讯人员选择适用有针对性的审讯方法，进一步实现传统经验与先进观测技术的有机结合。

四是在非接触式测谎机中，既有测试方法包括：RIT（relevant irrelevant technique）测试法[23]、CQT（comparison question test）测试法[24]、GKT（guilty knowledge test）测试法等[25]。相较于前两种方法，GKT测试法采用的刺激材料是与犯罪行为相关的物品、场景，如若将语义版本的刺激材料替换为场景图片、VR犯罪现场模拟信号，在被试曾经实施犯罪行为的情况下，则能够激发被试的心理模拟（心理场景构建）认知加工机制与自我参照加工机制[26]，相应的在 fMRI 观测中会激发 mPCC、dPCC 等区域的活动性[27]。通过多通道观测与人工神经网络的自动分类，能够更加准确、有效地区分被试是否曾经处于犯罪现场或者实施犯罪行为。

4. 司法心理学领域与人工智能技术

司法心理学领域主要关注的问题是罪犯矫正问题。近年来随着循证矫正（evidence based corrections）和恢复性司法（restorative justice）理念、制度的提出，罪犯心理矫治日益成为罪犯矫正领域的重要技术。当前罪犯心理矫治领域有三个重点问题：一是从哪些要点着手进行罪犯心理矫治？二是采用哪些方法可以获得有效的矫治效果？三是罪犯心理矫治效果如何，怎样进行有效评估？

4.1 发展现状

对上述第一个问题的解决主要依靠心理因素与犯罪行为的因果关系、相关关系研究。从法制心理学创生时期的犯罪心理结构理论[28]，到近年来的精神病态特质与犯罪行为研究[29]、执行功能障碍与犯罪行为研究[30]、低静息心率等生理特征与犯罪行为[31]、MAOA 等基因表达型与犯罪行为等研究[32]。总的发展趋势是心理学中的各个取向、视角、路径的基础理论开始逐步进入这一领域，学术研究呈现交叉学科交融的态势。

第二个问题的解决主要依靠罪犯心理矫治方法的研究。在罪犯心理矫治方法领域，主要的矫治方法包括：

1）心理动力学矫治法。该方法以精神分析论为理论依据，在监狱中采用的较少。

2）行为治疗法。该方法以"犯罪行为的系统习得"的行为主义理论为基础[33]，其中又包括了隔离法（将罪犯从造成其犯罪的社会性、非社会性环境中隔离出来[34]）、系统脱敏法（通过采用逐步增强的恐惧、愤怒刺激和放松辅助帮助罪犯增强耐受力与适应性[34]）和厌恶疗法（以条件反射为原理，帮助罪犯戒除不良行为等[35]）。

3）认知治疗法。该方法以调整罪犯非理性的认知为理论依据，其中包括理性情绪疗法（帮助罪犯重建理性应对现实问题的认知[36]）、推理和康复疗法（训练罪犯在问题求解、社会技能、情绪管理、批判性思维、价值观、谈判技能、人际关系、社会观点采择等方面的能力[37]）。

4）社会技能训练法。第三个问题的解决主要依靠罪犯危险性评估研究与评估工具开发。一般而言，危险性评估主要有两种方法：其一是临床评估法，主要依靠监狱临床心理学家、精神病学家依靠经验进行的非结构化访谈、观察等方法进行评估；其二是系统评估法，将犯罪心理学研究得到的结论转化为评估工具对罪犯进行测试，主要的评估工具包括：① PCL-R（psychopathy checklist revised）精神病态核查量表修订版。由评估者操作，对罪犯进行情感与人际关系、反社会行为两个维度 20 个项目的评估[38]；② VRAG（violence risk appraisal guide）暴力风险评估指南。VRAG 的开发是通过对 618 名精神病态暴力犯的实证研究得到，其计分方式采用的是权重计分法[39]；③ HCR-20（the historical clinical and risk management violence risk assessment）基于历史、临床与风险评估。HCR-20 与上述两种评估工具不同，上述两种工具属于静态评估工具，而 HCR-20 不仅基于历史静态因素，还引入了自知力、负面心态、执行功能等动态性预测性因素的评估[40]；④ LST-R（level of service inventory revised）服务水平问卷修订版[41]。

传统危险性评估目前面临的技术难点在于：其一，人为经验观察受到专家经验的限制，若评估者经验不足，则评估准确性会受到极大影响，且评估过程与结果欠缺客观性与一致性；其二，系统性评估中大部分采用的是问卷量表等工具进行评估，罪犯在填制问卷时，会基于希望重获自由的动机而受到较强烈的社会赞许性影响，从而影响评估工具的真实性、准确性；其三，对未来的、动态性因素的预测，虽然考虑到了这些因素，但是现实环境是不可测定、不可预估且通过传统方法是难以模拟的，故难以真正地准确预估罪犯在释放后面对真实场景如何做出反应。

为解决上述评估评估客观性、标准化、真实性、现实性、准确性的问题，引入人工智能技术开发智能风险评估装置与 VR 现实情景模拟技术以完善评估工作。

罪犯智能风险评估装置直接针对的问题是：如何消除评估中被试的社会赞许效应、如何将释放后的真实情境引入评估过程。

首先针对第一个问题，目前存在两种智能评估机的设计方案。

第一种方案：问题系统＋非接触式测谎机结合方案。将非接触式测谎机与填制问卷量表操作设备相结合，即在操作界面上自动显示所采用的评估工具，在被试者逐题填写过程中，启动非接触式测谎机对被试者进行测试，得到谎答可能性的系数与该题目的得分，在测试完成后用得到的谎答可能性系数作为修正参数修正题目得分，随后进行加总积分，得

出评估结果。

其中参数修正计算方法有两种设计方法，其一是设置一个谎答可能性的筛选阈值 T_{confi}，当非接触式测谎机对某题目的测试值高于 T 时，则删除这一题目得分，并在后续测试中对该题目或者相似题目进行补充测试，得到低于 T 的重测值；其二是将谎答可能性视为权重值 V，测试结果为权重值与题目得分的乘积。目前两种参数修正设计仍需要进行计算实验评估其准确性，以确定参数修正的计算方法。

第二种方案：非接触式、无操作化自动智能评估机方案。非接触式、无操作化自动智能评估机有两个功能模块组成，其一是数据获取模块；其二是运算模块。数据获取模块借鉴动态风险评估工具的设计理论，包括获取历史性因素的数据，包括但不限于：①人口学信息；②生活史的结构化、量化信息；③既往心理因素评估，如：人格评估结果、PCL-R、VRAG、HCR-20、LST-R 等量表评估结果、焦虑、冲动性、执行功能等特质评估结果。

也包括动态的、面向未来因素的数据，包括但不限于：①面对出狱后现实环境时的行为选择评估；②面对出狱后生活环境中的人际冲突的冲动控制性评估；③面对出狱后新社会关系的处理能力评估等。

在动态的、面向未来因素的数据获取中，传统方法主要以问题回答的方式间接测量、推论，故存在置入真实环境后，被试的实际行为与预测行为存在较大偏差的现象。为解决此问题，引入 VR 技术生成高度仿真的刺激信息、引入计算机视觉技术观测被试的心理、行为反应，具体而言：VR 技术在智能评估机中的作用主要在于向被试者呈现刺激信息，如：呈现社会环境中的人际冲突场景、曾经实施犯罪的类似场景等，目的在于借助于 VR 技术的高度仿真性向被试呈现贴近于现实生活的刺激信号；计算机视觉技术主要在于观测被试的反应。

运算模块中的运算技术主要采用的是机器学习中的监督学习类运算方法，监督学习类运算方法主要包括：线性回归模型、线性判别分析模型、反向传播（BP）神经网络、支持向量机（SVM）、贝叶斯分类器、决策树等。

结合动态评估因素进行进行监督学习的 Y 值设定，并采集训练数据训练自动分类机，如：为测量被试在现实场景中面对人际冲突时的冲动性，则在 VR 装置中呈现社会环境中人际冲突的场景，并根据冲动性程度设定 Y 值，采集上述计算机视觉技术观测到的数据作为 X 值，收集相应的（X，Y）组成的训练数据，训练并测试自动分类机，即可得到危险性动态评估智能自动装置。

其次针对第二个问题，引入 VR 装备助力心理矫治。VR 装置在现实场景模拟方面有着较强的系统仿真性能，在心理学实验中常用于对被试进入虚拟现实空间后的空间定向能力、注意、环境适应等问题的研究[42]。在心理矫治领域，VR 装置主要适用于社会现实场景模拟呈现方面，具体如在系统脱敏法、厌恶疗法中，在 VR 装置中布设刺激物视觉刺激；在认知疗法与社会技能训练中，呈现罪犯所熟悉的社会场景刺激等。

目前 VR 装置进一步融合入心理矫治领域，需要在两方面着力：其一是 VR 装置的操作程序继续开发，如进一步完善便于操作的工具包[43]，增强使用者的个性化设置的便利性；其二是配套刺激场景的补充完善，如基于心理矫治需要而专门设计的刺激信息需要逐步专门化、特定用途化，针对特定类型乃至特定个体的罪犯，设计专用刺激物。

4.2　未来发展方向

在罪犯风险智能评估机的优化方面，应当进一步完善对非接触式、无操作化智能评估机的开发，着力重点在于：

其一，人工神经网络与传统经验研究的进一步融合。目前智能评估机的分类算法主要采用的是人工神经网络算法，其操作方法是将所有相关信息数据作为训练集的 X 值，将风险评级作为 Y 值，通过不断重复计算实验提升评估准确率。这一路径优化准确率的效率较低，为提升优化效率，应当将传统经验研究的有益结论作为 X 值的筛选依据，或者作为总体算法的设计参考，如：对人口学信息、人格特征信息的使用，可结合传统研究结论，对因素关系进行预处理，减少在计算上有重复预测性的因素量，即对 X 值进行人工降维；或者在直接将数据输入神经网络前增加计算步骤，根据可靠的传统研究结论中的数据关系对输入数据进行预处理，如进行权重计算、参数调整等。

其二，在 VR 心理矫治技术发展方面，需要进一步增加对特定专用需求的刺激材料的补充，尤其是针对罪犯个体的刺激材料的补充。可行的方法有二：一是继续收集现实刺激物的图像、视频等，建立一个刺激图像视频的信息库，便于后续使用者根据自己的需要调用；二是考虑引入生成对抗神经网络（GAN）为基底技术的刺激物自动生成系统，以罪犯个体所熟悉的物品、场景图像、重要他人的信息作为 GAN 判别器的训练数据[44]，直接生成针对每一个罪犯个体的、其所熟悉的刺激信息。

5. 公共安全心理学领域与人工智能技术

公共安全心理学所关注的主要问题在于：如何防范并有效化解集群行为等危害社会公共安全的事件？公共安全心理学主要关注的研究领域是集群行为与集群心理研究。目前人工智能技术与集群行为、集群心理研究领域结合较紧密。

5.1　发展现状

集群行为被视为一种"社会冲突的缩影"，是"社会变革的核心机制"[9]。集群行为可以被定义为群体成员为改善群体现状的一种社会集体行动[45]。当前心理学领域关于集群行为的研究主要包括三个问题。

第一，集群行为的动员机制研究。具体包括：群体相对剥夺感被认为是集群行为的前提条件，一方面对当代中国社会群体的相对剥夺感进行调查研究[46]，另一方面对相对剥夺感与行为选择的因果机制进行研究[47]。

第二，集群行为的动力机制。具体包括：集群行为的动力机制包括群体认同、群体愤怒与群体效能三个方面[48]，分别对应社会认同理论[49]、群际情绪理论[50]与资源动员理论[51]三大研究传统。

第三，集群行为的组织机制。具体包括：集群行为的组织形态、组织生成、谣言信息传递在组织生成中的作用[52]、组织规范的生成[53]等问题。

与集群行为、集群心理研究结合较紧密的是人工智能领域中的计算社会研究分支，计算社会研究的起源最早可追溯至亚里士多德提出贵族制、民主制比较系统研究；近代以来的计算社会研究以孔德的实证主义为研究传统[53]。当代计算社会研究的主要范式为社会信息加工范式，即将信息作为解释、理解社会复杂性的中心环节，作为解释人类行为如何生成复杂系统的关键解释因素[53]。计算社会研究目前主要应用于社会科学理论和政策分析两领域。计算社会研究的主要目的在于将现实中无法观察到的现象通过计算机仿真技术进行模拟，呈现其运动过程，以评估政策的"负外部性"以及未曾预料到的结果。计算社会研究主要包括的研究组成有：自动化社会信息抽取部分，主要针对观念计算、社会科学信息的数据挖掘、内容分析等。如：通过对政党领袖及其代理人的演讲文本分析其政治倾向；社会网络分析，主要针对社会关系的组成与特征如：对"阿拉伯之春"运动的生成分析；社会仿真模型，其中又包括：以公式为基础的模型；以客观实体为导向的模型、基于动因的模型等；社会进化模型，主要通过进化算法模拟社会演化过程。

传统上对集群行为的研究只能通过事后的个案研究或者实验室进行实验研究，由于数据获取方式的限制，难以揭示集群行为生成、状态转移的全过程。近年来随着移动互动网的发展，诸如"阿拉伯之春""茉莉革命""PX运动"等集群行为，在行动爆发前均存在借助互联网进行动员与组织的过程，故为计算社会研究创造了数据条件，在集群行为的分析与预测、预警方面，计算社会研究能够提供有力的技术支撑。

对集群行为的计算社会研究主要包括以下三个部分。

首先，对集群行为的生成阶段、状态转移过程进行特征捕捉。具体指：在集群行为生成阶段，社会个体、群体中会出现关于相关社会问题、政策问题的讨论，在讨论的发言内容中隐藏着可能产生动员效应的内容，主要指的是激发群体相对剥夺感的话语内容；在集群行为的状态转移阶段，如从一般性的社会讨论转移至社会组织的生成阶段，会产生诸如建立群体认同、激发群体愤怒、增强群体效能的话语内容；在集群行为的行动阶段，会产生具体行动指令的话语内容。

其次，对集群行为中的组织形态的分析。一般而言集群行为的总体组织中，会涵盖各类自组织式的亚群体，如在互联网公共空间内的社区、传统工作组织的网络群等。连接度较强的组织在集群行为中越容易被集体动员、产生集体行动。采用图论模型，将社会成员个体描述为节点，将成员间的关系密切程度描述为节点间的连线，则通路数量越多的自组织连接程度越强。

最后，建立描述集群行为生成、状态转移的描述模型，可以以贝叶斯模型或马尔科夫模型为基底，描述集群行为的状态转移条件；以上述特征出现的频率、强度、分布分别计算对每个自组织的动员条件，建立完整描述模型。

集群行为预警装置主要包括两个组成部分，一是信息监控与捕获部分，二是运算部分。其中信息监控与捕获部分可以以爬虫技术为依托，自动采集互联网中的话语文本，并借助汉语自然语言处理技术分析其是否属于激发群体相对剥夺感、激发群体愤怒、建构群体认同的话语内容；运算部分则借助贝叶斯模型或马尔科夫模型，计算集群行为的生成可能性、状态转移可能性，向管理者呈现集群行为的变化状况。

5.2　未来发展方向

在未来发展中，将计算社会研究方法引入更多自然场景研究中，完善对社会心理、社会心态现象的数学描述、建立相应的分析模型，以增强传统社会经验研究的分析效率。

6. 总结与展望

当前人工智能与法律心理学的结合，主要集中于法理心理学、司法心理学、执法心理学与公共安全心理学领域。上述几个领域与人工智能技术结合的总体特征是：借助当前主流的、成熟的人工智能技术，对法律心理学领域的基本问题进行回应，着重解决法律心理学应用领域的主要问题：

法理心理学领域与人工智能技术的融合主要体现在中国社会心态大数据库与风险预警系统的系统设计；执法心理学领域与人工智能技术的融合主要体现在智能审讯机与非接触式测谎技术的实现；司法心理学领域与人工智能技术的融合主要体现在智能风险评估装置与 VR 矫治辅助装置的设计与实现；公共安全心理学领域与人工智能技术的融合主要体现在计算社会研究技术的发展。

未来法律心理学与人工智能技术融合的发展方向，要点有以下三个层面：

1）在理论层面，应当借助人工智能技术开发更多专门服务于法律心理学理论研究的心理测量设备，促进法律心理测量学发展，形成多法律心理学传统概念的多维观测方法，并根据波普尔式的"猜想—反驳"科学逻辑，对传统理论进行大胆检验，由此推动法律心理学理论的去伪存真与跨越式发展。

2）在技术层面，法律心理学的应用部门应当结合自身的工作实践，从实践中总结归纳出更多的现实困境，以法律心理学理论为设计架构，以人工智能技术为实现路径，进一

步开发更多面向解决实际困难的技术装备。

3）在装备层面，应当进一步探索适合法律心理学研究、人工智能研究与实践部门的合作机制，建立更加顺畅的沟通、交流、合作机制，促进法律心理学研究与人工智能技术研究部门形成有效的理论交流，进一步畅通实践部门与研究部门的交流路径，形成具备更广泛形式的合作路径，促进法律心理学与人工智能技术融合的产学研发展。

参考文献

［1］舒国滢. 欧洲人文主义法学的方法论与知识谱系［J］. 清华法学，2014，（1）：126-137.

［2］雷磊. 法教义学能为立法贡献什么？［J］. 现代法学，2018，（2）：11-23.

［3］徐忠明. 传统中国法律意识与诉讼心态——以谚语为范围的文化史考察［J］. 中国法学，2006，（6）：66-85.

［4］苏力. 法治及其本土资源［M］. 北京：北京大学出版社，2015.

［5］马皑，李婕. 法律何以信仰：中国公民司法公正感实证研究［M］. 北京：中国政法大学出版社，2017.

［6］Engel D M，Engel J S. Tort，Custom and Karma：Globalization and legal consciousness in Thailand［M］. Stanford Law Books. An Imprint of Stanford University Press.2010.

［7］Wiener R，Bernstein B H，Schopp R，et al. Social consciousness in legal decision making—Psychological perspective［M］. Springer Science Business Media LLC. 2007.

［8］马皑，李婕. 法律何以信仰：中国公民司法公正感实证研究［M］.北京：中国政法大学出版社，2017.

［9］马皑. 相对剥夺感与社会适应方式：中介效应与调节效应［J］. 心理学报，2012，（3）：31-45.

［10］马皑. 加强社会心理服务的现实需要性与实现路径［N］. 人民日报. 2019，印刷中.

［11］Bull R. Investigative and interview［M］. Springer New York Heidelberg Dordrecht London. 2014.

［12］马皑，宗会生. 审讯方法及其心理学原理［J］. 中国刑事法杂志，2010，（1）：10-17.

［13］周志华. 机器学习［M］. 北京：清华大学出版社，2016.

［14］Smith L N，Topin N. Deep convolutional neural networks design patterns［C］. Conference paper at ICLR，2017：4，7.

［15］Sela R E，Kimmel M R. 3D face reconstruction by learning from synthetic data［J］. arXiv：1609. 04387v2［cs. CV］26 Sep 2016：1-12.

［16］Zhu X，Lei Z，Yan J，et al. High-fidelity pose and expression normalization for face recognition in the wild［C］. In Proceedings of the IEEE Conference on Computer Vision and Pattern Recognition，2015：787-796.

［17］Ojala T，Pietikainen M，Maenpaa T. Multiresolution gray-scale and rotation invariant texture classification with local binary patterns［J］. IEEE Transactions on pattern analysis and machine intelligence，2002，24（7）：971-987.

［18］Fisher R A. The use of multiple measurements in taxonomic problems［J］. Annals of eugenics，1936，7（2）：179-188.

［19］马皑，宋业臻. 智能审讯辅助方法与装置［P］. 201811589242. 3.

［20］Leslie N，Nicholay T. Deep Convolutional Neural Networks Design Patterns［C］. Conference paper at ICRC. 2017.

［21］周志华. 机器学习［M］. 北京：清华大学出版社，2016.

［22］马皑，宋业臻. 适于特殊人群的风险行为监测预警方法及装置［P］. 20181158929. 3.

［23］Larson J A. Lying and its detection：A study of deception and deception tests［M］. Chicago，IU：University of

Chicago Press，1932.

［24］Reid J E. A revised questioning technique in lie detection tests［J］. Journal of Criminal and Law，Criminology，1947.

［25］Hassabis D，Maguire E A. Deconstructing episodic memory with construction［J］. Trends in Cognitive Science，2007，11（7）：299–306.

［26］Andrews–Hanna J R，Reilder J S，Sepulcre J，et al. Functional automatic fractional automatic fractional of the brains networks［J］. Neurons，2010，65（4）：550–562.

［27］罗大华，马皑. 犯罪心理学（第三版）［M］. 北京：中国政法大学出版社. 2016.

［28］王强龙，黄秀，杨波，张卓. 不同情境任务下精神病态特质罪犯的决策特点［J］. 中国心理卫生杂志，2018，（7）：12–21.

［29］张卓，王强龙，黄秀，杨波. 精神病态暴力犯执行功能缺陷［J］. 心理与行为研究，2016，（2）：15–18.

［30］肖玉琴，张卓，宋平，杨波. 冷酷无情特质：一种易于暴力犯罪的人格倾向［J］. 心理科学进展，2014，（9）：21–25.

［31］Nadelhoffer T，Bibas S，Grafton S，et al. Neuroprediction violence and the law：Setting the stage［J］. Neuroethics，2012，5（1）：67–99.

［32］张远煌. 犯罪学原理（第二版）［M］. 北京：法律出版社，2008.

［33］Akers R L. Social Learning and social structure：a general theory of crime and deviance［M］. Boston：MA：Northeasten University.1998.

［34］McGlynn F，Smitherman T，Gothard K. Comment on the status of systematic desensitization［J］. Behaviour Modification，2004，28（2）：194–205.

［35］Ellis A. Rational emotive behavior therapy：It works for me–it can work for you［M］. Amherst. NY：Prometheus Books. 2004.

［36］Ross R R，Fabiano E A，Eules C D. Reasoning and rehabilitation［J］. International Journal of Offender Therapy and Comparative Criminology，1988，（32）：29–36.

［37］Hare R D. The hare psychopathy checklist revised. Toronto：Multi–Health System，1991.

［38］Harris G T，Rice M E，Quinsey V L. Violence recidivism of mentally disorder offenders：the development of a statistical prediction instrument［J］. Clinical Justice and Behavior，1993，（20）：315–335.

［39］Webster C，Douglass K，Eaves D，et al. Historical clinical risk–20 assessing risk for violence［M］. Burnaby，BC：Mental Health，Law and Policy Institue，Simon Frase University. 1997.

［40］Andrews D A，Bonta J. Level of service inventory revised：users manual［M］. North Tenawand NY：Multi Health System，2001.

［41］Vasser M，Kängsepp M，Kilvits M，et al. Virtual reality toolbox for experimental psychology research demo［C］. IEEE Virtual Reality Conference 2015，23–27 March，Arles，France.

［42］Keszei B，D ú ll A. Visual attention and spatial behavior in VR environment：an environmental psychology approach［C］. CogInfoCom 2014 5th IEEE International Conference on Cognitive Infocommunications，November 5–7，2014，Vietri sul Mare，Italy.

［43］Van Zomeren M，Iyer A. Introduction to the social and psychological dynamics of collective action［J］. Journal of Social Issues，2009，65（4）：645–660.

［44］Wright S C. The next generation of collective action research［J］. Journal of Social Issues，2009，65（4）：859–879.

［45］张书维，王二平. 群体性事件集群行为的动员与组织机制［J］. 心理科学进展，2011，19（12）：1730–1740.

［46］张书维，王二平，周洁. 相对剥夺与相对满意：群体性事件的动因分析［J］. 公共管理学报，2010，7（3）：

95–102.

[47] Tajfel H. Social categorization, social identity, and social comparison. In H. Tajfel(Ed.), Differentiation between social groups: Studies in the social psychology of intergroup Relations[M]. New York: Academic Press.1978: 61–76.

[48] Smith E R, Seger C R, Mackie D M. Can emotions be truly group level? Evidence regarding four conceptual criteria [J]. Journal of Personality and Social Psychology, 2007, 93(3): 431–446.

[49] McCarthy J D, Zald M N. Resource mobilization and social movements: A partial theory[J]. American Journal of Sociology, 1977, (82): 1212–1241.

[50] Turner R H, Killian L M. Collective behavior(2nd ed.)[M]. Englewood Cliffs, NJ: Prentice Hall. United Nations Development Programme(UNDP). Human Development Report 2007/2008, 1972.

[51] DiFonzo N, Bordia P. Rumors and stable–cause attribution in prediction and behavior[J]. Organizational Behavior and Human Decision Processes, 2002, (88): 785–800.

[52] Bernard H R. The science in social science[J]. Proceeding of the National Academy of Science, 2012, 109(501): 20796–20799.

[53] Cioffi-Revilla C. Introduction to computational social science: Principles and applications[M]. Springer London Heidelberg NewYork Dordrecht.2014: 12, 26, 36.

撰稿人：马　皑　范　刚　薛宏伟　宋业臻

人工智能在运动心理学中的研究进展

科技的高速发展为人类生活打开了新的窗口。人脸识别、语音识别、无人驾驶、智能家居等一系列人工智能的技术产品正逐渐走入个人生活的方方面面，深刻影响着人类生活的现在和未来。同时，人工智能理论和技术的发展也为心理学、计算机、哲学等相关学科带来新的机遇和挑战。运动认知神经科学是一个融合了脑科学、运动科学、心理学和计算机科学等多个学科的新型分支学科，主要探索人类在体育运动中的大脑活动规律和个体差异现象，阐明运动行为影响个体认知、情绪、社会适应等心理过程和心理特征背后的脑机制。由于人工智能能够对人的思维和意识活动进行高度模拟，目前已产生了一系列专家系统、自然语言处理系统、图像识别系统和语言识别系统，从而使个体掌握身体活动过程的运动生物信息，获得多通道的生物反馈成为可能。人工智能正成为运动心理学的前沿方向，从多个方面影响着个体的运动行为过程及其大脑活动。本文将对人工智能在竞技运动心理学和锻炼心理学领域中的应用现状分别进行回顾和梳理，从描述、解释和预测三个方面描绘人工智能技术对运动心理学学科研究的影响，并对其未来的发展方向进行了分析和展望。

1. 人工智能与竞技运动

20世纪90年代初期，随着电生理技术的发展，心率变异性、脑电活动、经颅磁刺激以及功能磁共振技术的开展，一方面打开了运动认知神经科学研究的新思路，为理解人类运动技能表现的神经机制创造平台；另一方面提升了运动训练的科技化程度，为运动员突破人类极限提供合理的科学指导。当前，计算机技术无论在硬件设备，还是在软件算法方面的高速发展都极大地推动了运动心理学在竞技体育领域中的科学化和数字化进程。这期间，从生理指标的测量与反馈到大数据应用的普及，再到机器学习对运动表现的预测模型，都在将人工智能技术逐渐推向竞技运动心理学的新舞台。本文将对当前心理技术在运

动心理学领域中的应用现状进行回顾，也将进一步从人工智能的视角对心理技术在此领域中的应用进行阐述。

1.1 心理技术在竞技运动心理学研究中的应用现状

1.1.1 测评手段的多元化发展

随着技术手段的进步，心理学测评手段也呈现出多元化发展的趋势，除传统的行为学指标外，各类生理活动的监测技术和不同特点脑成像技术也被大量应用在研究中，提供了从多个角度探讨科学问题的可能性和可行性。并且，随着可穿戴设备发展，数据的采集也开始从严苛的实验室环境迈向真实情境。心理学测评手段的不断发展推动了原始数据的大量积累，为进一步的特征提取和预测模型建立、迭代打下良好基础，是人工智能应用在心理学领域的先决条件。

（1）质性研究的测评方式

质性研究是社会科学领域常使用的研究方法。特别是学者早年服务竞技运动队的过程中，质性方法应用于运动心理学中兴起的时间起点，最早可追溯至 20 世纪 90 年代初期[1]。早期，这类研究主要拓展了对于竞技运动过程中运动操作与压力应对、最佳运动表现及心理耗竭等概念的理解[2, 3]。在我国，质性研究在竞技运动心理学中关注的议题逐渐广泛，涉及运动员的情绪调节、教练员行为、精英运动员参赛经历等与社会体验及运动心理咨询理论与技术应用等相关方面[4]。与量化研究相比，观察法、访谈法这些质性研究需要在较长的时期内进行系统的观察和描述，直观地获取运动员心理状态、竞技运动状态。此类质性研究方法具有易用性，受设备等外部因素限制少，并且都对个体的重要性加以肯定。质性研究虽然具有较大的主观性，但该方法注重描述和理解运动员，能够帮助运动员理解自己的运动经历提供更为深刻的见解，较好地呈现了心理与行为之间的动态进程，为故事描述与数据之间架设了理解桥梁。在人工智能的大环境下，良好的质性研究同样能为运动心理学的发展，特别是挖掘数据的内涵起到重要的促进作用。

（2）问卷和量表

20 世纪 90 年代，我国运动心理学工作者在服务竞技运动领域时，大量使用了国际修订的问卷和量表对运动员的心理能力、智力水平和个性特征进行测评。而后，针对中国文化特征，研究人员翻译并修订了一批适合本土运动员使用的量表，并为其建立了相应的常模[5]。问卷和量表的技术手段具有易操作和受众人群广的特征。量表的使用可以了解运动员各阶段训练或竞技中的运动心理状态，使运动心理训练可以有针对性地实施。问卷测评手段的优势除了结果易于量化外，还能对个体进行针对性反馈。在人工智能技术发展的过程中，问卷数据能更好地对运动员群体进行跟踪，建立大数据库，并以此建立和更新常模。较当前更为复杂的电生理技术手段，问卷和量表在纵向的数据跟踪和横向的数据收集中都具有更强的可操作性。

（3）生理活动的监测技术

电生理技术的快速发展，既拓宽了运动心理学领域中测评技术的手段，也使得反映运动员行为与身体指标的数据类型与数量急剧增加。包括肌电（surface electromyography，sEMG）、皮肤电（skin conductance response，SCR）、表层皮肤温度（surface skin temperature，SKT）、血压（blood pressure，BP）、呼吸率（frequency of respiration，FR）等体现个体外周神经状态的指标被广泛应用到运动心理学的研究与临场指导中。生理指标监测的出现，改变了原有质性研究和问卷量表手段中主观性较大的缺陷，大大提高了对运动员状态描述的客观程度。同时，随着设备精度的提升以及无线设备的出现，更为运动训练过程中的心理状态监测与调控奠定了基础。而在众多生理指标的监测中，心率变异性（heart rate variability，HRV）是使用最为广泛和频繁的指标之一。

HRV评价了两次心跳周期差异的变化情况，主要反映了自主神经的调节能力，而心率变异分析通常会从时域和频域两个方面展开。低频范围功率（low frequency power，LFP）和高频范围功率（high frequency power，HFP）分别代表了交感和副交感神经活性，两者的比值（LF/HF）代表了自主神经活性平衡的状态，这三者是应用最为广泛的三个关键指标。研究人员基于上述指标，通过绘制心率变异性曲线和频谱可以反映身心协调水平和集中注意的能力及状态。相对于其他生理指标来讲，心率变异性指标更敏感、更直接，常用作体现心理调控及技能训练实施和监测效果的代表性指标。张忠秋等人将心率变异性分别应用在国家跳水队的心理训练与监测中，认为该指标对于运动员心理状态及调控有很好的体现。生理活动监测技术的成熟，为获取运动员训练与竞赛过程中的外周神经系统活动数据提供了途径，进一步丰富了竞技运动表现的评价体系。

（4）大脑神经活动的监测技术

与外周神经系统活动的监测相对应，对于执行运动任务过程中的大脑活动数据，也有相应的检测技术能够表现出中枢神经系统的活动特征。这些数据的监测随着脑电图（electro encephalography，EEG）、近红外光谱仪（functional near-infrared spectroscopy，fNIRs）和功能性磁共振（functional magnetic resonance imaging，fMRI）等神经影像学技术的不断成熟，成为研究运动—认知表现最主要的手段之一。在竞技运动心理学领域中，大脑神经活动的获取主要包括两种方式，一是记录运动员完成动作过程中的大脑活动，二是记录运动员完成与运动场景相关的认知任务时的大脑活动。

脑电信号的处理包括了时域和频域两种。频域分析中，对竞技运动领域的研究主要集中在alpha节律（8~12赫兹），alpha波段通常被认为在认知处理过程中发挥重要作用，与抑制认知冲突和控制任务无关信息处理机制有关[6]。在特定任务的注意力需求方面，高频alpha（10~12赫兹）能量的提高表明任务相关神经活动的提高和任务无关神经活动的抑制。这个过程叫作事件相关去同步化（event-related desynchronization，ERD）。运动员比非运动员的alpha事件相关去同步化更小。在以往研究中，与新手和业余运动员相比，静息状态下韵律体操专业运动员的低频 alpha 波段（8 ~10.5 赫兹）增加，并且在观看真实比赛表演的视频时，可以做出更准确的评分判断并且表现出较低水平的 alpha ERD[7, 8]。剑术和空手道运动员在单脚站立任务中，显示出更小的 alpha 衰减，并且在手腕伸展动作任务的准备和执行过程中，初级运动皮层上也表现出了 alpha ERD 减少[9, 10]。而在闭锁性运动的研究中，研究者将 EEG 应用在真实运动场景，如许多针对射击前阶段的研究表明，优秀的绩效表现与左颞叶区域的 alpha 节律增加相关[11]。专家高尔夫球手的整体表现好于新手，更好的表现与顶叶电极上 α 节律和额叶的 theta 节律的能量增加有关，并且相比失败动作，成功的高频 alpha ERD（10 ~12 赫兹）增加[12,13]。此外，theta 节律（4 ~8 赫兹）被认为与认知控制和反应抑制有关，相比新手，步枪射击专业运动员在射击前 3 秒在额正中线区域显示出 theta 节律的增加[14]，这一现象同样也出现在专业高尔夫运动员中[13]。在功能连接方面，动作执行前 alpha 节律的功能连接增强被认为与卓越的绩效表现间存在联系，尤其是视觉—空间相关顶叶区域和与运动控制、注意力处理相关的区域之间连接的增强[10, 15]。在 Jia Gao 等人的研究中，在运动想象任务中，运动员与非运动员相比其左额下回和左颞中回的连接程度更低[16]。

同时，时域的分析主要通过事件相关电位（event-related potential，ERP）技术，提取特定任务与运动专项情境下与认知相关的脑电成分，解释和评价运动员的认知加工特征。使用涉及刺激辨别和注意过程任务的研究发现，长期的运动参与与更高的认知能力相联系。这一联系在很大程度上反映在较大的 P3 振幅和较短的 P3 潜伏期上，代表注意资源的增加与认知处理速度的加快[17]。运用 Go/No-Go 范式的研究报告了运动员与非运动员相比大脑活动模式的差异。相比非运动员，精英击剑运动员在前额位置表现出更大的 N2 波幅，枕叶位置表现出更大的 P3 波幅[18]，在对刺激前成分研究中发现，与普通人相比，包括击剑和拳击运动员在内的专业运动员，其 BP（bereitschafts potential）波幅更大[19]。网球高手深度运动知觉能力在准确性上较新手高，在网球靠近时枕叶区 P2 成分潜伏期显著长于网球远离时的潜伏期[20]。

在基于 fNIRS 和 fMRI 的测量中，由于其设备和数据采集要求的限制，现有研究主要用于测量在完成运动相关认知任务过程中大脑的神经活动。尤其 fMRI 要求参与者静卧在较为封闭的设备空间内，对移动限制很严格，因而无法实现实际运动情境下的测量。fNIRs 和 fMRI 利用大脑皮层血氧含量反映出的大脑激活水平，是运动认知能力特点的一个重要表现。高水平运动员经过常年的训练，在特殊认知任务中表现出与普通人不同的大脑激活状态。在静息状态下运动员的感知运动系统往往表现出更高的激活水平。在任务状态下，激活主要集中在与执行任务相关的关键脑区，而一些脑区激活程度较弱，则是因为受特定运动技能影响而表现出自动化处理的现象，这说明高水平运动员能更加合理、有效地利用认知资源。例如，Naito 和 Hirose 使用 fMRI 技术来比较运动员的足部旋转任务期间的大脑激活情况，参与者分别是精英足球运动员内马尔、其他 3 名职业足球运动员、1 名业余足球运动员及 2 名专业游泳运动员。在所有参与者中，内马尔在初级运动皮层的激活程度最弱，有效地反映了其更高水平的运动绩效[21]。脑功能网络连接反映了不同脑区共同作用的情况，表现了大脑的认知功能如何运作。在静息态的功能连接中，运动员的运动相关脑区显示出更高的激活水平[22]。在运动相关任务中，运动员与非运动员相比其功能连接的脑区连接程度更低，表现出神经效率节省化的现象[23]。

1.1.2 反馈技术在心理训练中的应用

随着技术的进步，不仅各类电生理、神经活动测量手段被用于运动员的状态监测和特征提取，基于数据反馈的训练模式也逐步形成，并被广泛应用在竞技运动训练中，初步实现了人与数据之间的实时互动。

（1）生物反馈训练。

生物反馈训练（biofeedback training，BBT）是借助带有电极和传感器的特殊电子设备，在实时检测如心率、肌肉活动、呼吸、血压、皮肤温度等各项生理指标的同时，将这些生理变化以图像、声音等多媒体形式呈现给运动员，让运动员能够据此训练其调节心理和身体状态[24]。该技术目前在运动心理学领域中非常流行。经过长期训练后，运动员能够逐渐形成并掌握自身的生理和心理调节能力，说明生物反馈训练能够帮助其取得优秀竞技表现。

研究显示，通过分析被试精确的生理指标，通过各种数据和图表的反馈，使运动员实时地、直观地获得自身的心率状态、情绪平稳和注意集中程度的信息，能够提高运动员在进行生物反馈训练的过程中对心理训练的效果与兴趣。有研究者采用基于生理相干与自主平衡系统（self-generate physiological coherence system，SPCS）的生物反馈训练发现训练后青少年射击运动员的心率变异性（HRV）增大，心理放松能力加强，对自主神经系统的调节能力增强，同时比赛发挥更为稳定。说明 SPCS 对青少年射击运动员比赛成绩的提高有明显的帮助[25]。

（2）视觉反馈训练。

视觉反馈训练（visual feedback training，VFT）是根据可视化的视觉信息实时对自我姿态、技能进行调整的训练方式，在运动技能学习中应用广泛。视觉反馈训练已经被广泛应用于田径、羽毛球、排球、高尔夫、游泳等诸多领域。例如，视觉反馈训练对年轻空手道运动员姿势摇摆的影响。进行 VFT 可以提高稳定性和平衡控制能力，从而提高年轻空手道运动员的运动控制能力[26]。也有研究表明，视觉反馈平衡训练可作为功能性踝关节不稳定患者的治疗方法[27]。

（3）神经反馈训练。

神经反馈训练（neuron feedback training，NFT）通过促进对与特定行为结果相关的特定大脑神经活动状态的识别，促进运动员调整他们自己的神经活动[28]。在典型的神经反馈范例中，研究者将持续测量他们的 EEG 活动并将特定频带能量波幅以可视化的图形显示或听觉音调表示，随着训练的进行，参与者能够了解他们的内部精神状态如何与神经信号相关联，进而学习如何控制自己的神经活动。例如，Alpha-Theta（A/T）训练通常用于鼓励放松和减少焦虑，要求参与者提高 theta 水平超过 alpha 水平[29]。运动节律训练（sensory motor rhythm）用于减少认知干扰并提高认知能力，参与者通常需要提高 SMR（12~15 赫兹）水平的同时控制 beta 水平[30]。

在运动表现的优化方面，神经反馈的应用仍有待彻底验证。但已经有研究者发现，相比于对照组，神经反馈组训练可以有效改善足球运动员的射门效果，且类似训练对射箭运动员也有效果[30]。一项对 1991—2017 年采用 EEG 神经反馈训练研究的元分析结果表明，神经反馈训练可以改变运动员的神经活动，有效地提高运动员的运动成绩[28]。

1.1.3 可穿戴智能设备在心理训练中的应用

随着技术发展，生物、神经信息的采集不再局限于实验室环境。可穿戴技术，如 FitBit，Apple Watch 等的普及，使得不仅仅是运动员，而是几乎任何人都可以在运动状态下监控自身的身心活动水平、心率、营养和其他健康统计数据。一方面，这种监控可以及时进行自身的反馈；另一方面，运动状态下生理数据的积累也对学科的未来发展具有深远的意义。

以网球为例，通常运动员需要教练给他们指导，如何改善他们的形式，并在观看比赛时发现失误的情况，可穿戴设备可以为教练提供以前无法检测的指标的深入数据，比如带有螺旋仪的腕戴设备对正反手击球的不同运动模式进行识别和反馈[31]以及在运动中实时获取疲劳程度的变化[16]。在运动心理学方面，与实验室任务所获得的数据相比，了解真实运动状态下神经活动的情况显然更有意义，但这也对设备的便携性、采集信号的质量提出了要求。现有便携式 EEG 采集设备所记录的数据通常保存到便携式硬盘驱动器中，以便以后进行离线查看和分析，但也可以实时无线传输到电脑在线查看。fNIRs 近年来在心理学领域中快速发展，有研究者已经尝试利用无线传输式设备测量乒乓球、弹钢琴等真实状态下大脑活动[32]。虽然在一些特定剧烈活动、冲击的运动中由于伪影影响数据质量仍受到限制，但这种真实运动状态下神经活动的获取无疑能够大大促进研究者进一步理解大脑在运动发生时是如何运作的，所得出的神经活动特征也能反馈到运动训练当中，以提高运动员的运动表现。

虽然可穿戴技术和反馈训练技术的发展大大促进了数据的获取与利用，使数据迅速累积，但人与数据之间的交互还停留运动员根据自身数据进行调整，其使用终端本身无法对数据进行迭代和优化。

1.2 人工智能技术对竞技运动心理学研究的促进

人工智能（artificial intelligence，AI）在 21 世纪迎来了发展的热潮，而人工智能也随之在社会生产生活的各个方面得到了蓬勃的发展。现代人工智能的概念认为技术的重点是要让机器能够解决人脑所能解决的问题，包括学习、解决问题的能力，感知、预测和决策以及语音识别和语言处理等。而人工智能的发展与心理学密不可分。心理学和神经科学在人工智能史上发挥了关键作用，许多人工智能灵感的初始动机都是为了理解大脑的运作方式；神经科学也可以从人工智能研究中受益，将计算机科学的算法应用到神经科学以帮助我们进一步理解神经科学现象，如光遗传学就可以让我们精确地测量和控制大脑活动，从中获取的大量数据又可以用机器学习领域的工具进行分析，二者形成一种良性的循环发展。近年来，人工智能在日常生活中的应用不断增多，并趋向复杂，如自动驾驶汽车，改进的欺诈检测以及像 Siri 和 Alexa 这样的"个人助理"，可以说不知不觉中渗透到了人类生活的各个角落。随着阿尔法围棋（AlphaGo）接连击败顶级棋手，并不断强化其能力，人工智能在竞技体育运动的应用开始进入人们的视野。在人工智能驱动下，开发人工智能教练和球探系统，通过收集、分析球员近几个赛季的数据建模并科学训练球员；通过人工智能技术，实现虚拟现实直播、网上智能虚拟赛事、智能设备平台竞赛等体育赛事改革。

同样，在竞技运动心理学领域，测评技术在经过多年发展后，能够对个体的外在行为表现、生理活动和神经系统的活动进行成熟的数据采集，这为人工智能技术在竞技运动心理学研究中的应用提供了最初的大数据基础。借助人工智能技术，竞技运动心理学在理解和实现人类运动表现的理论和实践方面不断取得突破。

1.2.1 基于测评手段的特征提取（features extraction）方式的多样化

虽然当前的测评手段为大数据的建立打下了基础，但实现人工智能的核心不仅仅是数据的堆积，更需要对数据的深度挖掘。而对于人工智能本身，对数据的处理和挖掘都是一定程度上对数据特征的提取。特征提取从数据的处理方式上，主要包括了特征学习（feature learning）和特征工程（feature engineering）两种。前者需要从数据中自动抽取特征，是一种"学习的过程"，而后者则更倾向于人为对数据进行处理。在人工智能实现的过程中，机器学习作为实现人工智能的方法，通过算法对数据进行解析，并从中学习；而深度学习作为实现机器学习的手段之一，是利用神经网络来实现特征表达的学习过程。

在竞技运动心理学领域，研究人员正尝试通过不同的算法和信号处理当前所能测评得到的数据，试图从神经生理指标中探索更容易代表和反映行为特征的评价指标，进而为人工智能技术在实现机器学习的过程中提供更多途径。

随着脑认知测量手段与物理信号学、计算机科学等多学科地交叉和融合，关于神经活动数据的处理算法也有了新的发展。如在针对真实运动情景下所得数据，独立成分分析（independent component analysis，ICA）的空间滤波技术可以应用于将大脑活动与运动伪像分离，以精确地反映运动状态。大量前人的研究发现，高水平运动员在运动过程中表现出较高的神经效率。同时，合理的评价神经效率的指标可以作为运动表现特征进行提取，并被运用到运动成绩的预测中。因此，针对脑电数据，提取有效反应大脑神经效率的特征指标是当前研究人员关注的问题之一。近年来，包括脑电稀疏度（sparseness）、脑认知的临界动力学特征和神经传输的耗能特征和小世界网络特征等反映脑认知功能的指标不断涌现。脑电稀疏程度直接反映了大脑认知活动的效率，一些理论、计算和实验研究都表明神经元倾向在任何给定时间点都使用少量活跃神经元编码感觉信息。通过被试EEG脑电稀疏性在实验过程的动力学变化曲线，可以观测到在任务中大脑认知效率的变化[33]。脑认知活动中临界特性反映了脑神经元网络连接状态。神经元之间的信息传输对大脑认知功能很重要，一些实验表明，当神经元网络连接处于临界点时大脑认知功能最为理想，此时神经元动态连接范围最广泛，信息传输的精准度最高，信息处理能力最大化[34]。有研究应用Hodgkin-Huxley电缆能量方程分析神经电信号耗能规律表明，局部皮质中突触激发和抑制（E/I）之间的比例通常保持在一定值。这个比值的变化可能影响能量消耗的效率和神经网络的信息传递，因此可以推演其比例存在一个最佳范围，使得信息传输和网络的能量效率都达到全局最大水平[35]。此外，一系列研究发现，人脑结构网络和功能网络组织均呈现出"小世界"的联结特征。人脑结构和功能网络局部脑区之间联结稠密，任意两个脑区间可通过少数联结联系起来。研究者认为这一特征有利于人脑以较低的联结和能量成本实现高效的信息分离与整合，很可能是人脑在长期进化过程中追求成本和效率平衡的压力下自然选择的结果。通过这种脑网络计算模型，能够揭示个体高级认知功能的差异[36]。

1.2.2 基于特征的模型建立及在运动心理学中的应用

随着科技的进步，数据的获取正越来越便捷，而可穿戴设备的发展，也使得运动过程中的数据监控更加完善。现在，在美国职业篮球联赛中，每个职业球队都拥有计算机视觉系统，可以跟踪球和球员在球场上的移动情况；在职业棒球比赛中，运动员移动情况和挥杆速度会分别通过视觉追踪系统和传感器得到收集；足球比赛中，教练组可以实时获取十几名运动员的各项数据反馈；在网球赛场，运动员的击球模式和球速被实时反馈。而人工智能技术的发展，也帮助人们从瞬息万变的运动过程中获取数据，并在机器学习、深度学习等算法下，提取特征，选择并建立合适的模型，最终来实现预测的功能。

人工智能从提供的数据中快速、客观地获取证据，尽可能地减少个人偏见，为教练的决策提供信息；使用先进的分析技术来研究对手，帮助球队和运动员更好地为特定对手做准备；通过人工智能来预测对手的临场状态和反应，跟踪运动员的表现，改善健康状况并防止疲劳或受伤。在足球比赛中，机器学习分析被用来识别客场球队的防守策略、预测比分[37]，也可以被用来帮助预测足球运动员受伤后的恢复比赛时间；同样地，预测单个运动员的行为也是可行的，如基于从运动员年龄和经验水平到国家社会文化等各种因素来预测其竞技表现。

与此相同，借助人工智能对行为表现和大脑活动数据进行分析，已经应用在临床、军事等诸多领域。认知神经科学研究大大增强了认知神经科学对人脑的理解。随着数据量的增多，与传统的行为数据相比，神经标志往往单独或与其他措施结合，可以提供更好的预测。来自伦敦健康科学中心的研究人员基于机器学习的分类算法能够对情感障碍患者进行较好地诊断，并且对他们的药物反应进行准确预测。由纽约西奈山医学院的开拓性研究人员领导的团队创建了第一个使用神经病理学中的大规模图像数据建立和评估深度学习算法的平台，将用于更加精确的诊断和评估。洛克西德马丁公司通过对空军飞行员在执飞过程中的脑电、眼动、心率及唾液成分分析，基于机器学习分析执飞者的执飞状态及绩效表现，供指挥官决策参考[38]。季云峰借助人工智能技术，开发视觉系统、决策系统和执行系统，利用人工智能算法，统筹解决视觉领域中的跟踪，轨迹预测以及动作规划等诸多问题，创建自动识别球速、球转的乒乓球机器人，对乒乓球的训练和教学都有一定的指导和辅助意义[39]。

对于运动心理学而言，从认知加工的视角，提升运动员的运动表现能力是其重要的任务之一。当前在运动心理学服务于竞技体育过程中，主要集中在心理状态监控与运动员的心理选材等方面，而认知神经科学研究的深入正在为揭示关键特征提供理论依据，同时，人工智能技术也将进一步优化上述问题的实践。

总之，随着可穿戴设备的快速发展和提高，数据信噪比的算法不断更新，具有可探究性的实时运动状态下的神经活动数据将会不断积累，借助机器学习对大量运动员数据进行分析，识别出潜在的有意义的神经活动模式，用深度模仿学习尝试对运动员竞技表现加以预测，找到提高运动绩效的关键点，这将是当今运动心理学领域一个新的发展趋势。

1.2.3 人工智能技术在竞技运动心理学研究中的展望

虽然人工智能领域本身经历了多年的蓬勃发展，但在竞技运动心理学中的应用仍处于发展的起步阶段。它的出现大大提升了心理服务在竞技体育中的科技化程度，但要进一步发挥人工智能在竞技体育心理服务中的作用，仍面临了诸多困难。首先，高水平竞技体育具有动作速度快、现场变化迅速的特征，如何快速地捕捉到个体在训练及比赛过程中的生理变化，不仅对数据采集设备在精度上提出了要求，也对于算法是否能全面考虑到多种变量因素形成了挑战；其次，要在竞技运动过程中获得运动员的生理状态数据，就需要其佩戴一定数量的传感器。与参与日常身体锻炼的人群不同，竞技运动过程中传感器必须以不影响运动员训练及比赛发挥为主要前提，因此，传感器的可穿戴研发以及核心生理测评指标的提取是推动人工智能技术在运动心理学领域发展的重要前提。

以当前运动心理学服务竞技体育的主要问题为导向，未来人工智能技术在推动竞技运动心理学发展过程中，将主要涉及以下方面：第一，运动员心理状态的监控与评价。当前监测运动员运动疲劳、竞赛焦虑是竞技体育服务过程中的重点之一，是否可以借助测评手段的提升，通过人工智能技术，实现在日常训练与赛前对运动员疲劳和焦虑状态的评估，进而提高预警能力，减少运动伤病的发生，提升心理调控的有效性。第二，实现最佳运动表现的预测，建立运动员在专项情境下大脑神经活动与行为表现之间的关系。这是运动心理学的工作目标之一。人工智能技术的出现，将综合个体的阶段化特征参数，通过所建立的模型，对运动战术及训练手段提出最优方案，为运动员的科学选材提供有效依据。

1.3 结论与建议

今天，在人工智能驱动下，运动心理学在竞技体育的服务中开启了一个崭新的发展模式（图 1）。经过多年的发展，现有心理测评技术正逐渐从外在行为描述向神经系统的客观监测延伸，多种反馈训练方法也在此基础上应运而生、广泛应用。而且，可穿戴设备的发展，也使得运动状态下获取连续性的动态数据成为可能。同时，随着计算机科学和神经科学的不断融合，神经活动数据的算法有了很大改进，研究者用新的视角探究运动认知神经机制，大大促进了理论发展。与此同时，这些技术和其所积累的大量数据为大数据分析和人工智能的发挥奠定了技术和数据基础。借助机器学习、深度学习等技术，人工智能在帮助运动预测比赛状态、人才选拔、伤病预防及康复中和科学训练中都发挥了重要作用。在今后的研究中，心理学与计算机科学等的多学科进行交叉融合，是大势所趋。虽然运动心理学领域仍有像许多需要攻破的难点和关键点，但在人工智能驱动下，理论和实践应用共同发展，运动心理学将会迎来一个良性循环的发展期。

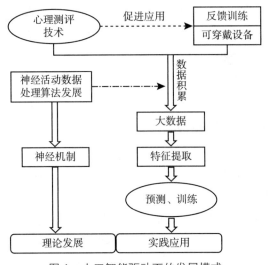

图 1 人工智能驱动下的发展模式

2. 人工智能与身体锻炼

近年来，随着电脑技术的发展，新的模型和算法不断涌现，人工智能在锻炼心理学领域的应用也日趋广泛。从日常锻炼的生理指标监测、运动计划制订，到神经系统疾病患者的运动康复训练，人工智能都有着良好的应用前景。

2.1 心理技术在锻炼心理学研究中的发展及现状

与所有其他社会科学学科一样，心理技术在锻炼心理学领域的发展也经历了从质性研究到量化分析的过程。同时，随着科学技术手段的进步，又加入了各类生理监测手段和脑成像技术。这些技术的使用为人工智能算法提供了大量的基础数据，使得人工智能能够在锻炼心理学领域被逐渐发展应用。

2.1.1 质性研究：自我决定理论

质性研究通过观察法、访谈法构建系统的理论模型，是一个根据经验证据建立假设的过程，也是进行量化研究的理论基础。

与锻炼心理学关系最为密切的心理学质性研究，自我决定理论，出现在20世纪80年代中期，并且在之后的几十年间一直在更新发展[40]。自我决定理论将人类所有行为区分为自我决定行为和非自我决定行为，并为自我决定行为构建了比较完整的动力理论框架。这一理论指出发起和维持长期自我决定行为的主要动力是自主动机，而自主动机又由驱力（完成任务想要达到的目的）、内在需求（自我效能，自我满足感等）和情感（正性情绪，积极情绪等）组成。当自主动机高时，人们会更加容易发起或维持自我决定行为，反之则容易选择逃避或半途而废。

锻炼行为就是典型自我决定行为，大量的锻炼心理学研究都是基于自我决定行为的理论模型进行的，提升个人的锻炼动机也一直是锻炼心理学的主要目标之一。研究发现，个人对于锻炼的动机会受到内部因素和外部因素的双重影响。外部因素包括锻炼的场地、设施、氛围等；内部因素则包括个人对于锻炼本身的兴趣，是否能在锻炼中获得自我效能感或自我实现感等[41]。

2.1.2 量化测量：问卷和量表

跟竞技运动心理学一样，锻炼心理学也会应用问卷量表测评个人特征，并对锻炼产生的效果进行测量，以探求锻炼在不同人群中的效果。常用的问卷基本是由国际修订问卷翻译而来，经过了严格的信效度检验，具有很好的检测特异性和人群推广性。这些问卷量表包括但不限于正负性情绪量表[42]、状态—特质焦虑问卷[43]、自我效能感问卷[44]、自尊问卷[45]和正念问卷[46]等。这些问卷和量表可以量化实验结果，并定量验证质性模型的可靠性，是简明有效的心理学工具。它们的发展和应用使得锻炼心理学在发展过程中收集了大量可靠且有效的原始数据，为人工智能算法的建立提供了数据基础和学习环境。

2.1.3 生理监测：运动评估

各类生理活动监测技术也已被应用到体育锻炼心理学中，为实时监测体育锻炼过程中的生理变化以及体育锻炼的健康效益的研究提供了更为客观的评测手段。其中应用最为广泛的包括心率、呼吸率以及HRV的测量。大量研究证实中等强度的体育锻炼最有益于锻炼者的身心健康[47, 48]，为控制运动强度在中等强度，锻炼者可通过polar表对自己在运动过程中的心率进行实时监控，通过心率反馈调节自己的运动强度。随着可监测心率的运动智能手环的普及，心率监测被更为广泛地应用到大众的锻炼生活中。

身心调节训练是一类通过身体运动引导意识活动的干预技术，包括瑜伽、健身气功、太极拳和腹式呼吸技术等。这类训练对于不适合剧烈运动的人群来说是很好的选择，其中呼吸是这类训练的重要元素。监控锻炼者的呼吸率能够更好地对他们的锻炼状态及效果进行评估。呼吸率通过系于腰间的呼吸带感应器采集，先进的呼吸带设备可连接手机应用，锻炼者可通过手机实时观测自己的呼吸状况并以此调节呼吸，协调呼吸与动作。HRV目前被广泛应用到各项体育锻炼对人的健康效益评估当中，如太极拳[49]、健步走[50]等，能够很好地反映及预测锻炼者的心血管功能以及情绪水平。

2.1.4 脑成像技术：运动认知神经机制

神经影像学技术的发展与成熟使得体育锻炼过程中及锻炼前后人脑活动变化得以评估，从而为体育锻炼改善锻炼者身心健康提供更多科学客观的证据。不同的神经影像学技术具有各自的成像优势，通过使用不同的成像技术可对不同状态下的锻炼者进行评估。脑电优异的时间分辨率使得事件相关电位成为研究大脑认知活动的重要技术，对研究对象重复施加外界刺激并要求他们为之做出反应，连接的脑电设备即可以从中探测大脑在处理一些复杂认知任务时的机制。研究者通过对体育锻炼者运动前后或体育锻炼者及非体育锻炼者对认知或情绪任务不同的神经反应的研究，则可探究体育活动对运动者认知或情绪影响的神经机制。有研究者通过对比有无体育锻炼习惯的女大学生发现有体育锻炼习惯的女大学生在中等负性条件刺激下产生更大的 P3 波幅，同时 P3 波幅大小与锻炼者锻炼时间之长存在相关[51]。张秀丽[52]通过 ERP 探究不同运动强度锻炼对锻炼者的认知功能的影响，结果发现不同锻炼强度组之间 N2 的波幅以及潜伏期都存在显著的差异，位于额顶交接处的 N2 波幅在大强度的运动下最大，表明高强度运动能够很好地唤醒机体，提高大脑兴奋性。而中等运动强度的锻炼者的 N2 潜伏期明显缩短，同时他们表现出最好的工作记忆能力的提升。

磁共振成像相比于脑电技术有更高的空间分辨率，对于探查长期的体育锻炼活动对于人脑结构的影响具有重要意义。Wei 等人[53]通过磁共振研究发现与同龄人相比，具有长期太极拳训练的专家右半球中央前回、岛状沟、额中沟，左半球颞上回、枕内侧颞沟、舌沟等区域皮质明显增厚。左侧枕内侧颞沟和舌沟皮质的厚度与太极拳练习的时长之间存在明显的正相关关系。同时，太极拳训练者在注意任务中表现更好。文献元分析结果表明有氧锻炼对右侧海马、扣带回皮质及默认网络的内侧颞区结构均能产生潜在的有益影响[54]。静息态功能磁共振成像技术主要用于探究个体在静息状态下的神经活动。借助此方法，研究者可探索长期参与体育锻炼或者单次急性运动之后对锻炼者静息状态下的神经活动以及各项功能指标的影响，从而探索体育锻炼对锻炼者认知情绪改善的神经机制。研究发现，体重超重的老年人在参与长期的中等强度有氧训练以后，训练者背外侧前额叶皮质与上顶叶／前叶之间静息态功能连接表现出显著的增加[55]。Tao 等人[56]对一些个体进行为期 12 周的太极拳以及八段锦干预训练，结果发现太极拳训练组干预后背外侧前额叶皮质区域在低频段（0.01~0.08 赫兹）以及慢 5 频段（0.01~0.027 赫兹）的低频波动振幅（fALLF）显著上升，八段锦训练组在内侧前额叶的低频段以及慢 5 频段的 fALLF 也表现出显著上升。同时，这种增加两组被试的记忆功能的改善之间存在显著的正相关关系。

相比脑电及磁共振成像，红外光谱成像具有较强的抗头动的能力，且设备便携，这些优势使得其越来越多被应用于运动过程中神经活动以及这种神经活动的意义的研究中。Yamazaki 等人[57]通过功能性近红外光谱技术探测运动的不同反应探索运动改善认知的神经基础。被试在 30% 最大摄氧量下进行低强度功率自行车运动 10 分钟，并在运动前后完成空间记忆任务。在运动和空间记忆任务阶段均利用近红外光谱记录皮质氧血红蛋白水平。感兴趣的区域包括背外侧前额皮质、腹外侧前额皮质和额叶皮质。结果发现运动显著改善了简单记忆任务中的平均反应时间，同时这种变化与运动阶段腹外侧前额叶的氧合血红蛋白水平变化有关。因此，腹外侧前额叶中对轻度运动具有较高反应性的个体在运动后可能获得更好的空间工作记忆改善效果。

2.2 人工智能技术对锻炼心理学的促进

人工智能技术听起来距离我们很遥远，但其实它的本质就是对数据的处理和挖掘。所以随着科技的发展，它早已被应用在各种科学研究之中，在锻炼心理学领域也不例外。人工智能技术对锻炼心理学领域的促进主要体现在两个方面，一是作为实践理论的工具，在传达锻炼心理学已有研究结果的同时，也一定程度上代替本来需要人为进行的工作，促进锻炼心理学在人们生活中真正的应用；二是提供了新的大数据运算方式和数据挖掘技术，为锻炼心理学的研究铺开了一条更为广阔的道路。

2.2.1 人工智能软件：理论实践工具

锻炼心理学中最简单的人工智能运用就是我们经常在手机上使用的锻炼软件[58]。这些锻炼软件以锻炼心理学理论和其积累的原始数据为基础，运用简单的数据特征提取技术，捕捉使用者的锻炼相关信息与大数据进行匹配。它们可以根据锻炼者身高体重和锻炼意图，为锻炼者制订特异性的锻炼计划，设置具有挑战性且可行性高的锻炼目标，让锻炼者能够从目标的达成中获得自我效能感和满足感；可以记录锻炼者的锻炼情况，及时调整或更新锻炼计划，维持锻炼计划的特异性，提高他们在锻炼中感受到的自我意识，提升自尊和自信；也可以根据个人输入的锻炼信息匹配参与相同锻炼的人形成群组，让锻炼者在锻炼时得到同侪支持，增加他们锻炼中体会到的积极情绪。

除此之外，人工智能也可以和以身体活动和锻炼为目的的视频游戏相结合，提升它们的效果。曾有研究系统分析过锻炼视频游戏中的各项因素对锻炼效果的影响，发现游戏中音乐的选择、专家的指导、组队的便捷程度以及游戏任务的可执行性都会影响玩家的锻炼效果[59]。而人工智能的使用，正可以优化锻炼视频游戏的这些设计。例如，根据锻炼内容播放合适的音乐，建立专家教学模拟对玩家进行锻炼指导，以及通过平衡锻炼进展和身体健康水平来达到最佳锻炼效果等。

2.2.2 人工智能算法：扩展研究方法

近年来，随着人工智能的发展，传统的工程学编程技术开始逐渐向模拟算法转变，在呈现智能效果的同时赋予人工智能适应和学习的能力，使得它们能够应对更为复杂的情况。常见的模拟算法有遗传算法（genetic algorithm，GA）和人工神经网络（artificial neural network，ANN）两大类。遗传算法是一种通过模拟生物进化过程搜索最优解的启发式算法[60]。而人工神经网络是一种以人脑神经网络为基础的数学运算模型，它可以通过模拟大脑神经网络构建，根据外部输入信息进行自适应学习[61]。

在锻炼心理学研究中已经有了人工神经网络的运用。它可以根据一个人锻炼时的运动水平的变化进行自适应学习，然后模拟计算所需生理指标，从而实时反馈它们的动态变化。这里所说的运动水平，一般指反应在运动器械上的各项参数，例如跑步机设置的速度和坡度，或者举重器械上记录的力量、位移和速率等[62]。研究证明，通过这些参数模拟运算得到的生理指标是可靠的。例如，利用人工神经网络根据在跑步机上行走的参数估算出的一个被试的最大摄氧量与实际测得的该被试的最大摄氧量紧密相关，且数值上的绝对偏差只有大约 0.2%[63]。而且，通过人工神经网络完成的这种估算，精确度远高于基于传统耗氧量公式或是线性耗氧量模型计算的结果，且整个过程都是基于非常容易获得的参数，也不要求锻炼者佩戴额外的检测设备[64]。

这种算法为锻炼心理学的研究提供了一种新的思路。如果能够将这种人工神经网络应用到智能设备和健身设备中，研究者就可以在对被试的锻炼干预中获得及时有效的指标反馈，从而对锻炼过程和锻炼效果进行实时监控。更重要的是，人工神经网络测量的简洁性和精确性为锻炼心理学未来的研究提供了一个新的研究指标测量方式，而一个高信效度的测量方式甚至可能有助于提升整个领域的统计功效。

2.2.3 人工智能机器人：新型锻炼辅助

人工智能机器人在促进体育锻炼活动中占有一席之地。美国乔治亚理工学院的研究团队就在研究中发现，导纳控制的人工智能机器人可以作为老年人在对舞中的舞伴，促使他们参与基于舞蹈的锻炼[65]。参与实验的老年人普遍认为舞伴机器人是有效、便捷的，而且能够与这些机器人对舞也让他们感到开心[65]。说明这一方式在提升老年人锻炼动机中极有潜力，可能是未来人工智能在锻炼心理学领域的应用方向之一。

临床研究发现人工智能技术能在步态异常患者的步态康复训练中起重要作用。步态异常因运动或感觉障碍引起，常见于神经系统疾病，如脑损伤、脑瘫及多发性硬化患者中。步态异常通常表现为不对称的步态、步幅步速降低、步长减小、平衡力下降，步态异常的发生会严重损害患者的生活质量。恢复或提高步态能力是接受康复治疗的神经系统患者的主要目标之一。

脑瘫是儿童身体残疾最常见的原因之一，机器人辅助步态训练为脑瘫患者提供了步态恢复的机会。Wu 等人[66]对患有痉挛性脑瘫的儿童进行每周 3 次，持续 6 周的机器人阻力跑步机训练干预，在干预前后以及干预结束 8 周后对被试的步速、6 分钟步行距离以及总体运动功能进行测量。机器人阻力跑步机训练中有一个连接到患者下肢的机器人装置，帮助患者在跑步机上实现正确的步态模式。机器人确保步态和跑步机的速度精确匹配。系统中安装多个传感器，以评估患者的进度和表现，并确保在训练过程中的操作安全。结果发现相比基线水平，干预组被试的快速步行速度和 6 分钟步行距离成绩明显提高（分别增加18% 和30%），并且被试训练结束后 8 周的 6 分钟步行距离成绩仍明显高于基线成绩（增加 35%）。原分析结果也表明机器人步态训练练习有益于提高脑瘫患者的步速，耐力以及总体运动功能[67]。

有研究表明，高达80%的多发性硬化患者在其整个生命历程中都会经历运动功能损伤[68]。Straudi 等人[69]招募了 16 名残疾状态量表评分在 4.5~6.5 的多发性硬化症患者，将他们分为实验组和对照组，实验组在 6 周内接受了 12 次机器人辅助步态训练，对照组被试接受常规理疗，在实验前后对被试步态的运动学和时空参数进行评估，并进行步行耐力测试（6 分钟步行距离）以及运动能力测试（上下测试）。测量数据显示相比对照组被试，实验组被试在机器人辅助步态训练后步行耐力成绩显著提升，整体步态时空参数也有明显改善，包括步速、步行节奏、步长以及双支撑相时间。此外，干预后实验组被试的盆腔反位和髋部伸展减少的情况得到改善。这些结果得到大量研究证据的支持[70]。

若患者在家中自己进行运动练习，那对他们运动练习质量和效果进行科学有效的检测和评估是一个重要问题。幸运的是，机器学习的方法可以解决这一问题。有研究者收集锻炼者的数据作为机器学习的积极样本，随后，被试被要求在运动过程中故意犯一些细微的错误，例如限制运动（在脑瘫患者中常见的问题）。然后将质量测量问题作为一个分类来确定一个示例运动是"好"还是"坏"。比较了支持向量机、单层和双层神经网络、增强决策树和动态时间规整等常用的分类机器学习技术。结果发现 Adabosted 树对运动质量评估的效果最好，准确率能够达到94.68%，证明了机器学习的方法对于评估运动质量的可行性[71]。

2.3　人工智能技术在锻炼心理学研究中的展望

人工智能技术在体育锻炼中的应用极大提高了锻炼者的运动获益，增强了锻炼者的运动动机，对人类社会的健康发展具有重要意义。在久坐已成为当今社会人类健康的一大隐患的背景下，人工智能技术在锻炼心理学中的应用有希望能够进一步增强人类锻炼动机，监督锻炼行为，提高锻炼者锻炼的有效性。这一应用对于因神经系统疾病而患有运动障碍的患者也具有重要意义。病症发作可能同时诱发患者的抑郁、自卑等消极情绪，而人工智能技术的应用有望促使他们更多参与运动，避免从发病运动艰难到不愿动活动又增加病情的恶性循环。同时，有望使用人工智能技术对运动者在运动过程中的各项生理指标进行更为有效的实时监控，针对每位运动者制订更加个性化的锻炼方案。

智能机器人为一些运动障碍患者的运动恢复作出了重大贡献，当前该方面的研究缺乏更大的样本以及更加完善的实验设计。未来的研究应该注意解决这些问题，为智能机器人辅助运动恢复的理论及应用提供更有说服力的证据支持。并完善设备参数，结合患者的生理心理状况，实现更好的运动辅助效果，提高患者生活质量。此外，需要指出的是，当前人工智能设备的成本相对较高，很多家庭难以负担，人工智能技术的进一步发展有望降低这些设备和技术的成本，让智能机器人运动辅助手段走进更多患者的家庭。

参考文献

［1］ Martens R. Science，knowledge，and sport psychology［J］. Sport Psychologist，1987，1（1）：29-55.

［2］ Gould D，Tuffey S，Udry E，et al. Burnout in competitive junior tennis players：I. A quantitative psychological assessment［J］. Sport Psychologist，1996，10（4）：322-340.

［3］ Udry E，Gould D，Bridges D，et al. Down but not out：Athlete responses to season-ending injuries［J］. Journal of Sport and Exercise Psychology，1997，19（3）：229-248.

［4］ 孙拥军，李倩，吴秀峰. 运动与锻炼心理学中的质性研究：反思与展望［J］. 体育科学，2014，34（11）：88-96.

［5］ 周成林，赵洪朋. 心理技术在我国竞技体育运动中应用的回顾与展望［J］. 上海体育学院学报，2009，33（02）：59-64.

［6］ Park J L，Fairweather M M，Donaldson D I. Making the case for mobile cognition：EEG and sports performance［J］. Neuroscience and biobehavioral reviews，2015，52：117-130.

［7］ Babiloni C，Del Percio C，Rossini P M，et al. Judgment of actions in experts：a high-resolution EEG study in elite athletes［J］. NeuroImage，2009，45（2）：512-521.

［8］ Babiloni C，Marzano N，Iacoboni M，et al. Resting state cortical rhythms in athletes：a high-resolution EEG study［J］. Brain research bulletin，2010，81（1）：149-156.

［9］ Del Percio C，Babiloni C，Marzano N，et al. "Neural efficiency" of athletes' brain for upright standing：a high-resolution EEG study［J］. Brain research bulletin，2009，79（3-4）：193-200.

［10］ Percio C D，Iacoboni M，Lizio R，et al. Functional coupling of parietal alpha rhythms is enhanced in athletes before visuomotor performance：A coherence electroencephalographic study［J］. Neuroscience，2011，175（4）：198-211.

［11］ Janelle C M，Hatfield B D. Visual attention and brain processes that underlie expert performance：Implications for sport and military psychology［J］. Military Psychology，2008，20（Suppl 1）：S39-S69.

［12］ Babiloni C，Del Percio C，Iacoboni M，et al. Golf putt outcomes are predicted by sensorimotor cerebral EEG rhythms［J］. The Journal of physiology，2008，586（1）：131-139.

［13］ Baumeister J，Reinecke K，Liesen H，et al. Cortical activity of skilled performance in a complex sports related motor task［J］. European journal of applied physiology，2008，104（4）：625-631.

［14］ Doppelmayr M，Finkenzeller T，Sauseng P. Frontal midline theta in the pre-shot phase of rifle shooting：differences between experts and novices［J］. Neuropsychologia，2008，46（5）：1463-1467.

［15］ Babiloni C，Infarinato F，Marzano N，et al. Intra-hemispheric functional coupling of alpha rhythms is related to golfer's performance：a coherence EEG study［J］. International journal of psychophysiology：official journal of the International Organization of Psychophysiology，2011，82（3）：260-268.

［16］ Duking P，Holmberg H C，Sperlich B. Instant Biofeedback Provided by Wearable Sensor Technology Can Help to Optimize Exercise and Prevent Injury and Overuse［J］. Frontiers in physiology，2017，8：167.

［17］ Cheron G，Petit G，Cheron J，et al. Brain Oscillations in Sport：Toward EEG Biomarkers of Performance［J］. Frontiers in psychology，2016，7：246.

［18］ Di Russo F，Taddei F，Apnile T，et al. Neural correlates of fast stimulus discrimination and response selection in top-level fencers［J］. Neuroscience letters，2006，408（2）：113-118.

［19］ Bianco V，Di Russo F，Perri R L，et al. Different proactive and reactive action control in fencers' and boxers' brain［J］. Neuroscience，2017，343：260-268.

［20］ 韦晓娜，漆昌柱，徐霞，等. 网球运动专长对深度运动知觉影响的 ERP 研究［J］. 心理学报，2017，49（11）：1404-1413.

［21］ Naito E，Hirose S. Efficient foot motor control by Neymar's brain［J］. *Frontiers in Human Neuroscience*，2014. https：//doi.org/10.3389/fnhum.2014.00594

［22］ Lu Y，Zhao Q，Wang Y，et al. Ballroom dancing promotes neural activity in the sensorimotor system：A resting-state fMRI study［J］. Neural Plasticity，2018. https：//www.ncbi.nlm.nih.gov/pmc/articles/PMC5944238/

［23］ Liew S L，Sheng T，Margetis J L，et al. Both novelty and expertise increase action observation network activity［J］. Frontiers in human neuroscience，2013，7：541.

［24］ Blumenstein B，Orbach I. Biofeedback for sport and performance enhancement［J］. Oxford University Press，2014.

［25］ 李京诚. SPCS 在中国射击队备战北京奥运会心理训练中的应用研究［C］. proceedings of the 第九届全国运动心理学学术会议暨第二届华人运动心理学研讨会. 中国上海，F，2010.

［26］ Vando S，Haddad M，Masala D，et al. Visual feedback training in young karate athletes［J］. Muscles，2014，4（2）：137-140.

［27］ Nam S M，Kim K，Lee D Y. Effects of visual feedback balance training on the balance and ankle instability in adult men with functional ankle instability［J］. Journal of physical therapy science，2018，30（1）：113-115.

［28］ Xiang M-Q，Hou X-H，Liao B-G，et al. The effect of neurofeedback training for sport performance in athletes：A meta-analysis［J］. Psychology of Sport and Exercise，2018，36：114-122.

［29］ Gruzelier J. A theory of alpha/theta neurofeedback，creative performance enhancement，long distance functional connectivity and psychological integration［J］. Cognitive processing，2009，10（Suppl 1）：S101-9.

［30］ Paul M，Ganesan S，Sandhu J，et al. Effect of sensory motor rhythm neurofeedback on psycho-physiological，electro-encephalographic measures and performance of archery players［J］. Ibnosina Journal of Medicine and Biomedical Sciences，2012，4（2），32.

［31］ Buthe L，Blanke U，Capkevics H，et al. A wearable sensing system for timing analysis in tennis［C］// 2016 IEEE 13th International Conference on Wearable and Implantable Body Sensor Networks（BSN）. IEEE，2016.

［32］ Balardin J B，Zimeo Morais G A，Furucho R A，et al. Imaging Brain Function with Functional Near-Infrared Spectroscopy in Unconstrained Environments［J］. Frontiers in human neuroscience，2017，11：258.

［33］ Yu Y，Migliore M L，Hines M，et al. Sparse coding and lateral inhibition arising from balanced and unbalanced dendrodendritic excitation and inhibition［J］. Journal of Neuroscience，2014，34（41）：13701-13713.

［34］ Beggs J M，Timme N. Being critical of criticality in the brain［J］. Frontiers in physiology，2012，3：163.

［35］ Zhou S, Yu Y. Synaptic excitatory−inhibitory balance underlying efficient neural coding［J］. Advances in Neurobiology, 2018, 21: 85–100.

［36］ Liao X, Vasilakos A V, He Y. Small−world human brain networks: Perspectives and challenges［J］. Neuroscience and biobehavioral reviews, 2017, 77: 286–300.

［37］ Joseph A, Fenton N, Neil M. Predicting football results using Bayesian nets and other machine learning techniques［J］. Knowledge−Based Systems, 2006, 19（7）: 544–553.

［38］ Berka C, Levendowski D J, Lumicao M N, et al. EEG correlates of task engagement and mental workload in vigilance, learning, and memory tasks［J］. Aviation, space, and environmental medicine, 2007, 78（5）: B231–44.

［39］ 季云峰, 黄睿, 施之皓, 等. 乒乓球精确旋转、速度及落点数据的人工神经网络模型研究［J］. 上海体育学院学报, 2018, 42（6）: 98–103.

［40］ Deci E L, Ryan R M. Intrinsic motivation and self−determination in human behavior［J］. Encyclopedia of Applied Psychology, 2004, 3（2）: 437–448.

［41］ Hagger M, Chatzisarantis N. Intrinsic motivation and self−determination in exercise and sport［M］. Champaign, IL, US: Human Kinetics. 2007.

［42］ Watson D, Clark L A, Tellegen A. Development and validation of brief measures of positive and negative affect: the PANAS scales［J］. Journal of personality and social psychology, 1988, 54（6）: 1063–1070.

［43］ Spielberger C D, Gonzalez−Reigosa D, A. M−U. State - Trait anxiety inventory［J］. Interamerican Journal of Psychology, 1971, 5（3–4）: 145–158.

［44］ Sherer M, Maddux J, Mercandante B, et al. The Self−Efficacy Scale: Construction and validation［J］. Psychological reports, 1982, 51: 663–671.

［45］ Luhtanen R, Crocker J. A Collective Self−Esteem Scale: Self−evaluation of one's social identity［J］. Personality and Social Psychology Bulletin, 1992, 18（3）: 302–318.

［46］ Lau M A, Bishop S R, Segal Z V, et al. The Toronto Mindfulness Scale: development and validation［J］. Journal of clinical psychology, 2006, 62（12）: 1445–1467.

［47］ Suwabe K, Hyodo K, Byun K, et al. Acute moderate exercise improves mnemonic discrimination in young adults［J］. Hippocampus, 2017, 27（3）: 229–234.

［48］ Yong K J, Chang H H. The effect of exercise intensity on brain derived neurotrophic factor and memory in adolescents［J］. Environmental Health & Preventive Medicine, 22（1）, 27, 2017,

［49］ 熊晓玲, 牟彩莹, 冯娅妮. 太极拳运动对中老年人抑郁与心率变异性的影响探讨［J］. 中国医疗设备, 2017, 32（S1）: 148–149.

［50］ 张罂华, 陈乐琴. 健步走运动人群定量负荷运动前后心率变异性研究［J］. 体育研究与教育, 2016, 31（5）: 100–103.

［51］ 李嫚嫚. 体育锻炼与女大学生负性情绪易感性的关系: 一项 ERP 研究［D］. 上海体育学院, 2018.

［52］ 张秀丽. 不同锻炼强度对大学生工作记忆负荷的影响［D］. 山东体育学院, 2017.

［53］ Wei G X, Xu T, Fan F M, et al. Can Taichi reshape the brain? A brain morphometry study［J］. PloS one, 2013, 8（4）: e61038.

［54］ Li M Y, Huang M M, Li S Z, et al. The effects of aerobic exercise on the structure and function of DMN−related brain regions: a systematic review［J］. The International journal of neuroscience, 2017, 127（7）: 634–649.

［55］ Prehn K, Lesemann A, Krey G, et al. Using resting−state fMRI to assess the effect of aerobic exercise on functional connectivity of the DLPFC in older overweight adults［J］. Brain & Cognition, 2017.

［56］ Tao J, Chen X, Liu J, et al. Tai Chi Chuan and Baduanjin mind−body training changes resting−state low−frequency fluctuations in the frontal lobe of older adults: A resting−state fMRI study［J］. Frontiers in Human

Neuroscience，2017，11：514.

［57］Yamazaki Y，Sato D，Yamashiro K，et al. Inter-individual differences in exercise-induced spatial working memory improvement：A near-infrared spectroscopy study［J］. Advances in Experimental Medicine and Biology，2017，977：81-88.

［58］Fister jr I，Fister K，Suganthan P，et al. Computational intelligence in sports：Challenges and opportunities within a new research domain［J］. 2015. Applied Mathematics and Computation，2015，262（1）：178-186.

［59］Yim J，Graham T C N. Using games to increase exercise motivation［M］. Proceedings of the 2007 conference on Future Play. Toronto，Canada；ACM. 2007：166-173.

［60］Deb K，Pratap A，Agarwal S，et al. A fast and elitist multiobjective genetic algorithm：NSGA-II［J］. IEEE Transactions on Evolutionary Computation，2002，6（2）：182-197.

［61］Haykin S. Neural networks（Vol. 2）［M］. New York：Prentice hall，1994.

［62］Novatchkov H，Baca A. Artificial intelligence in sports on the example of weight training［J］. Journal of Sports Science & Medicine，2013，12（1）：27-37.

［63］Beltrame T，Amelard R，Villar R，et al. Estimating oxygen uptake and energy expenditure during treadmill walking by neural network analysis of easy-to-obtain inputs［J］. Journal of applied physiology（Bethesda，Md：1985），2016，121（5）：1226-1233.

［64］Henriques J，Carvalho P，Rocha T，et al. A non-exercise based VO2max prediction using FRIEND dataset with a neural network［C］. Conference proceedings：Annual International Conference of the IEEE Engineering in Medicine and Biology Society IEEE Engineering in Medicine and Biology Society Annual Conference. 2017：4203-4206.

［65］Chen T L，Bhattacharjee T，Beer J M，et al. Older adults' acceptance of a robot for partner dance-based exercise［J］. PloS one，2017，12（10）：e0182736.

［66］Wu M，Kim J，Gaebler-Spira D J，et al. Robotic resistance treadmill training improves locomotor function in children with cerebral palsy：A randomized controlled pilot study［J］. Archives of physical medicine and rehabilitation，2017，98（11）：2126-2133.

［67］Lefmann S，Russo R，Hillier S. The effectiveness of robotic-assisted gait training for paediatric gait disorders：systematic review［J］. Journal of neuroengineering and rehabilitation，2017，14（1）：1.

［68］Confavreux C，Vukusic S，Moreau T，et al. Relapses and progression of disability in multiple sclerosis［J］. The New England journal of medicine，2000，343（20）：1430-1438.

［69］Straudi S，Benedetti M G，Venturini E，et al. Does robot-assisted gait training ameliorate gait abnormalities in multiple sclerosis? A pilot randomized-control trial［J］. Neurorehabilitation，2013，33（4）：555-563.

［70］Asea A A A，Geraci F，Kaur P. Multiple Sclerosis：Bench to Bedside［M］. Springer International Publishing，2017.

［71］Parmar P，Morris B. Measuring the quality of exercises［C］. Conference proceedings：Annual International Conference of the IEEE Engineering in Medicine and Biology Society. IEEE Engineering in Medicine and Biology Society. 2016，2241-2244.

撰稿人：周成林　魏高峡　陆颖之　陈丽珍　赵祁伟　姒若光　张　澍

微表情识别：从心理学到人工智能科学

1. 微表情的定义

1966年，Haggard和Isaacs在寻找治疗师和患者之间的非言语交流特征、观察心理治疗录像时，发现了一种"微小瞬间表情"（micro-momentary facial expressions），并认为其与压抑和自我防御机制有关[1]。1969年，Ekman和Friesen分析了一段采访视频，视频中一名抑郁症患者试图掩饰其自杀意愿，在慢速播放视频时，发现了这种快速的难以察觉的痛苦或悲伤的面部表情，他们称为微表情[2]。微表情的一般定义：人们隐藏或抑制自己的真实情绪时快速泄露的面部表情[2-4]。研究者以时长对微表情进行操作性定义，现在越来越多的研究者将小于500毫秒的表情定义为微表情。

表情发生时涉及两条神经通路，分别源自大脑的不同区域。其中，锥体束驱动源于皮层运动区的随意的面部运动；而锥体外束驱动源于大脑皮层下区域的无意识的面部运动[5]。例如，在欺骗情景中，两条通路同时被激活。从表情的真伪角度看，其中锥体束控制面部做出掩饰真实情感的虚假表情，而锥体外束控制面部做出真实表情。在两个系统的对抗中，如果皮层下的冲动足够强，我们的真实表情可能以极短的时间呈现，这时微表情便发生了。

2. 心理学对微表情的研究

2.1 微表情的特征

微表情最突出的特点是持续时间短暂。对于微表情的持续时间，在早期没有一致结论。1974年，Ekman等人认为其持续时间为40~200毫秒[6]；2003年，Polikovsky等人认为微表情的持续时间小于250毫秒[7]；后来Ekman等人将微表情持续时间定为小于1/3秒[8]。Shen等通过操纵表情图片的呈现时间来考察表情持续时间对表情识别准确率的影响，结果表明，当呈现时间大于 200 毫秒时，被试对表情识别的正确率不再随呈现时间的增长而变化，从而从识别的角度认为微表情与宏表情的区分界限为 200 毫秒，即微表情为持续时间在 200 毫秒以下的面部表情[9]。Yan 等在前人界定的基础上，从1000 多个面部表情中筛选出快速泄露的表情。根据快速泄露的表情的分布特点，使用几种分布模型拟合出微表情时长的分布曲线，然后选择最佳的曲线并以此估计微表情时长的临界值。结果表明，以总时长 503 毫秒作为微表情的上限临界值较合适，而以总时长169 毫秒作为微表情的下限临界值较合适。后续的研究者大部分认为微表情的持续时间应该在 1/2 秒以内[10]。

微表情既可以包含宏表情（普通表情）的全部肌肉动作，也可以只包含宏表情肌肉动作中的一部分[7, 11, 12]。因此，相较于宏表情而言，微表情是一种持续时间短，且会发生面部肌肉运动抑制的面部表情[7, 11]，是真实情感的流露，并且难以控制[13, 14]。虽然没有明确的表述，Ekman 等人认为微表情与宏表情同样表达了 7 种基本情绪：厌恶、愤怒、恐惧、悲伤、高兴、轻蔑和惊讶[15, 16]。

2.2 微表情识别

最早的微表情识别研究使用的是短暂表情识别测验（brief affect recognition test，BART）。该测验通过给被试呈现时间为 1/100~1/25 秒的微表情图片，让其判断情绪类型，来获取其识别的正确率[6, 17, 18]。2000 年，Matsumoto 等人提出了一个新的微表情识别范式，即"日本人与高加索人短暂表情识别测验"（Japanese and Caucasian brief affect recognition test，JACBART）。测验先向被试呈现一张中性表情图片 2 秒，然后以 1/15 秒快速呈现一张表情图片，最后再呈现一张中性表情图片 2 秒（图片为同一人）[19]。

有研究者用此测验研究了微表情识别能力与谎言识别准确性的关系，结果表明，二者呈显著正相关（$r = 0.27$，$P < 0.02$）[20]。但它也引起了一些质疑：在现实情境中，微表情并不是孤立出现的，而且用快速呈现的表情图片来实施测验缺乏生态效度，存在图像后效问题，这会导致被试对刺激的知觉加工时间变长[18]。其后，有研究者分别对美国人和澳大利亚人的谎言识别能力与其微表情识别能力间的关系进行了探究，结果呈显著正相关（$r = 0.19$，$r = 0.30$，$P < 0.05$）[11]。

研究者发现，识别微表情是非常困难的[21]。未经训练的人正确率在 45%~50%[22, 23]，这就使得微表情识别训练变得尤为重要。2002 年，Ekman 根据 JACBART 测验开发出了第一个微表情训练工具（micro expression training tool，METT）[24]，后面更新到了 METT4.0①。该工具分为前测（pretest）、训练（training）、练习（practice）、复习（review）和后测（posttest）5 个部分，训练微表情所表达的 7 种基本情绪。有研究表明，大学生、审

---

① https://www.paulekman.com/product/micro-facial-expressions-training-tool/

讯员、海关工作人员和警察等在经过训练后，识别能力都会有所提高，而且可以将识别技巧较好的应用于现实情境。另外，METT 可以用于患有表情识别障碍的人群来提高他们对他人情绪的识别能力，从而提高他们的社交能力[22, 23, 25]。Ekman 等人指出，通过 METT 训练，受训者可以在 1.5 小时内提高自己的微表情识别能力[24]，且后测成绩一般会提高 30%~40%[12]。对于受训后的保持时间方面，有研究者对其进行了探究，发现短期训练可以维持数周[23,25]。而 Frank 等人发现，训练时间超过 30 分钟保持时间就可以达到 6 个月，甚至 20 个月之久。

需要强调的是，METT 呈现的微表情是由三张静态的图片组成，即在两张中性脸图片中间插入一张表情脸。所以这种"人工微表情"呈现的时候会有明显的"突变"，而没有呈现表情的动态过程。实际上学习者学到的是对情绪的分类技巧。

2.3　微表情识别的影响因素

对情绪启动范式的研究中发现，如果在识别目标情绪前存在情绪启动刺激，则启动刺激的效价会显著影响对目标表情的识别[26, 27]。后来也有研究发现，与中性背景和正性背景相比，负性背景下的微表情识别效果更差，表明表情背景对微表情识别有调节作用，且此过程发生在面部表情识别的早期阶段[28, 29]。

早期研究发现，女性具有更高的微表情识别能力[21, 30]。而后期的研究对不同性别被试的微表情识别能力进行了对比，并未发现差异存在[31, 32]。有研究者推测差异是由于社交模式等的不同而导致的[21]。

年龄方面的研究发现，对负性情绪的识别与年龄有明显关系，如对悲伤的识别随年龄的增长，正确率变低[33]。后也有研究表明，成年人对各种微表情识别的正确率随着年龄的增长而降低[32]。

2000 年，研究者根据 JACBART 对微表情识别能力与人格之间的关系进行了研究，发现被试的成绩与大五人格量表以及艾森克人格问卷中获得的成绩均呈显著正相关[19]。2009 年，研究者发现有责任心的人具有更高的微表情识别能力[33]。2014 年，发现具有高开放性的大学生具有更高的微表情识别能力。越来越多的研究表明诸如幸福感、对领导的评价、社交技能等社会因素与微表情识别能力有关[32]。

2.4　微表情与说谎的关系

一般认为，微表情与说谎密切相关，并作为说谎的重要线索之一。2008 年，在 Porter 和 ten Brinke 的研究中，出现微表情的被试人数占总人数的比值只有 21.95%，微表情数占总表情数更是只有 2%[34]。出现的微表情数同样很少的其他研究发现，这些仅有的微表情在检测欺骗的效力上也是不理想的，欺骗者与诚实者的微表情并无显著差异[35]。

Matsumoto 认为，许多以往的研究在关于微表情是否为欺骗线索上得出了模棱两可的结论，可能是由于微表情持续时间的操作化定义不同。他们通过一项模拟犯罪的实验，记录参与者的情绪类型和微表情时间。结果发现，持续时间小于 0.40 秒的微表情和持续时间小于 0.50 秒的微表情以足够的频率出现以区分说谎者和说真话者，但持续时间小于 0.30 秒的微表情不能区分说谎者和说真话者。持续时间小于 6.00 秒的负面情绪的表情也将说谎者和真话者区分开来，但是当从数据中过滤出持续时间小于 1.00 秒的表情后这一发现并不存在，也就是持续时间小于在 1.00 秒和 6.00 秒间的表情实际上并没有显著区分真实性与说谎者。这表明在自发产生的表情的正常范围内发生的负面表达（即不是微表情）并不是可靠的指标。总之，这项研究表明在特定的微表情发生时间的范围内以及负面情绪的表情上，微表情可以区分是否说谎[36]。

Burgoon 则认为，微表情并不是一个有效的说谎线索[37]。她从 6 个方面对这个问题进行质问。第一，欺骗会产生内在的负面情绪体验。微表情的提出者 Ekman 也认为欺骗会有积极的情绪（如得意）[38]。第二，这些内部体验与外部表达是对应的。而许多研究发现，情绪与表情没有一一对应关系。第三，微表情是无法控制的。这一点作者似乎不能给出直接的证据。作者认为表情作为社会信号，是对情境的反应，是可以被掩饰、压制、夸张的，尤其是在说谎时。第四，这些表情是可靠和有效的欺骗迹象。如 Pentland 等人[39]发现，在隐藏信息测试中（CIT）说谎者比说真话的人呈现更少的轻蔑和更多的笑容。第五，微表情频繁出现，足以被检测到。大量的执法人员和机场安全行为检测人员已经接受了训练，他们会寻找微表情。然而，美国国会证词显示，只有 0.6% 的 61000 旅客在 2011 年和 2012 年执法中被逮捕[40]，和公民自由协会 2017 年的一份报告得出结论行为观测方法是基于偏见、缺乏证据、垃圾的科学。第六，检测到的微表情成功地将真相与谎言区分开。这方面的证据还比较少，作者认为参考文献［35］和［39］是两个证据。

微表情与说谎的关系到目前还没有一致的结论。主要是相关的研究还非常少，且各个研究的被试、范式也不相同，被试的个人特质不同，如处在个人主义文化背景下的个体一般比其他文化背景下的个体更愿意表达自己真实的情感[41]。被试所处的欺骗情境不同，以往研究对欺骗与否的操作有多种方式，如主动欺骗或被动欺骗、利益相关性等。

3. 微表情数据库

微表情分析技术的发展在很大程度上依赖具有基于事实正确标注的成熟数据库。由于微表情具有不可控、持续时间短、变化幅度小等特点，所以在受控环境中诱发微表情非常困难。目前已经发布了几个微表情数据库，但正如下文所述，其中许多微表情数据库在诱发范式、标注方法、样本数量等方面仍存在诸多不足。

一些早期的研究通过构建高风险场景来诱发微表情，例如：要求人们观看不愉快的电影后隐藏消极的影响并假装愉快的感觉来说谎[42]，或者在犯罪场景中实施盗窃并进行撒谎[43]。然而，以这种方式诱发的微表情往往会受到其他非情绪类面部动作的影响，如对话行为时的嘴动。

自 2011 年以来，共建立了 9 个微表情数据库：USF-HD[44]、Polikovsky's dataset[45]、York DDT[46]、MEVIEW[47]、SMIC[48]、CASME[49]、CASME II[50]、SAMM[51] 和 CAS（ME）2[54]。前两个数据库里包含了刻意摆拍的微表情数据：在 USF-HD 数据库里，被试被要求作出宏表情和微表情；在 Polikovsky's dataset 数据库里，被试被要求模仿微表情动作。

摆出的微表情和自发产生的微表情是不同的。York DDT 由自发的微表情组成，具有较高的生态效度。York DDT 数据库是由高生态效度的自发微表情组成。然而，与测谎范式[42, 43]诱发的微表情有一样的弊端：里面混有非情绪类面部运动，比如说话时的嘴动。此外，前面提到的三个数据库都不能开放获取。

说谎诱发范式有两个弊端：①微表情里会包含一些不相关的面部运动，如讲话；②诱发出的微表情类型有限，如高兴类型从没诱发出来过。

在观看情绪诱发视频片段时保持中性面孔是有效的微表情诱发方法（通过抑制情绪），这一诱发范式已得到广泛认可。5 个数据库：SMIC、CASME、CASME II、SAMM 和 CAS（ME）2 都是用的这种诱发范式。MEVIEW 使用了另一种完全不同的诱发范式：他构建了一个高风险的场景——扑克牌游戏或者电视采访中刁难性的问题。

我们首先了解下 MEVIEW 微表情数据库，总结他的优点和缺点，然后主要关注主流的 5 个数据库［SMIC、CASME、CASME II、SAMM 和 CAS（ME）2］。这 6 个微表情数据库都可以公开免费获取，表 1 是对 6 个数据库的总结。

表 1　公开发布的 6 个微表情数据库

特征	数据库							
	MEVIEW	SMIC			CASME	CASME II	CAS（ME）2	SAMM
		HS	VIS	NIR				
样本量	31	164	71	71	195	247	57	159
被试数	16	16	8	8	35	35	22	32
帧率	25	100	25	25	60	200	30	200
平均年龄	N/A	N/A			22.03	22.03	22.59	33.24
人种数	N/A	3			1	1	1	13
分辨率	1280×720	640×480			640×480 1280×720	640×480	640×480	2040×1088
面部尺寸	N/A	190×230			150×190	280×340	N/A	400×400

续表

特征	数据库							
	MEVIEW	SMIC			CASME	CASME Ⅱ	CAS（ME）[2]	SAMM
		HS	VIS	NIR				
情绪类别（样本数量）	6类： 高兴（6） 愤怒（4） 厌恶（1） 惊讶（18） 轻蔑（6） 恐惧（6）	3类： 积极（107） 消极（116） 惊讶（83）			8类： 高兴（5） 厌恶（88） 悲伤（6） 轻蔑（3） 恐惧（2） 紧张（28） 惊讶（20） 抑制（40）	5类： 高兴（33） 抑制（27） 惊讶（25） 厌恶（60） 其他（102）	4类： 积极（8） 消极（21） 惊讶（9） 其他（19）	7类
标签类型	情绪类型、AU	情绪类型			情绪类型、AU	情绪类型、AU	情绪类型、视频类型、AU	情绪类型、AU

MEVIEW 微表情数据库[47]由真实的两个场景下的视频剪辑构成（在非实验室控制的环境下拍摄）：①扑克游戏中的一些关键时刻；②一个人在电视采访中听一个很难回答的问题。两种场景都具有很高的压力因素，例如：在扑克牌游戏中，玩家试图隐藏或假装自己的真实情绪，视频中的关键时刻记录了纸牌被揭开时玩家面部的细节，在这一刻微表情最可能会出现（图1）。MEVIEW 数据集包含 31 段微表情视频剪辑，帧率为 30 fps（fps 是指画面每秒传输帧数），分辨率为 1280×720，视频剪辑的平均长度为 3 秒。镜头会经常切换，整个视频剪辑中只呈现一张脸。情绪的类型被分为 7 类：快乐、轻蔑、悲伤、厌恶、惊讶、恐惧和愤怒。MEVIEW 微表情数据库的优点是他的诱发场景是真实的，有利于微表情分析算法的训练或测试。缺点：①在高生态效度的视频中，参与者很少能从正面被拍摄到，因此，有效样本的数量非常少；②数据集中的参与者只有 16 个，样本量太小。

图 1　MEVIEW 数据库里的微表情图像

SMIC、SAMM、CASME、CASME Ⅱ 和 CAS（ME）[2] 的所有图像序列都是在受限制的

实验室环境下拍摄的。SMIC 数据库[48]提供了不同类型的摄像机记录的三种数据集：高速相机（HS）、正常视觉相机（VIS）和近红外相机（NIR）（图2）。由于微表情持续时间短，强度低，高时空分辨率可能有助于捕捉更多细节。因此，HIS 数据集采用帧率为100 fps 的高速相机拍摄，它可以用来研究微表情的快速变化特征。VIS 和 NIR 数据集增加了整个数据库多样性。因此，可能会开发出更多不同的算法和比较模型。VIS 和 NIR 数据集的数据参数帧率为 25fps、分辨率为 640×480。相对于帧率 100fps 下采集的数据，VIS的低帧率数据可以用来研究微表情的正常行为，例如：当运动在网络相机上模糊的出现。NIR 是用近红外相机拍摄的，可以消除光照对微表情的影响。SMIC 数据库的缺点在于他采用的标签方法：①只有三种情绪标签，积极的、消极的和惊讶的；②情绪标签只通过被试的自述报告决定，假如不同的参与者对同一种情绪的评价可能不同，那么这份全面的自我报告可能并不精确；③ SMIC 数据库没有提供面部运动单元（AUs）。

图2　SMIC 数据库，从左到右依次为 VIS、NIR、HS 数据集

面部运动单元（AUs）是人体肌肉或肌肉群的基本动作，这是《面部运动编码系统》（FACS）[53]里定义的——一种通过面部表情来对人类面部动作进行分类的系统。AUs 被广泛用于描述情绪的物理表达。尽管 FACS 已经成功地在宏表情中编码了与情绪相关的面部动作，但不同情绪类型的 AU 标签在微表情表达上呈现出多样性，还值得进一步研究。不同于 SMIC 的是 SAMM、CASME、CASME II 和 CAS（ME）² 都提供了 AU 标签。

CASME、CASME Ⅱ 和 CAS（ME）² 由同一团队使用相同的实验范式开发。在控制良好的实验室环境中，用 4 盏 LED 灯来提供稳定的和高亮度的光照，它还能有效地避免因交变电流引起的灯光闪烁。参与者被要求在观看高情绪效价的视频片段时保持中性的面孔来诱发微表情（图3）。CASME Ⅱ 是 CASME 的一个扩展版本，它们之间的主要区别如下：①帧率：CASME Ⅱ采用高速相机拍摄，帧率 200 fps，CASME 帧率是 60 fps；②面孔图像大小：CASME Ⅱ 为像素 280×340，CASME 像素为 100×230；③ CASME 和 CASME Ⅱ 分别有 195 和 247 个微表情样本。CASME Ⅱ 在样本中有更一致的均衡的情绪分类，即：快乐（33 个样本）、压抑（27 个样本）、惊讶（25 个样本）、厌恶（60 个样本）和其他（102个样本）。然而，CASME 中每个情绪类别的样本分布要差得多，例如：恐惧只有 2 个样本，轻蔑只有 3 个样本。

CASME

CASME Ⅱ

CAS（ME）²

图 3　左图为实验诱发采集环境，右图为 CASME 系列数据库图像

通过保持中性的面部表情来成功地诱发微表情是一项艰巨的任务，许多参与者都失败了，导致诱发的是宏表情。CAS（ME）²将这类数据收集起来，通过持续时间来区分宏表情和微表情：0.5 秒以下为微表情，以上为宏表情。数据库 CAS（ME）²分为 A 部分和 B 部分：A 部分包含 87 个既有宏表情也有微表情的长视频，B 部分包含 300 段宏表情样本和 57 个微表情样本。情绪分为 4 类：积极的、消极的、惊讶和其他。CASME、CASME Ⅱ和 CAS（ME）²都对起始帧、峰值和结束帧进行了编码，基于 AU 组合进行、情绪唤起视频的情绪类型和自我报告的情绪三方面进行微表情标签的确定。

SAMM 数据库[51]里有 159 个样本（图片序列里包含自发微表情），他们通过高速相机记录，帧率为 200 fps，分辨率为 2040×1088（图 4）。与 CASME 系列数据库一样的是这些样本都是在控制良好的实验室环境中记录下的，并严格设计了照明条件。这样就可以避免灯光刷新（导致记录图像闪烁）。SAMM 数据库共招募了 32 位志愿者作为数据采集对象（16 男 16 女，平均年龄 33.24 岁），有很好的种族多样性（13 个种族）。为了确定情绪标签，没有采用自我报告的方法，而是让每名志愿者在开始实验之前都填写一份问卷，然后会根据问卷结果使用特定的情绪诱发视频让不同的参与者观看，诱发预期的微表情类型。SAMM 标了 7 种类型的微表情：轻蔑、厌恶、恐惧、愤怒、悲伤、快乐和惊讶。与 CAS（ME）²一样的是，SAMM 也同时收集了微表情和宏表情。然而，目前已发布的情绪类型标签只包含微表情的，宏表情的类型标签将在不久之后公布。

图 4　SAMM 数据库微表情图像

到目前为止，CAS（ME）²和 CASME Ⅱ是进行微表情检测和识别最合适的数据库。

4. 计算机科学对微表情的研究

4.1 经典的特征提取方法

用计算机对微表情进行自动检测和识别的研究，可以归于模式识别的研究范畴。模式识别一般分为特征提取和分类两个步骤（图 5）。具体到微表情识别问题，给定的输入是微表情视频片段，通过特征提取器提取特征后，把特征送给分类器，进行微表情识别（分类），识别其属于高兴、惊讶、悲伤、厌恶等情绪中的哪一种。大多数的工作都集中在如何提取对于微表情识别更有鉴别力的特征。对于微表情的特征提取，大体可分为时空域特征和频域特征两大块。

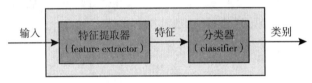

图 5　模式识别的两个步骤

4.1.1　时空域特征

在微表情视频片段中，面部区域的局部微小瞬态变化可以通过每个体素的灰度或颜色信息的局部模式有效地捕获，这通常称为动态纹理（dynamic texture，DT）。动态纹理是把传统基于图像的纹理扩展到三维空间中。

局部二进制模式（LBP）是经典的纹理提取方法之一。LBP[54] 通过使用中心像素和邻域像素之间的大小关系表示局部像素的共生模式所启发的。每一个平面上的 LBP 表示为：$LBP_{t,P,R} = \sum_{p=0}^{p-1} s\left(g_{t,p} - g_{t_{c,c}}\right) 2^p$，其中，c 是中心点，$g_{t,p}$ 是灰度值，P 是半径 R 的邻域点数，$s(x) = \begin{cases} 1 & x \geq 0 \\ 0 & x < 0 \end{cases}$。通俗来说，就是某个像素 g_c 和它周围的 8 个像素值比大小，如果其周围的像素比其大则记为 1，小则记为 0。这样就形成一个 8 位的二进制串。这二进制串就被称为这个像素的 LBP 码，如图 6。Pfister 等人[55] 从视频片段中三个正交平面（XY，XT，YT）上分别提取 LBP 编码后串在一起，形成 LBP-TOP 编码[56] 来对微表情进行识别。

Guo 等人[57] 根据三个正交平面提出了集中二进制模式（CBP-TOP）。它的一个平面 CBP[58] 评估了圆的相对位置处的像素灰度值差异和中心点的灰度值与其邻域点之间的差异。CBP-TOP 是 CBP 特征在 3D 空间的扩展，该描述符对噪声不敏感，而且减少了直方图长度，同时通过给中心像素赋予最大权重来强调其重要性。Wang 等人[59] 提出了具有 6

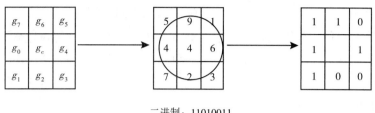

二进制：11010011

图 6　LBP 编码示例

个交叉点的 LBP（LBP-SIP），它可以被描述为在中心点的同一平面上具有 4 个点的空间纹理和在中心前后的两个相邻帧具有中心的时间纹理。因此，它减少了直方图长度，同时提高了速度。Huang 等人[60]提出了一个完整的局部量化模式（CLQP），它将中心像素与周围像素的局部共生模式分别分解为符号，幅度和方向，并将其转换为二进制编码。时空 SCLQP[61]是 3D 空间中 CLQP 的扩展，它使光学变化更加紧凑和强大。Hong 等人[62]提出了二阶标准化矩平均值（2Standmap），通过二阶平均值和最大值运算计算每个像素的低级特征（如 RGB）和中间局部描述符，将它们连接到一个特征向量来计算本地描述符的二阶池矩阵。

保持微表情的形状属性的另一种方法是对整体投影。Huang 等人[63]提出了一种具有积分投影的时空 LBP（STLBP-IP），其中通过积分投影获得图像每个像素的水平和垂直投影，并且从水平和垂直投影评估 LBP。Huang 等人[64]提出了一种基于积分投影的判别式时空局部二值模式（DiSTLBP-RIP）用于微表情识别。他们开发了一种重新使用的积分投影算法来维持微表情的形状属性，并使用局部二元模式算子来进一步描述水平和垂直积分投影的外观和运动的变化。然后他们提出了一种基于拉普拉斯方法提取判别信息的新特征选择。DiSTLBP-RIP 表示为：$R\left[f\right](\alpha, s) = \int_{\infty}^{\infty} \int_{\infty}^{\infty} E(x, y) \delta(x\cos\alpha + y\sin\alpha - s) \, \mathrm{d}x\mathrm{d}y$，其中 δ 是狄拉克 δ 函数，α 是投影角，s 是阈值，E 是使用 RPCA 的稀疏信息，主要包括微表情的细微运动信息。

Polikovsky 等人[65]使用 AAM[66]将面部划分为 12 个区域，提出了 3D 梯度描述符。该算法计算并量化每个像素的所有方向上的梯度，然后构造每个区域的 3D 梯度直方图。这个可以捕获帧之间的相关性的描述符是平面梯度直方图的扩展。Lu 等人[67]提出了基于 Delaunay 的时间编码模型，它使用 AAM 和 Delaunay 三角剖分[68, 73]将面部区域划分为具有相同像素数的三角形区域，并通过局部时间变化（LTV），计算出相邻帧中的每个三角形区域像素值之间的差值的累积值。

除了动态纹理特征外，还有一些研究是把微表情视频片段，看成一个高阶张量，利用张量分析的方法去研究微表情识别。一个高阶张量其实就是一个多维数组。从数学的观点来看一个 N 阶张量是 N 个向量空间的张量积，每个向量空间都有自己独立的坐标系。高阶张量是标量（0 阶张量）、向量（1 阶张量）、矩阵（2 阶张量）等的高阶泛化。另外，根据微表情呈现时间短、运动幅度小的特点，也有一部分工作使用稀疏作为工具来研究微表情。

Wang 等人[69]使用鲁棒主成分分析（RPCA）将微表情序列分解为静态图像（即其他信息，如身份信息）和动态微表情（微妙运动信息），并且给予 LBP-TOP 提出了改进的时空方向特征（LSDF）。对于 XY 平面，使用中心行（列）的对应像素评估行（列）的每个像素，以获得 Y（X）方向上的二进制代码。然后在 XT 和 YT 上执行类似的操作，从而获得所有 6 个方向的代码。去相关 LSTD（DLSTD）是通过奇异值分解（SVD）[74]获得的。在时空方向上，提取了更准确的方向信息。该算法去除了不相关的身份信息，并强调了微动信息对识别微表情的重要性。Wang 等人[70]将微观表情视为三维时空张量，并提出了判别张量子空间分析（DTSA）来保留更多的空间结构信息。它将微表情张量投影到子张量空间，其中子张量空间类间距离最大化并且类内距离最小化。Ben 等人[71]提出了具有张量表示的最大边际投影（MMPTR）。他们还将微表情序列视为三阶张量，并通过最大化类间拉普拉斯散射和最小化类内拉普拉斯散射来直接提取辨别和几何保留特征。

Kamarol 等人[72]提出了一种时空纹理映射（STTM），用于在线性空间中对输入视频序列和 3D 高斯核函数进行卷积。通过计算二阶矩阵，得到了时空纹理和微表情序列的直方图。该算法以较低地计算复杂度捕获面部表情中的细微空间方差和时间方差，并且对于光照变化是稳健的。Wang 等人[73]提出了张量独立色彩空间（TICS），它进行了如下变换：$\chi_i \times 4\ U_4^T$。为了寻得变换矩阵 $U_4 \in R^{I_4 \times I_4}$，要让 y_i 的模式 –4 的组成成分尽可能独立。其中，$\chi \in R^{I_1 \times I_2 \times I_3 \times I_4}$，$I_1 \times I_2$ 是分辨率，I_3 是帧数，I_4 有三个分量对应 R、G 和 B，χ_i 是第 i 种颜色微表情视频剪辑。通过张量变换矩阵将 RGB 颜色空间转换为 TICS 颜色空间，然后使用 LBP-TOP 提取特征。该算法将具有三个高度相关分量的色彩空间转换为更独立的色彩空间，并将色彩空间与局部描述符组合以获得更有效的判别信息。Zong 等人[74]设计了一种用于时空描述符提取的分层空间划分方案，并提出了一种核心化组稀疏学习（KGSL）模型来处理基于分层方案的时空描述符。KGSL 模型可以表示为：$min \parallel M - Q^T \tilde{K} \parallel_F^2 + \lambda \parallel N \parallel_1$，其中，N=Q，M 是训练样本的标签矩阵，X 是时空描述符，U 是 X 的对应子投影矩阵，N 是 U 相对于 X 的线性组合系数，$\tilde{K}$ 是 Gram 矩阵，λ 也是控制着 N 的稀疏性的权衡参数。它可以更好地为不同的微表情样本选择理想的划分网格，并且对于微表情识别任务更有效。He 等人[75]开发了一种新颖的多任务中级特征学习算法，以通过学习一组特定于类的特征映射来提高低级特征提取的辨别能力。

光流算法旨在分析光流场中微表情序列的变化。与上述不同，这些算法从像素的角度提取两个相邻帧的像素的相对运动以捕获面部的微小变化。光流特征基于像素的运动，大大减少了头部运动和光线变化的影响。它删除了更多的冗余信息，并且不受帧数的影响。Liong 等人[76]提出了光流应变加权特征（OSWF）算法来提取每个像素的光流应变幅度。该信息可以被视为通过乘以 XY 平面的直方图而获得的结果直方图。OSWF 可以捕捉微小面部运动的重要性，并通过重量的简单乘积来强调功能。Liong 等人[77]从时间的角度提出了一种光流应变幅度的特征提取算法。利用光流量值估计连续帧之间的每个像素的光流应变。将所有应变图的每个像素的光流量值相加，以形成时间求和池化的最大归一化。然后，将该求和池化调整为视频序列的特征。光流应变图的计算可以产生更强稳健、紧凑和决定性的特征。Xu 等人[78]提出了基于光流估计的面部动态图（FDM）特征提取算法，提出了精细的顺序对齐以消除由面部平移引起的误差，仅留下与微表情相关联的小运动。同时，光流场被分成小的时空立方体。然后使用迭代算法来评估每个时空立方体中光流的主方向，并且将它们中的每一个组合作为用于识别的最终特征。该算法可以捕获微小面部运动，消除冗余信息并避免光流误差，通过并行处理减少时间消耗。

Liu 等人[79]提出了一种应用于平均方向平均光流（MDMO）选择的简单有效的算法。根据 DRMF 模型定位的特征点，人脸可以分为 36 个非重叠 ROI。由此可以计算面部图像帧的光流，并且在光流域中对准图像序列，提取每个 ROI 的主光流向量的大小和方向，获得二维方向矢量并将其归一化为来自每个区域的特征向量。与 Chaudhry 等人[80]不同，他们将所有光流方向矢量量化为 4~10 个间隔，以获得定向光流（HOOF）特征的直方图。光流域对准算法可以减少由头部运动引起的噪声。这些功能对于平移，旋转和照明变化非常稳健。MDMO 功能是 HOOF 功能中最重要的部分。尽管 HOOF 特征尺寸较高，但 MDMO 具有较低的特征尺寸，并且对图像序列的帧数不敏感。

Zhang 等人[81]提出了一种判别特征描述符。面部对齐算法用于定位面部特征点，将图像被分成几个区域，并从每个区域提取光学流向直方图和 LBP-TOP 特征，以表示作为微表情特征的微表情运动的趋势和强度。局部统计描述符可以捕获比全局特征更详细和更全面的信息。不同局部特征的融合可以产生比单个特征更具特征性的微表情信息。同时，它对姿势和光学变化不敏感。然而，不同的特征对识别有不同作用，因此需要考虑两个特征的权重而不是简单地融合两个微表情。

Patel 等人[82]提出了光流向量的时空积分（STIOF）来标记视频剪辑中微表情的起始点，顶点和偏移帧。王等人[83]提出了用于微观表达定位 / 检测的主方向最大差异（MDMD）分析。MDMD 可以获得更准确的结果，并且对于发现微表情更加稳健。

4.1.2 频域特征

通过傅里叶变换等不同的变换，可以将微表情序列变换到频域，并提取幅度和相位信息等相关特征。与特征描述不同，这些算法分析在频域进行。通过这种方式，可以提取特征描述算法容易忽略的局部特征，例如面部轮廓的角，面部线和边缘信息。

Oh 等人[84]通过 Riesz 小波变换提取变换图像的幅度、相位和方向。Oh 等人[85]还提出了内在的二维局部结构（i2D），它进行了傅里叶变换，并通过由泊松带通滤波器的拉普拉斯算子构建的高阶 Riesz 变换恢复了 i2D 的相位和方向，然后它们提取了 LBP-TOP 功能并在量化后生成特征直方图。Zhang 等人[86]使用 Gabor 滤波器来获得重要频率的纹理图像并抑制其他纹理图像。Li 等人[87]在文中比较了几种局部时空描述子（local spatial temporal descriptors，包括 LBP，HOG 和 HIGO）在微表情识别任务中的性能，并且验证了通过欧拉影像放大算法（EVM）放大视频中微小动作可以有效提高微表情识别的正确率。Chavali 等人[88]也利用 EVM 来提取微表情的特征。Oh 等人[89]提出了欧拉运动放大（EMM）方法，包括基于幅度的 EMM（A-EMM）和基于相位的 EMM（P-EMM）。然后，用 LBP-TOP 提取微表情的特征。该算法可以强调微运动。

4.2 深度学习的方法

相对于经典的模式识别方法，深度学习方法是把特征提取和分类器统一起来。CNN是一个经典的深度学习方法，它可以分成两部分：一是卷积层，二是全连接层。卷积层对应于特征提取，全连接层对应于分类器。

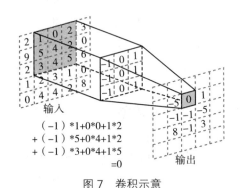

图 7　卷积示意

图 7 显示了一个卷积的示意，卷积的过程就是用手工设计的卷积核，在输入图像上进行滑动时，与对应像素的灰度值相乘再求和。不同的卷积核的设计可以得到不同的特征。图 8 显示了两种不同的卷积核提取的不同的特征，上方的卷积核心提取了图像中垂直的特征，下方的卷积核提取了图像中的水平特征。而在 CNN 中卷积核并不是手工设计的，而是从训练样本中学习得到的，CNN 可以学习多个不同的卷积核，这样能提取到更丰富的特征。CNN 是通过一种转换把卷积核变成神经网络中的权重，这样使得通过训练神经网络的方法，能够从训练样本中，学习出卷积核来。

在微表情识别领域，由于数据样本较少，并且微表情具有持续时间短、强度低等特点，深度学习方法的应用相比于在其他领域有更多的挑战，直到 2016 年以后才陆续有基于深度学习方法的文献发表，至今已经有十几篇相关文献，取得了一些进展。这些基于深度学习的微表情识别方法可以分为如下三类：①使用 CNN 对单张图像或其特征进行分类；②使用"CNN+LSTM"模式对微表情视频进行分类；③使用 3D CNN 对微表情视频进行分类。在这些方法中，针对微表情数据样本少的问题，采取了迁移学习、数据增强、设计浅层网络、使用 dropout 层等策略；针对微表情强度弱的问题，有文献使用了欧拉运动放大

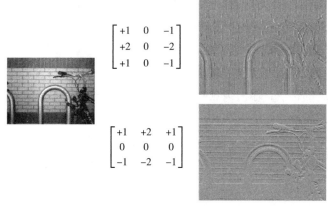

图 8　两种不同的卷积核提取特征的示意

技术。并且，综合各个研究工作来看，有一个比较普遍的发现：光流信息在微表情的识别中起着重要作用，这是因为它能够反映微表情的运动特征。

4.2.1　使用 CNN 对单张图像或其特征进行分类

2017 年发表的 Takalkar 等[89]的工作是较早探索使用 CNN 对单张微表情图像进行分类，从而来识别微表情的。他们使用的网络架构是经典的 VGG 网络，如图 9 所示。该网络的输入是微表情视频的每一帧图像，输出是该图像所属的微表情的类别。图像在输入网络之前做了严格的预处理。

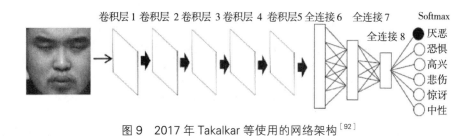

图 9　2017 年 Takalkar 等使用的网络架构[92]

对于微表情样本少的问题，该文使用了 2 个策略：①对每一张图像进行水平翻转数据增强，使样本数量增加为原来的 2 倍；②网络是使用了训练好的用于人脸识别的 VGG-Face 网络，之后在微表情样本上进行微调。作者做了对比实验，证明所提出来的深度学习方法，在微表情识别任务上的性能，要稍好于传统的 baseline。

由于顶点帧（apex）在微表情视频的所有帧中具有最强的表现力，因此 Li 等人[93]提出仅仅利用顶点帧来判断整段微表情的类别。第一步，检测顶点帧，提出了一种频域上的顶点帧检测方法，即 3D FFT 方法；第二步，使用 CNN 网络仅仅对顶点帧进行分类。为了解决微表情强度低的问题，先使用欧拉动作放大技术对顶点帧进行放大后送入卷积神经网络；为了解决微表情样本少的问题，一方面，利用迁移学习技术，使用训练好的用于人脸识别的 VGG–Face 模型，然后在微表情样本上进行微调，另一方面，为了增加样本数量，取与顶点帧临近的几帧也看成是顶点帧用于网络的训练。

与之类似的，也是同一年发表的，还有 Peng 等[91]所做的研究工作。该工作也是使用顶点帧作为网络的输入，输出顶点帧所属的微表情的类别。对于 CNN 分类网络，作者使用了比较深的深度残差网络模型 ResNet10，其基本的组成模块如图 10 一个典型的深度残差网络组成模块[83]所示。这一模块最主要的特点是输入与输出之间具有短接，确保模块的叠加不会使网络的性能变差。他们用在 ImageNet 上预训练好的 ResNet10 网络，先在宏表情数据上进行预训练，再在微表情数据集上进行微调，从而训练出了性能较好的微表情识别的网络。

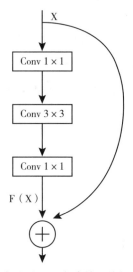

图 10　一个典型的深度残差网络组成模块[94]

Gan 和 Liong 等[92]提出了一个浅层的 CNN 网络，一共包括两个卷积层、两个池化层和两个全连接层。对于网络的输入，作者测试了 7 种情况（输入的大小均是 28×28）：

1）原始的顶点帧（apex）图像。

2）起始帧（onset）和顶点帧（apex）之间的差异值（对应像素值相减）。

3）起始帧和顶点帧之间光流的水平分量。

4）起始帧和顶点帧之间光流的垂直分量。

5）起始帧和顶点帧之间光流的模值。

6）起始帧和顶点帧之间光流的方向角。

7）起始帧和顶点帧之间光流的水平分量和垂直分量的组合（merge）。

实验结果表明，第 7 种情况的结果最好，以非常明显的性能优越性好于使用其他种类的输入。Liong 和 Gan 等[93] 又提出了名为 OFF-ApexNet（optical flow features from apexframe network）的卷积神经网络，将光流的水平分量和垂直分量拆分开来，分别送入两个网络，之后将两个网络学习到的特征进行聚合。该网络的架构如图 11 所示。

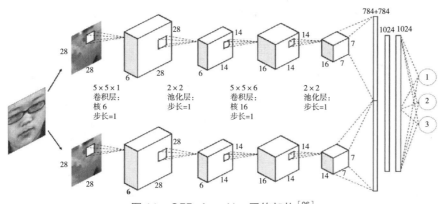

图 11　OFF-ApexNet 网络架构[96]

4.2.2　使用"CNN+LSTM"模式对微表情视频进行分类

前面介绍的 CNN 只能处理单张图片，对于微表情来说，时序特征也非常重要。在深度学习中，循环神经网络（RNN）可以提取时序特征。但由于梯度消失或梯度爆炸的原因，RNN 对较长的时间序列特征提取效果不理想。长短期记忆模型（LSTM）通过引入了"输入门""忘记门"和"输出门"来克服 RNN 的不足。为了把微表情中的空间特征和时间特征都提取出来，有一些工作使用了经典的"CNN+LSTM"模式对微表情视频进行识别。基本的做法是：使用 CNN 提取每一帧微表情图像（或其特征，比如光流）在二维平面上的空间特征，使用 LSTM 对微表情在时间维度上的动态信息进行提取，提取微表情视频的时间特征。CNN 和 LSTM 相结合提取微表情的时空特征，进而对微表情视频进行分类识别。

2016 年发表的 Patel 等[94] 的工作是较早探索深度学习方法在微表情识别任务中的可能性的。他们的主要做法是使用 CNN 对对微表情的空间特征进行提取，然后将所有视频帧的空间特征进行组合，在这个上面提取时间特征（尽管作者提取时间特征的方法不是 LSTM，但是作者文中的展望部分提出未来使用 LSTM 模型提取时间特征）。之后作者对深度学习所学习到的特征进行了特征选择。

同样在 2016 年发表的，基于"CNN+LSTM"模式的微表情识别方法，还有 Kim 等的[95] 工作。他们使用的还是传统的网络架构，即先用 CNN 提取空间特征，再将提取的 CNN 特征送入一个包含两层、每层有 512 个神经元的 LSTM 中进行时间特征的提取。但是，在训练 CNN 的时候，作者创造性地提出了添加"表情状态"约束，增加了目标函数要学习的项。作者将微表情视频帧划分为 5 种状态：起始帧状态（onset），由起始到顶点的帧状态（onset to apex），顶点帧状态（apex），由顶点到结束的帧状态（apex to offset），结束帧状态（offset）。目标函数有 5 项要学习的内容（如图 12 所示）：①学习微表情类别；②最小化微表情类内差异；③学习帧的状态类别；④最小化帧状态类内之间的差异；⑤学习帧之间状态的连续性。如此，学习到好的 CNN 特征表达，学习到与被试个体无关、与表情状态无关的特征表达。作者用实验证明了，这 5 个目标函数的每一项都有利于提高模型的准确率。

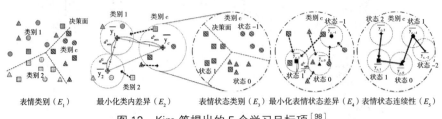

图 12　Kim 等提出的 5 个学习目标项[98]

同样是"CNN+LSTM"模式，Khor 等[96]提出对于微表情视频的每一帧，同时使用三张不同形式的输入：①一张 3 通道的光流图（水平运动分量组成一个通道，垂直运动分量组成一个通道，运动向量的模值组成一个通道）；②一张原始图像的灰度图；③一张光学应变（optical strain）图。对于如何使用 CNN 对这三种输入进行空间特征提取，作者提出了两种方式，一种是空域富集，另一种是时域富集。两种方式如图 13 所示。

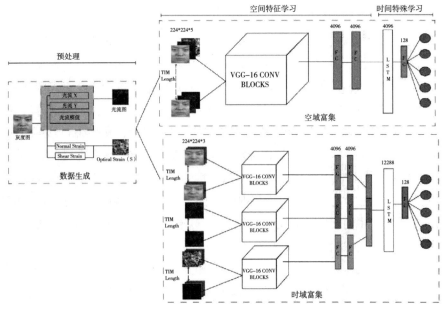

图 13　Khor 等提出的微表情识别网络架构[99]

对于空域富集方式，CNN 的输入是通道叠加，叠加成 $224 \times 224 \times 5$ 形状，这 5 个通道的组成是：一张 3 通道的光流图，一张 1 通道的原始图像的灰度图，一张 1 通道的 optical strain 图。CNN 输出一个 4096 维的特征向量，这个向量是 LSTM 一个时间步的输入。

对于时域富集方式，使用 3 个 CNN，每一个 CNN 的输入形状都是 $224 \times 224 \times 3$。这 3 个 CNN 分别以光流图（由如上所说的那 3 个通道组成），灰度图（使用 3 张叠加成 3 个通道），optical strain（使用 3 张叠加成 3 个通道）作为输入。每个 CNN 都输出一个 4096 维的特征向量。三个特征向量进行拼接，拼接成 12288 维的特征向量。这个 12288 维的向量是 LSTM 一个时间戳的输入。实验证明时域富集要比空域富集的效果更好。

2018 年，王等[97]发表了一篇基于"CNN+LSTM"模式的微表情识别工作，提出了一种叫作 TLCNN 的网络。针对微表情样本数量少的问题，作者采取了迁移学习的策略：对于 CNN 的训练，先在宏表情数据库上进行预训练，又在微表情视频帧上进行预训练（因为微表情视频由高速相机拍摄，里面的帧非常多，这些帧就相当于"大数据"）。经过两方面的预训练以后，再使用微表情数据对 CNN 进行微调。作者实验证明了两个方面的预训练对于提高整个网络的性能都很有必要。对比实验表明，所提出的方法在微表情识别准确率方面要好于诸多其他方法。

Peng 等[98]提出来的微表情识别网络，仍然是使用 CNN 来提取空间特征，使用 LSTM 来提取时间特征。但是不同于其他工作，Peng 等并不是将 CNN 提取的特征送入 LSTM 来提取整个微表情视频的时空信息，而是将 CNN 提取空间特征和 LSTM 提取时间特征这两个过程同步进行，最后再以拼接的方式将两种特征聚合得到时空特征。作者的主要思想是：因为顶点帧最具有表现力，使用顶点帧来对微表情进行分类不仅可以去除大量的冗余信息，还方便从宏表情数据中进行迁移学习。但是仅仅使用顶点帧丢失了时间信息，因此作者提出将时间特征的提取作为辅助，来提高对顶点帧识别的准确率。Peng 等提出的网络架构如图 14 所示。

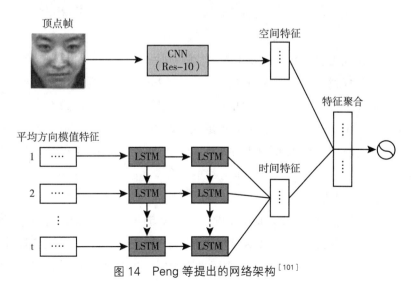

图 14　Peng 等提出的网络架构[101]

该方法分为两个部分，一部分是对顶点帧的空间特征的提取，另一部分是对微表情视频的时间特征的提取，最后将空间特征和时间特征进行聚合，使用聚合以后的特征进行微表情的分类识别。这两个部分的方法具体如下：① CNN 提取空间特征。其输入是顶点帧（输入的大小是 224×224）。网络使用的是 ResNet10，将在 ImageNet 上预训练好的 ResNet10 在宏表情数据库上先进行预训练，然后在微表情数据库上进行微调。② LSTM 提取时间特征。使用两层 LSTM，每层都是 512 维。输入是处理好的光流平均 "方向—模值" 特征。这一特征的计算方法为：首先计算检测裁切好的人脸的光流，然后将光流转换成极坐标的表示形式，包括方向角和模值。把整张光流切分成 8×8 的小块，将每一小块所有像素点光流的方向和模值取平均，这样在每一小块上都得到 2 个平均值，整张图像一共得到 64×2=128 维的特征向量。将每一张视频帧的这种 128 维的特征向量作为 LSTM 的一个时间步的输入，使 LSTM 提取到微表情视频的时间特征。（作者认为时间特征仅起到辅助的作用，因此方法不应太过冗余，应该方便小巧。）

作者的实验结果表明，添加了时间特征的微表情识别网络，要比仅仅使用顶点帧进行分类的微表情识别网络，性能更好。而且其所提出方法的优越性，尤其表现在交叉数据库验证上。也就是在一个数据库上学习到的微表情识别网络在另一个数据库上识别准确率测试评估。实验也表明，仅仅使用顶点帧训练的网络有很强的数据库依赖性，而该方法融入了时间特征以后，大大提高了算法在不同数据库上的鲁棒性。

5. 展望

随着微表情研究的继续推进，越来越多的研究者开始关注微表情识别过程的神经机制。曾有研究者对此进行了研究，并得出微表情是知觉水平的加工，负责微表情识别的脑区在左侧额叶[99]。但目前这方面的研究较少，这使得通过 ERP 或 fMRI 等技术对微表情神经机制的研究成了一个重要方向。

与此同时，研究者也将目光放在了微表情数据库的开发上面。其中，怎样构建一个数据量足够大，并通过自然诱发和精准标注微表情来获得的数据库成了焦点。由于微表情的诱发十分困难，并且存在非自发现象，而研究表明，非自发的微表情与自发微表情不同[2]。因此当前的研究范式存在诸多不足，例如实验室创设的情境不足以唤起被试强烈的隐匿自己真实情绪的动机，具有随意性[100]。同时为了解决微表情样本量的问题，中国科学院心理研究所还搭建微表情编码与共享平台（http：//mecss.psych.ac.cn/）。旨在实现共同建立微表情大规模数据集。

与实际应用情境相结合是微表情识别的一大发展方向，由于目前微表情识别的应用领域有限，因此怎样将微表情与生活相结合是当前的一个重要问题，有研究者将微表情识别应用到临床培训、公共安全领域以及谎言识别等领域。在人脸识别领域，有研究者发现，面孔的颜色对识别人的情绪有重要作用[101]，能否将面孔颜色与面部运动结合起来，这关系到自动微表情识别系统的完整性。

已有中国的研究者构建了中国微表情数据库 CASME、CASME Ⅱ 和 CAS（ME）²，通过这些数据库以及改进的压抑—诱发微表情发生范式获得了更加真实的微表情，因此对微表情识别的训练以及测验工具有待改进[17]。这将对进一步获取微表情特征、更加深入地了解和研究微表情，以及探索不同范式获得的微表情的差异有重要意义。

参考文献

［1］ Haggard E A, Isaacs K S. Micro-momentary facial expressions as indicators of ego mechanisms in psychotherapy［M］. New York：Appleton-Century-Crofts.1966.

［2］ Ekman P, Friesen W V. Nonverbal leakage and clues to deception.［J］. Psychiatry, 1969, 32：88-106.

［3］ Bhushan B. Study of facial micro-expressions in psychology［M］. New Delhi：Springer.2015.

［4］ 吴奇，申寻兵，傅小兰. 微表情研究及其应用［J］. 心理科学进展，2010，18（9）：241-248.

［5］ Rinn W E. The neuropsychology of facial expression：A review of the neurological and psychological mechanisms for producing facial expressions［J］. Psychological Bulletin, 1984, 95：52-77.

［6］ Ekman P, Friesen W V. Detecting deception from the body or face［J］. Journal of Personality and Social Psychology, 1974, 29（3）：288-298.

［7］ Ekman P. Darwin, deception, and facial expression［J］. Annals of the New York Academy of Sciences, 2003, 1000：205-221.

［8］ Ekman P, Rosenberg E L. What the face reveals：Basic and applied studies of spontaneous expression using the facial action coding system［M］. Oxford：Oxford University Press.2005.

［9］ Shen X B, Wu Q, Fu X L. Effects of the duration of expressions on the recognition of microexpressions［J］. Journal of Zhejiang University- SCIENCE B, 2012, 13（3）：221-130.

［10］ Yan W-J, Wu Q, Liang J, et al. How fast are the leaked facial expressions：The duration of micro-expressions［J］. Journal of Nonverbal Behavior, 2013, 37（4）：217.

［11］ Ekman P, O' Sullivan M. From flawed self-assessment to blatant whoppers：the utility of voluntary and involuntary behavior in detecting deception［J］. Behavioral Sciences & the Law, 2006, 24（5）：673-686.

［12］ Ekman P. Lie catching and microexpressions［M］. Oxford：Oxford University Press. 2009.

［13］ Ekman P. Facial expression［M］. Oxford：Oxford University Press. 2001.

［14］ Hurley C M, Frank M G. Executing facial control during deception situations［J］. Journal of Nonverbal Behavior, 2011, 35：119-131.

［15］ Polikovsky S, Kameda Y, Ohta Y. Facial micro-expressions recognition using high speed camera and 3D-gradient descriptor［M］. 3rd International Conference on Imaging for Crime Detection and Prevention. 2009.

［16］ Ekman P. Micro Expression Training Tool（METT）［T］. San Francisco：University of California, 2002.

［17］ 殷明，张剑心，史爱芹，刘电芝. 微表情的特征、识别、训练和影响因素［J］. 心理科学进展，2016，24（11）：1723-1736.

［18］ Wu Q,Shen X B,Fu X. Micro-expression and Its Applications［J］. Advances in Psychological Science,2010,18（9）：1359-1368.

[19] Matsumoto D，LeRoux J，Wilson-Cohn C，et al. A new test to measure emotion recognition ability：Matsumoto and Ekman's Japanese and Caucasian Brief Affect Recognition Test（JACBART）[J]. Journal of Nonverbal Behavior，2000，24：179-209.

[20] Ekman P，Sullivan M O. Who can catch a liar[J]. American Psychologist，1991，46：913-920.

[21] Hall J A，Matsumoto D. Gender differences in judgments of multiple emotions from facial expressions[J]. Emotion，2004，4：201-206.

[22] Russell T A，Chu E，Phillips M L. A pilot study to investigate the effectiveness of emotion recognition remediation in schizophrenia using the micro-expression training tool[J]. British Journal of Clinical Psychology，2006，45：579-583.

[23] Matsumoto D，Hwang H S. Evidence for training the ability to read microexpressions of emotion[J]. Motivation and Emotion，2011，35：181-191.

[24] Ekman P. MicroExpression Training Tool（METT）[M]. 2002：from http：//www.paulekman.com.

[25] Hurley C M. Do you see what I see? Learning to detect micro expressions of emotion[J]. Motivation and Emotion，2012，36：371-381.

[26] Tanaka-Matsumi J，Attivissimo D，Nelson S，et al. Context effects on the judgment of basic emotions in the face[J]. Motivation and Emotion，1995，19：139-155.

[27] Carroll J M，Russell J A. Do facial expressions in context in context signal specific emotions? Judging emotion from the face in context[J]. Journal of Personality and Social Psychology，1996，70：205-218.

[28] Werheid K，Alpay G，Jentzsch I，et al. Priming emotional facial expressions as evidenced by event-related brain potentials[J]. International Journal of Psychophysiology，2005，55：209-219.

[29] Hietanen J K，Astikainen P. N170 response to facial expressions is modulated by the affective congruency between the emotional expression and preceding affective picture[J]. Biological Psychology，2013，92：114-124.

[30] Mufson L，Nowicki S. Factors affecting the accuracy of facial affect recognition[J]. The Journal of Social Psychology，1991，131：815-822.

[31] Frank M G，Maccario C J，Govindaraju V. Behavior and security[M]. Santa Barbara，California：Praeger Security International. 2009.

[32] Hurley C M，Anker A E，Frank M G，et al. Background factors predicting accuracy and improvement in micro expression recognition[J]. Motivation & Emotion，2014，38（5）：700-714.

[33] Mill A，Allik J，Realo A，et al. Age-related differences in emotion recognition ability：A cross-sectional study[J]. Emotion，2009，9：619-630.

[34] Porter S，ten Brinke L. Reading between the lies：identifying concealed and falsified emotions in universal facial expressions[J]. Psychological Science，2008，19（5）：508-514.

[35] ten Brinke L，Porter S，Baker A. Darwin the detective：Observable facial muscle contractions reveal emotional high-stakes lies[J]. Evolution and Human Behavior，2012，33（4）：411-416.

[36] Matsumoto D，Hwang H C. Microexpressions differentiate truths from lies about future malicious intent[J]. Frontiers in Psychology，2018，9：11.

[37] Burgoon J K. Microexpressions are not the best way to catch a liar[J]. Frontiers in Psychology，2018，9（1672）：

[38] Ekman P，Friesen W V. Nonverbal leakage and clues to deception[J]. Psychiatry，1969，32（1）：88-106.

[39] Pentland S J，Burgoon J K，Twyman N W. Face and head movement analysis using automated feature extraction software[C]. Proceedings of the Hawaii International Conference on System Sciences（HICSS），2015.

[40] US Government Accountability Office. Aviation security：TSA should limit future funding for behavior detection activities[M]. US Government Accountability Office Washington，D.C. 2013.

[41] Matsumoto D，Yoo S H，Fontaine J. Mapping expressive differences around the world：The relationship between

emotional display rules and individualism versus collectivism [J]. Journal of cross-cultural psychology, 2008, 39 (1): 55-74.

[42] Ekman P, Friesen W V. Detecting deception from the body or face [J]. Journal of Personality & Social Psychology, 1974, 29 (3): 288-298.

[43] Frank M G, Ekman P. The ability to detect deceit generalizes across different types of high-stake lies [J]. Journal of Personality and Social Psychology, 1997, 72 (6): 1429-1439.

[44] Shreve M, Godavarthy S, Goldgof D, et al. Macro-and micro-expression spotting in long videos using spatio-temporal strain [C]. Proceedings of the Face and Gesture 2011, 2011.

[45] Polikovsky S, Kameda Y, Ohta Y. Facial micro-expressions recognition using high speed camera and 3D-gradient descriptor [C]. Proceedings of the International Conference on Crime Detection & Prevention. 2010.

[46] Warren G, Schertler E, Bull P. Detecting deception from emotional and unemotional cues [J]. Journal of Nonverbal Behavior, 2009, 33 (1): 59-69.

[47] Jan Cech Petr Husak, Jırı Matas. Spotting facial micro-expressions "in the wild" [C]. 22nd Computer Vision Winter Workshop 2017, Retz, Austria, February 6-8, 2017.

[48] [48] Li X, Pfister T, Huang X, et al. A Spontaneous Micro-expression Database: Inducement, collection and baseline [C]. Proceedings of the IEEE International Conference & Workshops on Automatic Face & Gesture Recognition, 2013.

[49] Yan W J, Wu Q, Liu Y J, et al. CASME database: A dataset of spontaneous micro-expressions collected from neutralized faces [C]. Proceedings of the IEEE International Conference & Workshops on Automatic Face & Gesture Recognition. 2013.

[50] Yan W J, Li X, Wang S J, et al. CASME II: An Improved Spontaneous Micro-Expression Database and the Baseline Evaluation [J]. Plos One, 2014, 9 (1): e86041.

[51] Davison A K, Lansley C, Costen N, et al. SAMM: A Spontaneous Micro-Facial Movement Dataset [J]. IEEE Transactions on Affective Computing, 2018, 9 (1): 116-129.

[52] Qu F, Wang S-J, Yan W-J, et al. CAS (ME) ^2: A database for spontaneous macro-expression and micro-expression spotting and recognition [J]. IEEE Transactions on Affective Computing, 1949, PP (99): 1-1.

[53] Ekman P, Friesen W V. Facial Action Coding System (FACS): A technique for the measurement of facial action [J]. Agriculture.1978,

[54] Ojala T, Pietikainen M, Maenpaa T. Multiresolution gray-scale and rotation invariant texture classification with local binary patterns [J]. Ieee Transactions on Pattern Analysis and Machine Intelligence, 2002, 24 (7): 971-987.

[55] Pfister T, Li X, Zhao G, Pietikäinen M. Recognising spontaneous facial micro-expressions [C]. Proceedings of the 2011 IEEE International Conference on Computer Vision, Barcelona, 2011, 1449-1456.

[56] Zhao G Y, Pietikainen M. Dynamic texture recognition using local binary patterns with an application to facial expressions [J]. Ieee Transactions on Pattern Analysis and Machine Intelligence, 2007, 29 (6): 915-928.

[57] Guo Y, Xue C, Wang Y, et al. Micro-expression recognition based on CBP-TOP feature with ELM [J]. Optik - International Journal for Light and Electron Optics, 2015, 126 (23): 4446-4451.

[58] Fu X, Wei W. Centralized binary patterns embedded with image Euclidean distance for facial expression recognition [C]. Proceedings of the Natural Computation, 2008 ICNC'08 Fourth International Conference on, IEEE, 2008, 115-119.

[59] Wang Y, John See, Raphael C-W Phan, Yee-Hui, et al. Lbp with six intersection points: Reducing redundant information in lbp-top for micro-expression recognition [C]. Proceedings of the Asian conference on computer vision, Springer.2014, 525-537.

［60］ Huang X, Zhao G, Hong X, et al. Texture description with completed local quantized patterns［C］. Proceedings of the Scandinavian Conference on Image Analysis, Springer, 2013, 1–10.

［61］ Huang X, Zhao G, Hong X, et al. Spontaneous facial micro–expression analysis using Spatiotemporal Completed Local Quantized Patterns［J］. Neurocomputing, 2016, 175: 564–578.

［62］ Hong X, Zhao G, Zafeiriou S, et al. Capturing correlations of local features for image representation［J］. Neurocomputing, 2016,

［63］ Huang X, Wang S–J, Zhao G, et al. Facial Micro–Expression Recognition Using Spatiotemporal Local Binary Pattern with Integral Projection［C］. Proceedings of the 2015 IEEE International Conference on Computer Vision (ICCV 2015), 2015, 1–9.

［64］ Huang X, Wang S–J, Liu X, et al. Discriminative Spatiotemporal Local Binary Pattern with Revisited Integral Projection for Spontaneous Facial Micro–Expression Recognition［J］. IEEE Transactions on Affective Computing, 2019, 10 (1): 32–47.

［65］ Polikovsky S, Kameda Y, Ohta Y. Facial micro–expression detection in hi–speed video based on facial action coding system (FACS)［J］. IEICE Transactions on Information and Systems, 2013, E96–D (1): 81–92.

［66］ Cootes T F, Edwards G J, Taylor C J. Active appearance models［J］. IEEE Transactions on pattern analysis and machine intelligence, 2001, 23 (6): 681–685.

［67］ Lu Z, Luo Z, Zheng H, et al. A delaunay–based temporal coding model for micro–expression recognition［C］. Proceedings of the Asian conference on computer vision, Springer, 2014, 698–711.

［68］ Barber C B, Dobkin D P, Huhdanpaa H. The quickhull algorithm for convex hulls［J］. ACM Transactions on Mathematical Software (TOMS), 1996, 22 (4): 469–483.

［69］ Wang S J, Yan W, Zhao G, et al. Micro–expression recognition using robust principal component analysis and local spatiotemporal directional features［C］. Proceedings of the 13th European Conference on Computer Vision (ECCV 2014), Springer International Publishing, 2015, 325–338.

［70］ Wang S J, Chen H, Yan W, et al. Face recognition and micro–expression recognition based on discriminant tensor subspace analysis plus extreme learning machine［J］. Neural Processing Letters, 2014, 39 (1): 25–43.

［71］ Ben X, Zhang P, Yan R, et al. Gait recognition and micro–expression recognition based on maximum margin projection with tensor representation［J］. Neural Computing and Applications, 2016, 27 (8): 2629–2646.

［72］ Kamarol S K A, Jaward M H, Parkkinen J, et al. Spatiotemporal feature extraction for facial expression recognition［J］. IET Image Processing, 2016, 10 (7): 534–541.

［73］ Wang S J, Yan W, Li X, et al. Micro–expression recognition using color spaces［J］. IEEE Transactions on Image Processing, 2015, 24 (12): 6034–6047.

［74］ Zong Y, Huang X, Zheng W, et al. Learning from hierarchical spatiotemporal descriptors for micro–expression recognition［J］. Ieee Transactions on Multimedia, 2018, 20 (11): 3160–3172.

［75］ He J, Hu J F, Lu X, et al. Multi–task mid–level feature learning for micro–expression recognition［J］. Pattern Recognition, 2017, 66: 44–52.

［76］ Liong S T, See J, Phan R C W, et al. Subtle expression recognition using optical strain weighted features［M］. Lecture Notes in Computer Science (including subseries Lecture Notes in Artificial Intelligence and Lecture Notes in Bioinformatics). 2015: 644–657.

［77］ Liong S T, Phan R C W, See J, et al. Optical strain based recognition of subtle emotions［C］. Proceedings of the 2014 International Symposium on Intelligent Signal Processing and Communication Systems, ISPACS 2014, 2014, 180–184.

［78］ Xu F, Zhang J, Wang J. Microexpression identification and categorization using a facial dynamics map［J］. IEEE Transactions on Affective Computing, 2016, (99): 1.

［79］ Liu Y, Zhang J, Yan W, et al. A main directional mean optical flow feature for spontaneous micro-expression recognition［J］. IEEE Transactions on Affective Computing, 2016, 7（4）: 299-310.

［80］ Chaudhry R, Ravichandran A, Hager G, et al. Histograms of oriented optical flow and binet-cauchy kernels on nonlinear dynamical systems for the recognition of human actions［C］. Proceedings of the 2009 IEEE Conference on Computer Vision and Pattern Recognition, IEEE, 2009, 1932-1939.

［81］ Zhang S, Feng B, Chen Z, et al. Micro-expression recognition by aggregating local spatio-temporal patterns［C］. Proceedings of the International Conference on Multimedia Modeling, Springer, 2017, 638-648.

［82］ Patel D, Zhao G, Pietikäinen M. Spatiotemporal integration of optical flow vectors for micro-expression detection［C］. Proceedings of the International conference on advanced concepts for intelligent vision systems, Springer, 2015, 369-380.

［83］ Wang S J, Wu S, Qian X, et al. A main directional maximal difference analysis for spotting facial movements from long-term videos［J］. Neurocomputing, 2017, 230: 382-389.

［84］ Oh Y, Ngo A C L, See J, et al. Monogenic riesz wavelet representation for micro-expression recognition［C］. Proceedings of the Digital Signal Processing（DSP）, 2015 IEEE International Conference on, IEEE, 2015, 1237-1241.

［85］ Oh Y, Ngo A C L, Phari R C-W, et al. Intrinsic two-dimensional local structures for micro-expression recognition［C］. Proceedings of the 2016 IEEE International Conference on Acoustics, Speech and Signal Processing（ICASSP）, IEEE, 2016, 1851-1855.

［86］ Zhang P, Ben X, Yan R, et al. Micro-expression recognition system［J］. Optik, 2016, 127（3）: 1395-1400.

［87］ Li X, Hong X, Moilanen A, et al. Towards reading hidden emotions: a comparative study of spontaneous micro-expression spotting and recognition methods［J］. Ieee Transactions on Affective Computing, 2018, 9（4）: 563-577.

［88］ Ngo A C L, Oh Y, Phan R C, et al. Eulerian emotion magnification for subtle expression recognition［C］. Proceedings of the 2016 IEEE International Conference on Acoustics, Speech and Signal Processing（ICASSP）, 2016, 1243-1247.

［89］ Takalkar M A, Xu M. Image based facial micro-expression recognition using deep learning on small datasets［C］. Proceedings of the 2017 International Conference on Digital Image Computing: Techniques and Applications, IEEE, 2017, 1-7.

［90］ Li Y, Huang X, Zhao G, Can micro-expression be recognized based on single apex frame?［M］. 2018 25th IEEE International Conference on Image Processing. 2018: 3094-3098.

［91］ Peng M, Wu Z, Zhang Z, et al. From macro to micro expression recognition: deep learning on small datasets using transfer learning［C］. Proceedings of the 2018 13th IEEE International Conference on Automatic Face & Gesture Recognition（FG 2018）, IEEE, 2018, 657-661.

［92］ Gan Y S, Ieee S-T L. Bi-directional vectors from apex in CNN for micro-expression recognition［C］. Proceedings of the 2018 3rd IEEE International Conference on Image, Vision and Computing, IEEE, 2018, 168-172.

［93］ Liong S, Gan Y S, Yau W, et al. OFF-ApexNet on micro-expression recognition system［J］. arXiv preprint arXiv: 180508699, 2018,

［94］ Patel D, Hong X, Zhao G. Selective deep features for micro-expression recognition［C］. Proceedings of the 2016 23rd International Conference on Pattern Recognition（ICPR）, IEEE, 2016, 2258-2263.

［95］ Kim D H, Baddar W J, Ro Y M. Micro-expression recognition with expression-state constrained spatio-temporal feature representations［C］. Proceedings of the Proceedings of the 24th ACM international conference on Multimedia, ACM, 2016, 382-386.

［96］ Khor H，See J，Phan R C W，et al. Enriched long-term recurrent convolutional network for facial micro-expression recognition［C］. Proceedings of the 2018 13th IEEE International Conference on Automatic Face & Gesture Recognition（FG 2018），IEEE，2018，667-674.

［97］ Wang S J，Li B，Liu Y，et al. Micro-expression recognition with small sample size by transferring long-term convolutional neural network［J］. Neurocomputing，2018，312：251-262.

［98］ Peng M，Wang C，Bi T，et al. A Novel Apex-Time Network for Cross-Dataset Micro-Expression Recognition［J］. arXiv preprint arXiv：190403699，2019，

［99］ Shen X B. The temporal characteristics and mechanisms of microexpression recognizing［D］. 北京；中国科学院研究生院 .2012.

［100］ 梁静，颜文靖，吴奇，等. 微表情研究的进展与展望［J］. 中国科学基金，2013，2：75-82.

［101］ Benitez-Quiroz C F，Srinivasan R，Martinez A M. Facial color is an efficient mechanism to visually transmit emotion［J］. Proceedings of the National Academy of Sciences，2018，115（14）：3581-3586.

撰稿人：王甦菁　李　振　陈东阳　贺　颖　傅小兰

人脸抑郁表情分析

1. 前言

近年来，随着生活节奏的加快和工作强度的加大，广大民众对心理健康的关注持续提升[1]。社交网络等公共媒体的日益发达和传播效应，使得抑郁症这一典型的精神疾病逐步成为民众关注的医疗热点。对抑郁症这一疾病的较早描述，可追溯至我国西汉时期的医学典籍《黄帝内经》。作为一种复杂的精神疾病，抑郁症的定义在医学界仍未得到明确和统一。通常，抑郁症患者表现出情绪低落、兴趣减退、思维行动迟缓等核心症状。当前，国际上抑郁症临床诊断标准通常参照 ICD-10（《国际疾病分类》）[2] 以及 DSM-IV（《精神疾病诊断与统计手册》）[3]。

在各类精神疾病中，抑郁症在患病率、复发率、致残率和致死率等方面排在前列，严重影响患者的日常工作和生活质量。据世界卫生组织（WHO）报道[4]，在 2005—2015 年，全球抑郁症患者人数增长了 18%，总患者数逾 3 亿。在我国，尽管缺乏确切的统计数据，Phillips 等人经调查估算我国情绪障碍患者的比例约为 6.1%，患病总人数逾 8000 万[5]。

抑郁症不仅对患者的身心健康与日常生活造成严重危害，还给患者家庭带来不可忽视的经济负担和损失。在欧洲，2010 年的抑郁症患者数量已逾 3000 万，相关开销约为 900 亿欧元[6]，其中超过一半的支出与患者无法正常工作有关。在抑郁症的治疗方面，尽管业已存在包括躯体治疗、心理治疗以及躯体和心理相结合的多种治疗方案，然而全球只有不到一半的患者接受有效治疗，而在许多发展中国家这一数字甚至不足 10%[7]。影响有效治疗的客观因素较多，包括：医疗机构资源紧张、精神科专业医生严重短缺、监测和预防措施缺乏、社会对精神和心理疾患患者缺乏宽容等因素。临床上，精神科医生对抑郁症的诊断和评估依据主要参照 ICD-10 或 DSM-IV 标准。通过与患者的晤谈，并参照 PHQ-9（《病人健康问卷》[8]）等自评量表的结果对病情做出评估。然而，这种诊断方式高度依赖临床医生的主观经验和患者的理解能力和配合程度，导致诊断结果可能存在偏差。更为重要的是，评估和诊断过程通常耗时费力（需要 30 分钟以上）。据《2013 中国卫生统计年鉴》的统计数据[9]，我国精神科医生缺口极大，2012 年的抑郁症医患比例高达 1∶4000。低下的诊断效率与超高的医患比例，使得相当数量的抑郁症患者难以获得有效及时的治疗，这种情况在基层和偏远欠发达地区尤为严峻。

鉴于抑郁症患者得到及时有效治疗仍然存在诸多现实困难，研究和探索一种高效、客观有效的自动抑郁症识别技术，减少主观诊断偏差、解决医患比例严重失调等问题，具有十分重要的社会应用价值。近年来，国内外学者基于心理和生理等多种模态数据（信号）对自动抑郁症预测问题进行了深入地研究和探索。同时，基于人脸表情、语音、身体姿态、眼动等显著行为信息的自动抑郁症预测研究也取得了重要进展。在抑郁症的各种临床征象中，人脸面部表情信息由于在社会生活和临床诊断中的非接触、便于采集和观察等特点，在临床辅助诊断和大规模人群（例如，学校、工矿等潜在抑郁人群）情绪监测等应用中成为一种常用的情绪数据模态，得到了国内外学者的广泛关注和研究。

2. 人脸抑郁表情分析

人脸抑郁表情分析，是计算机视觉与情感计算领域一个交叉研究方向，其基本任务是通过分析给定的人脸图像 / 视频，自动识别其抑郁程度的一种智能分析技术。图 1 展示了不同抑郁分值（按照贝克抑郁量表[10]）的人脸抑郁表情样本。

| 0 | 16 | 27 | 41 |

图 1　不同抑郁分值的人脸抑郁表情

在生物特征识别和情感计算研究领域，人脸识别和表情分析已经得到充分而深入的研究[11-17]。然而，人脸抑郁表情识别与传统的人脸 / 表情识别在问题背景和研究任务方面仍存在较大差异。人脸属性（如身份、年龄、性别等）和表情（微笑、生气、沮丧、惊讶、恐惧等）在面部呈现出较强且较为稳定的视觉模式。与之相比，抑郁表情模式较为复杂，不仅与患者的抑郁程度相关，还受到患者的心理状况、生活环境、年龄、性别、族群、职业等因素影响，在视觉感知上呈现出较为细微且不易察觉的特征。此外，不同抑郁程度的抑郁表情可能差异细微，而相同抑郁程度的表情却可能差异较大。结构复杂的抑郁表情模式使得抑郁特征的表示和理解面临困难和挑战。

在精神病的人工智能辅助诊断领域，抑郁程度预测模型的鲁棒性是辅助诊断系统的一项重要技术指标。然而，出于疾病自身的内隐性、隐私保护等诸多个人和社会因素考虑，抑郁症患者的人脸样本收集存在很多现实困难。当前国际上公开可用的抑郁人脸数据库，包括 AVEC 2013 和 AVEC 2014 [18, 19]，其样本的标记分布高度不平衡，重性抑郁患者数量远少于轻微患者和正常人群，且全部样本来自欧美（高加索人种）人群。面向不同的应用场景和服务群体，训练样本和测试样本分布（种族、抑郁分值等方面）将存在较大偏差。在这种情况下训练的预测模型，往往不满足临床应用的鲁棒性要求。此外，对于抑郁表情分析系统，临床应用中除了对识别模型的准确性有高要求，模型的可理解性是另一项重要技术指标。决策可理解和可解释的抑郁表情识别模型，将为临床诊断提供重要的决策依据，同时也有助于临床医生认识和理解预测模型的工作机理，建立可信的人机协同决策机制。

由于问题背景和研究任务的差异，传统的表情识别方法在处理抑郁表情识别这一问题时将面临较大的技术挑战。当前，国内外对该课题的研究存在现实困难与技术挑战，表现为：①训练数据方面：缺乏面向亚洲群体的抑郁人脸样本库，而且多源（多个不同分布）抑郁人脸数据集样本的有效利用问题尚未得到深入研究和解决；②表示模型方面，如何表征和理解人脸抑郁表情模式，尚缺乏系统的理论方法和实现技术；③识别模型方面，抑郁标记分布高度不平衡的现实困难，以及源域与目标域的数据分布差异，导致训练的识别模型在实际应用中存在较大的预测偏差。因而，建立判别、鲁棒、可理解的人脸抑郁表情分析模型，还需要探索和研究更为有效的理论方法和实现技术。人脸抑郁表情分析研究涉及计算机视觉、情感计算、机器学习、精神病学、认知心理学等多个学科的理论方法和技术，具有较高的学术研究价值，同时也具有很大的研究难度和挑战性。

3. 国内外研究现状

如前所述，目前临床上对抑郁症的评估和诊断，首要是通过医患之间交互式的问诊或问卷形式来完成，抑郁症的确诊和抑郁等级的估计很大程度上依赖临床医生的主观经验和观察判断[20]。其中，患者的人脸表情、行为反应、语言表达等特征在抑郁症诊断中成为关键因素。然而，临床抑郁症诊断过程中普遍存在主观性、耗时费力等现象。抑郁症高危群体（如学校、工矿等）长期缺乏有效的监测防治措施[7]。研究一种面向大规模人群抑郁情绪监测、临床辅助诊断的自动抑郁表情识别方法，有效缓解精神卫生医疗资源匮乏问题、提高抑郁症防治水平，成为该领域一项十分紧迫的研究课题[18, 19, 21]。

近年来，国内外学者对自动抑郁表情识别问题开展了一些卓有成效的研究工作。其中，采用人脸表情、肢体行为、语言表达等情感数据，基于机器学习技术研究抑郁症预测方法，逐渐成为该领域的主流研究方向[1, 22-29]。在国外，帝国伦敦大学、诺丁汉大学、麻省理工学院、英国布鲁尔大学等研究机构为该领域的研究发展作出了重要贡献，包括抑郁症音 / 视频数据库（AVEC 2013/2014/2016[18, 19, 21]等）的建设、抑郁症预测系列挑战赛和研讨会的组织等。在国内，中国科学院心理所、兰州大学、北京航空航天大学、西北工业大学、上海交通大学、东南大学等科研机构和团队，在基于人脸表情、语音、脑电图等心理和生理信号、微博行为数据的抑郁症预测方向开展了有益的探索和研究。以下针对本专题相关的国内外研究现状和发展动态进行回顾与分析。

自动抑郁表情分析在医学应用中属于智能辅助诊断范畴[30, 31]。预测系统处理的情感数据，通常包括视频、音频等类型。患者的语音信号是临床抑郁症诊断中一种重要的情感数据模态[24, 32]，然而，语音信息的采集往往需要完成一套既定的医患交互流程，因而并不适用于大规模人群的抑郁监测和筛查。相比音频信号，视频数据同样蕴含丰富的抑郁症特征模式[27, 33-35]。在这些视觉信息中，人脸表情是最为常见、易于采集的视觉情感数据，不仅可以应用于临床抑郁症辅助诊断，也适合应用于大规模人群的抑郁情绪监测。

1）抑郁人脸样本库。为了训练和评估抑郁表情识别算法，英国诺丁汉大学的 Valstar 等人于 2013 和 2014 年先后组织建立了两个抑郁症音频 / 视频数据库：AVEC 2013[18] 和 AVEC 2014[19]，成为国际上该研究领域公开的抑郁人脸基准数据集，为推动该领域的研究发展作出了重要贡献。他们均按照贝克抑郁量表（BDI–II）[10] 标注视频数据库的样本。AVEC 2013 数据库包含 82 个患者样本的 150 个视频，每个视频时长约 20 分钟，患者的年龄范围为 18~63 岁，平均年龄约 31 岁。AVEC 2014 数据库是对 AVEC 2013 样本库的升级，替换了其中部分视频样本，并对视频长度进行了缩减处理。基于这两个数据库，Valstar 等人组织了 AVEC 听觉 / 视觉情感挑战赛和研讨会。AVEC 2013 挑战赛采用局部相位量化（LPQ）作为 Baseline 视觉特征，采用支持向量回归作为 Baseline 回归模型。而在 AVEC 2014 挑战赛中，Baseline 视觉特征则采用一种称为 LGBP–TOP 的动态特征，它首先将 Gabor 滤波器组应用于连续视频帧，然后从 XY、XT 和 YT 三个时空正交空间提取 LBP 特征，并串接构成视频特征表示。ACM 组织的 AVEC 系列挑战赛和研讨会，促进了自动抑郁症预测的研究发展。如表 1 所示，当前国际上公开可用的抑郁人脸数据库（包括 AVEC 2013 和 2014），其样本规模较小（约 300 个视频样本），而且只支持贝克抑郁量表[10]（缺乏对他评量表的支持，例如汉密尔顿量表[36]）。此外，已有的这些数据库大都面向欧美人群，尚缺乏面向亚洲人群的大规模抑郁人脸数据集。

表 1　AVEC 2013/2014 抑郁人脸数据库概况

规　格	AVEC 2013[18]	AVEC 2014[19]
面向人群	欧美	欧美
样本来源	志愿者	志愿者

续表

规　格	AVEC 2013[18]	AVEC 2014[19]
视频个数	150	300
人数	82	82
采集方式	在线交互	在线交互
年龄分布	18~63 岁	18~63 岁
视频时长	25 分钟	4 分钟
视频分辨率	640×480 像素	640×480 像素
抑郁量表	贝克量表[10]	贝克量表[10]

2）抑郁表情识别方法。表 2 列出了当前国际上一些有代表性的、基于视觉的抑郁表情识别方法。Meng 等人[37] 较早提出采用运动历史直方图（MHH）建模视频中的像素运动，为每个视频生成多个 MHH 特征图，从中提取边缘方向直方图（EOH）和 LBP 特征，通过偏最小二乘法（PLS）学习回归模型。该方法的不足之处在于，未对时序信息进行有效的建模。Commins 等人[25] 对时空感兴趣点（STIPs）和梯度直方图金字塔（PHOG）特征在抑郁预测中的性能表现进行了比较分析，作者的实验表明 PHOG 表现优于 STIPs 特征。Wen 等人[33] 提出从视频中人脸面部提取 LPQ-TOP 动态表情特征，然后采用稀疏学习进行编码，最后，通过决策融合进一步提升抑郁症预测精度。Espinosa[32] 等人提出从视频中人脸提取多种运动特征，即运动历史图、运动静态图和运动平均图，并输入支持向量回归进行模型训练和预测。Jan 等人[34] 从视频人脸中提取 LBP、EOH、LPQ 特征，使用 1-D MHH 统计特征序列中每个成分，生成视频特征表示，最后采用 PLS 回归进行预测。Kaya 等人[38] 从视频人脸的眼部和嘴部提取 LGBP-TOP 和 LPQ 特征，使用典型相关分析（CCA）融合两种特征并给出回归预测。在多模特征融合方面，现有的抑郁症预测方法大都采用在特征层融合，利用多模数据的互补信息提升预测算法的整体性能。图像/语音、图像/运动，是抑郁症预测中常见的多模特征输入方式，采用的融合方法包括简单的特征串联或分数级的融合[26-29]、CCA 及其衍生模型[38] 等。

表 2　近年来人脸抑郁表情识别方法的性能比较

AVEC 2013			AVEC 2014		
方　法	RMSE	MAE	方　法	RMSE	MAE
Baseline[18]	13.61	10.88	Baseline[19]	10.86	8.86
Team-Australia[25]	10.45	N/A	InaoeBuap[32]	11.91	9.35
Brunel-Beihang[37]	11.19	9.14	Brunel[34]	10.50	8.44
Wen et al.[33]	10.27	8.22	BU-CMPE[38]	9.97	7.96

续表

AVEC 2013			AVEC 2014		
方　法	RMSE	MAE	方　法	RMSE	MAE
Zhu et al.[27]	9.82	7.58	Zhu et al.[27]	9.55	7.47
Jazaery et al.[42]	9.28	7.37	Jazaery et al.[42]	9.20	7.22
Zhou et al.[35]	9.02	6.77	Zhou et al.[35]	8.88	6.60

上述抑郁表情识别方法的基本特点是：大都采用人为设计的视频／图像特征，而且特征提取和分类（回归）器学习为两个独立的过程。Jan 等人[26]基于 VGG-Face 预训练网络[39]提取抑郁症人脸特征，结合 PCA 降维和线性回归学习，取得了较好的预测性能。该方法的不足之处是特征学习与预测仍然独立进行，并非一种端到端的技术方案。如图 2 所示，Zhu 等人[27]采用两路的深度卷积神经网络分别学习视频中的人脸图像和光流图像特征，在全连接层进行串接融合，取得了较好的预测性能。此后，Zhou 等人[35]提出了一种决策（预测）可解释的抑郁人脸表示学习方法。如图 3 所示，该方法使用视频人脸图像，训练一个深度残差回归网络[40]，通过回归激活映射（activation mapping）生成一种抑郁响应显著图，用于直观地描述抑郁视觉模式在患者面部的分布。该方法在 AVEC 2013/2014 两个数据集上取得了显著的性能提升，同时为临床辅助诊断提供一种决策可解释的预测。结合抑郁表情识别任务，我们可以在概念层面上给出解释。特征编码器 CNN 中最末卷积层的每个神经元，由其感受野[41]中某个特定的抑郁视觉模式所激活，而特征图反映了这种抑郁视觉模式的存在性。整体上，抑郁特征响应图反映了这种抑郁视觉模式在人脸的不同位置上的分布情况。因而它可以作为临床辅助诊断的一种可视化参考依据。

近期，西弗吉尼亚大学郭国栋教授课题组采用 RNN-C3D 建模和学习视频序列中人脸区域不同尺度的时空抑郁特征表示[42]。其中，C3D（3D 卷积神经网络）用于学习人脸视频序列的局部抑郁特征，而 RNN（递归神经网络）则从全局时序的视角对局部特征进行建模和预测。基于该网络模型（图 4），作者基于反卷积技术对预测输出进行了显著特征可视化。在 AVEC 2013/2014 两个数据集上的实验结果和分析表明，该模型能够取得较好

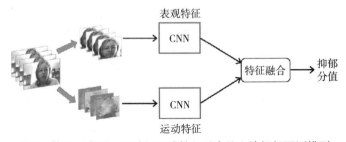

图 2　基于"表观—运动"双路特征融合的人脸抑郁预测模型

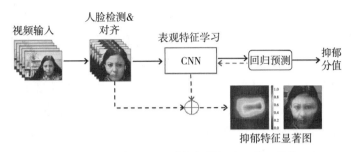

图 3　预测可解释的人脸抑郁特征表示学习网络

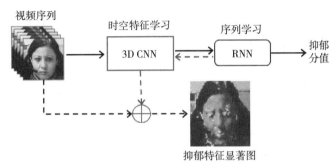

图 4　基于 C3D 时空特征学习的人脸抑郁预测模型

的人脸抑郁识别性能且具有较好的可解释性。

　　需要指出的是，现有的抑郁症样本库（AVEC 2013 和 AVEC 2014）的标记分布存在高度不平衡的情况，重性抑郁患者的样本数量远少于轻微抑郁 / 正常的样本，这种情况下训练的识别模型在少数类（minority class）测试样例上的预测性能极为不稳定，缺乏鲁棒性。此外，如何充分利用多个不同分布的抑郁人脸数据集，进行有效的数据增强（data augmentation）和模型迁移，是当前人脸抑郁表情识别研究中的一个技术挑战，有待进一步的研究和探索。

4. 发展趋势与挑战

　　针对人脸抑郁表情分析的问题背景和研究任务，我们对相关的国内外研究现状进行了简要回顾与分析。可以发现，当前国内外对人脸抑郁表情分析的研究，在训练数据、模式表征、识别模型等层面尚存在现实困难和技术挑战，导致当前的识别模型在判别力、鲁棒性、可理解性、泛化性能等方面仍存在不足，表现为：

　　1）判别力。相比传统人工设计的图像特征描述子，近年来提出的基于深度学习的人脸抑郁表情识别方法[27, 35, 42]，在抑郁表情模式的表征方面有了一定改进和提升。然而，如何表征和理解抑郁表情模式仍然是一项技术挑战。受到多种人脸属性特征（人脸 ID、年龄、性别等）的干扰和影响，当前的人脸抑郁特征表示模型在判别力方面仍然存在不足，不同抑郁程度的人脸表情差异可能较小，而相同抑郁程度的人脸表情差异却较大。

2）鲁棒性。考虑到人脸抑郁表情分析研究的应用场景和服务群体，当前国际上可用的抑郁人脸训练数据（例如，AVEC 2013 和 AVEC 2014）和实际测试数据将存在较大的分布偏差（患者的种族、抑郁程度等方面），建立面向亚洲人群的抑郁人脸样本库，将推动和促进本领域的研究发展和技术应用。此外，现有抑郁人脸数据的标记分布高度不平衡，重性抑郁患者的样本量十分有限。在这种情况下训练的识别模型，对少数类测试样本和难分类样本的鲁棒性将难以保证。当前，抑郁标记高度不平衡情况下的模型学习已成为人脸抑郁表情分析研究的一个关键技术瓶颈，少数类抑郁人脸样本和难分类样本生的挖掘和生成机制，还有待进一步探索和研究。

3）可理解性。用户（临床医生）除了关注识别模型的预测精度，同样还关注识别模型的可理解性[43, 44]，即模型的工作机理是否易于理解、决策依据是否可解释。对于人脸表情分析模型，抑郁表情的重构或迁移是体现模型可理解性的重要指标，表明计算模型不仅能够对输入人脸进行准确地抑郁表情识别，而且能够生成这种抑郁表情[45]，或者将这一抑郁表情迁移至其他人脸面部。另外，为预测模型生成抑郁特征响应图，为临床辅助诊断提供一种决策可解释的可视化依据，也是临床应用的一项迫切需求。

4）泛化性能。如前所述，由于抑郁症的内隐性以及患者的个人隐私考量等多种因素，病例数据采集存在较大的现实困难。当前国际上公开可用的 AVEC 2013 和 AVEC 2014 等抑郁人脸数据库，其样本都来自欧美人群，且样本库规模较小。如何利用多个相关但具有不同数据分布（存在种族、地域等分布差异）的抑郁人脸数据库，实现多源数据集（抑郁人脸）的样本迁移与模型迁移，提升预测模型的泛化性能，对本领域的研究发展具有十分重要的价值。

可以预见，机器学习与计算机视觉技术将在人脸抑郁表情分析研究中发挥日益重要的作用。采用深度学习、对抗学习、视觉计算等理论方法和技术路线，围绕训练数据、模式表征和识别模型等层面开展大规模抑郁人脸样本库建设、人脸抑郁特征的表示与可视化理解、标记分布不平衡情况下的人脸抑郁表情识别等方面的关键技术研究，提高人脸抑郁表情识别的判别力、鲁棒性、泛化性和可理解性，将成为该领域研究的一个重要发展趋势。这一技术路线不仅有助于促进人脸抑郁表情分析等相关技术的研究发展，而且将推动其在临床辅助诊断和人群情绪监测等领域的应用。

参考文献

[1] 朱廷劭. 大数据时代的心理学研究及应用 [M]. 北京：科学出版社，2016.

［2］ 卫生部卫生统计信息中心 . 国际疾病分类（ICD-10）应用指导手册［M］. 北京：协和医科大学出版社，2001.

［3］ American Psychiatric Association. DSM-IV-TR：Diagnostic and statistical manual of mental disorders［M］. Washington，D.C：American Psychiatric Association. 2000，75.

［4］ WHO. Depression and other common mental disorders：global health estimates［EB/OL］. 2017. http：//www.who. int/mental_health/management/depression/prevalence_global_health_estimates/en/.

［5］ Phillips M R，Zhang J，Shi Q，et al. Prevalence，treatment，and associated disability of mental disorders in four provinces in China during 2001-05：an epidemiological survey［J］. The Lancet，2009，373（9680）：2041-2053.

［6］ Olesen J，Gustavsson A，Svensson M，et al. The economic cost of brain disorders in Europe［J］. European journal of neurology，2012，19（1）：155-162.

［7］ WHO. Depression［EB/OL］. http：//www.who.int/mediacentre/factsheets/fs369/en/.

［8］ Moriarty A S，Gilbody S，McMillan D，et al. Screening and case finding for major depressive disorder using the Patient Health Questionnaire（PHQ-9）：a meta-analysis［J］. General Hospital Psychiatry，2015，37（6）：567-576.

［9］ 中华人民共和国卫生部 . 中国卫生统计年［EB/OL］，2010. http：//www.nhfpc.gov.cn/zwgk/tjnj1/ejlist.shtml.

［10］ Beck A T，Steer R A，Ball R，et al. Comparison of Beck Depression Inventories-IA and-II in psychiatric outpatients［J］. Journal of Personality Assessment，1996，67（3）：588-597.

［11］ Taigman Y，Yang M，Ranzato M A，et al. Deepface：Closing the gap to human-level performance in face verification［C］. In Proceedings of the IEEE conference on computer vision and pattern recognition. IEEE，2014：1701-1708.

［12］ Lu J，Liong V E，Zhou X，et al. Learning compact binary face descriptor for face recognition［J］. IEEE Transactions on Pattern Analysis and Machine Intelligence，2015，37（10）：2041-2056.

［13］ Han H，Jain A K，Wang F，et al. Heterogeneous face attribute estimation：A deep multi-task learning approach［J］. IEEE transactions on Pattern Analysis and Machine Intelligence，2018，40（11）：2597-2609.

［14］ Li S，Deng W，Du J. Reliable crowdsourcing and deep locality-preserving learning for expression recognition in the wild［C］. In Proceedings of the IEEE Conference on Computer Vision and Pattern Recognition. IEEE，2017：2852-2861.

［15］ Du S，Tao Y，Martinez A M. Compound facial expressions of emotion［J］. Proceedings of the National Academy of Sciences，2014，111（15）：E1454-E1462.

［16］ 王甦菁 . 微表情自动识别最新进展 . 第21届全国心理学学术会议摘要集［C］. 2018.

［17］ Zheng W，Zong Y，Zhou X，et al. Cross-domain color facial expression recognition using transductive transfer subspace learning［J］. IEEE Transactions on Affective Computing，2018，9（1）：21-37.

［18］ Valstar M，Schuller B，Smith K，et al. AVEC 2013：the continuous audio/visual emotion and depression recognition challenge［C］. In Proceedings of the 3rd ACM international workshop on Audio/visual emotion challenge. ACM，2013：3-10.

［19］ Valstar M，Schuller B，Smith K，et al. Avec 2014：3d dimensional affect and depression recognition challenge［C］. In Proceedings of the 4th International Workshop on Audio/Visual Emotion Challenge. ACM，2014：3-10.

［20］ 陈曼曼，胜利，曲姗 . 病人健康问卷在综合医院精神科门诊中筛查抑郁障碍的诊断试验［J］. 中国心理卫生杂志，2015，4：241-245.

［21］ Valstar M，Gratch J，Schuller B，et al. Avec 2016：Depression，mood，and emotion recognition workshop and challenge［C］. In Proceedings of the 6th international workshop on audio/visual emotion challenge. ACM，2016：3-10.

［22］ Jiang H, Hu B, Liu Z, et al. Investigation of different speech types and emotions for detecting depression using different classifiers［J］. Speech Communication, 2017, 90: 39–46.

［23］ Yang L, Jiang D, Sahli H. Integrating deep and shallow models for multi-modal depression analysis—hybrid architectures［J］. IEEE Transactions on Affective Computing, 2018.

［24］ Ma X, Yang H, Chen Q, et al. Depaudionet: An efficient deep model for audio based depression classification［C］. In Proceedings of the 6th International Workshop on Audio/Visual Emotion Challenge. ACM, 2016: 35–42.

［25］ Cummins N, Joshi J, Dhall A, et al. Diagnosis of depression by behavioural signals: a multimodal approach［C］. In Proceedings of the 3rd ACM international workshop on Audio/visual emotion challenge. ACM, 2013: 11–20.

［26］ Jan A, Meng H, Gaus Y F B A, et al. Artificial intelligent system for automatic depression level analysis through visual and vocal expressions［J］. IEEE Transactions on Cognitive and Developmental Systems, 2018, 10（3）: 668–680.

［27］ Zhu Y, Shang Y, Shao Z, et al. Automated depression diagnosis based on deep networks to encode facial appearance and dynamics［J］. IEEE Transactions on Affective Computing, 2018. 9（4）: 578–584.

［28］ Williamson J R, Godoy E, Cha M, et al. Detecting depression using vocal, facial and semantic communication cues［C］. In Proceedings of the 6th International Workshop on Audio/Visual Emotion Challenge. ACM, 2016: 11–18.

［29］ Nasir M, Jati A, Shivakumar P G, et al. Multimodal and multiresolution depression detection from speech and facial landmark features［C］. In Proceedings of the 6th International Workshop on Audio/Visual Emotion Challenge. ACM, 2016: 43–50.

［30］ Esteva A, Kuprel B, Novoa R A, et al. Dermatologist-level classification of skin cancer with deep neural networks［J］. Nature, 2017, 542（7639）: 115.

［31］ Hazlett H C, Gu H, Munsell B C, et al. Early brain development in infants at high risk for autism spectrum disorder［J］. Nature, 2017, 542（7641）: 348.

［32］ Espinosa H P, Escalante H J, Villasenor-Pineda L, et al. Fusing affective dimensions and audio-visual features from segmented video for depression recognition［C］. in Proceedings of the ACM 4th International Workshop on Audio/Visual Emotion Challenge. ACM, 2014: 49–55.

［33］ Wen L, Li X, Guo G, et al. Automated depression diagnosis based on facial dynamic analysis and sparse coding［J］. IEEE Transactions on Information Forensics and Security, 2015, 10（7）: 1432–1441.

［34］ Jan A, Meng H, Gaus Y F A, et al. Automatic depression scale prediction using facial expression dynamics and regression［C］. In Proceedings of the 4th International Workshop on Audio/Visual Emotion Challenge. ACM, 2014: 73–80.

［35］ Zhou X, Jin K, Shang Y, et al. Visually interpretable representation learning for depression recognition from facial images［J］. IEEE Transactions on Affective Computing, 2018.

［36］ Hamilton M. A rating scale for depression［J］. Journal of Neurology, Neurosurgery & Psychiatry, 1960, 23（1）: 56–62.

［37］ Meng H, Huang D, Wang H, et al. Depression recognition based on dynamic facial and vocal expression features using partial least square regression［C］. In Proceedings of the 3rd ACM international workshop on Audio/visual emotion challenge. ACM, 2013: 21–30.

［38］ Kaya H, Çilli F, Salah A A. Ensemble cca for continuous emotion prediction［C］. In Proceedings of the 4th International Workshop on Audio/Visual Emotion Challenge. ACM, 2014: 19–26.

［39］ Simonyan K, Zisserman A. Very deep convolutional networks for large-scale image recognition［C］. In Proceedings of the International Conference on Learning Representations（ICLR）. 2014.

［40］ He K, Zhang X, Ren S, et al. Identity mappings in deep residual networks［C］. In European conference on computer vision. Springer, 2016: 630–645.

［41］ Hubel D H，Wiesel T N. Receptive fields，binocular interaction and functional architecture in the cat's visual cortex ［J］．The Journal of physiology，1962，160（1）：106–154.

［42］ Al Jazaery M，Guo G. Video–based depression level analysis by encoding deep spatiotemporal features［J］．IEEE Transactions on Affective Computing，2018.

［43］ Zeiler M D，Fergus R. Visualizing and understanding convolutional networks［C］．In European conference on computer vision. Springer，2014：818–833.

［44］ Zhou B，Khosla A，Lapedriza A，et al. Learning deep features for discriminative localization［C］．In Proceedings of the IEEE conference on computer vision and pattern recognition. IEEE，2016：2921–2929.

［45］ Goodfellow I，Pouget–Abadie J，Mirza M，et al. Generative adversarial nets［C］．In Advances in neural information processing systems. 2014：2672–2680.

撰稿人：周修庄　郭国栋　曲　姗

ABSTRACTS

Comprehensive Report

Psychology in the Age of Artificial Intelligence

Research in the domain of artificial intelligence focuses on how to enable computers to simulate human thinking process and intellectual activities, such as learning, reasoning, thinking, planning, and etc. The goal of such research is to extend the potentiality of human intelligence and develop artificial intelligence so as to complete multiple tasks just like what human can do. For more than sixty years, there are several ups and downs in the AI domain; and now, it comes to its best time for great development. At present, many countries have viewed AI technologies as a new engine for the development of science and technology, and the social and economic progress. The Chinese government issued *Development Planning for a New Generation of Artificial Intelligence* in 2017, which has stated the guidelines, strategic objectives, key tasks, and supporting measures of the new generation of artificial intelligence toward 2030. It has been planned that China will hold the initial advantages of AI development and speed up the construction of China as a new leading country in science and technology. It can be foreseen that the exploration of AI technology will substantially promote social and economic progress. The fast development of AI will not only rely on computer science and technology, but also the knowledge and theories in human intelligence as well as its realization in the neural system. Psychology is a study of human mind and behaviors. As we all known, a great distinction between human species and animals is that human beings possess the abilities to proactively learn the world and remold the objective world in accordance with their goal, i.e. the ability of reasoning and making decision

based on the incomplete information they acquire through a dynamically changing process in an open surroundings. Psychological studies and theories on human cognition, volition, and affection attempt to discover the nature of human intelligence. It can be said that the start of the era of cognitive science is credited to the integration of computer science and other disciplines. Psychology, as one of such disciplines, contributes to the birth and growth of human intelligence.

For many years, Chinese psychologists have made positive achievements by integrating AI theories, methodologies, and technologies into their own research. The best representative works include the following three aspects: simulation of mental and cognitive processes and its application, which promotes the theoretical breakthrough and innovations by fusing brain science and artificial intelligence; intelligence augmentation in the course of human-computer interaction, which facilitates the development of various kinds of intelligent systems and the integration of man-machine systems; educational AI, a new research area combining artificial intelligence with education. This report will center around the three aspects to summarize the research progress made by psychologists who are engaged into the interdisciplinary works combining psychology and artificial intelligence.

Simulation of mental and cognitive processes and its application

The interdisciplinary research between psychology and AI, and the intense contact between psychologists and Computer scientists help create new research paradigms, methods, and data mining approaches. Moreover, They also provide new perspectives to psychological research questions in need of deep exploration and solution. In the domain of Noetic Science, researchers simulated the decision-making process and developed a new heuristic model based on alternative " D-value inference" and a Spreading Model based on intertemporal decision. Some researchers applied computer simulation to the study of cognitive models of creativity to examine the factors which affect group creativity and collaborative innovation. In the domain of learning and memory, Artificial neural network simulation, such as simple Recurrent Neural Network, has been applied to the research of the mechanism of the implicit learning. In the studies of cognitive processing of math and language, researchers produced the Interactive Activation and Competition model and the Quantity-Space model, based on Cognitive computation of neural networks. These models examined the effects of adjacent words, the interaction between phonology and semantics, and the cognitive process of the representation and operation of quantities. In addition, general AI can conduct a brain-like simulation on human minds and cognitive process, and can directly work in the studies of cognitive mechanism, brain mechanism, and mental diseases. Therefore, the development of AI technology provides great opportunities for the research of the simulation of human cognitive process.

Human-computer Interaction

There is a good prospect for AI to be applied in Human-computer interaction, transportation safety, and staff education and training; and hence it may exert profound influence in the above fields. This report expounds the interaction between AI and Engineering psychology and the new research findings in the two fields from five different aspects, i.e. the natural human-computer interaction, unmanned driving, human-robot trust relation, cognitive neuroenhancement, and VR technology. Human-computer interaction is an important area which combines AI, psychology, neurology. This report introduces both the research progress in natural human-computer interaction on the basis of the assessment system and cognitive theories of natural interaction, and biological computation of the natural interaction. Unmanned-driving is an important application in transportation; hence, this report discusses studies on the interaction between human and vehicles during the unmanned driving. The relations between human and AI system is a big concern in recent studies on human-robot trust, which will affect the degree of application of auto-system by operators. This reports introduces the notion, the current research, and the changing trend of human-robot trust. Cognitive neuroenhancement aims at improving the cognitive and emotional abilities of individuals by utilizing the advanced technologies from biology, psychology, cognitive science and information science. This report covers the new research from both abroad and domestic which examines the role of neuromodulation, gamification of training, and sleep control technology in the cognitive enhancement and emotion modulation. VR technology used for cognitive training is also an important part of AI staff training; and therefore, the report introduces the studies and trends of VR techniques applied in cognitive training.

Artificial intelligence and education: from a psychological perspective

It has been a long time since human attempted to apply AI in the field of education. With the development and maturation of the IT eco-system, AI has gained an unparalleled breakthrough and formed a new area, i.e. Artificial Intelligence in Education, AIED. This report has reviewed recent studies on AI Education based on a psychological perspective, analyzing relevant research

works both domestic and abroad and looking into the future of the studies of AIED.

The report first defines the fundamental objective of AIED, that is, to externalize the implicit *black boxes* in teaching and realize the ideal of advanced individual learning. Accordingly, it also briefly introduces the essential technology supporting the actualization of the fundamental objective of AIED. Centering on five questions, namely, how learning takes place, what promotes its happening, what extra-individual factors will affect learning, how to effectively evaluate students, and what the optimal spaces for in-class management are, the report introduces recent AIED studies concerning learning process analysis, increasement of motivation in learning, support to group learning, aided appraisals by students, and optimization of class management. Finally, the report reviews and compares the AIED studies from domestic and from abroad, and make a prediction on the trend of AIED by analyzing the learning environment, learning process, learning material, learning resources, and other factor affecting learning.

Actually, there exists some other research combining psychology and AI extra than what have been mentioned above. In the special report, there are six articles, focusing on the methods of application of AI technology in laws, sports, emotion recognition, social mentality, and etc. In addition, there is also some researchers who, from the historical perspective on psychology, explain the important role of psychology in the evolution of AI.

Applying AI to psychological studies will promote the development of psychology; meanwhile, psychologists have to face the forthcoming challenges of new technologies, methods and ideas. It will become a novel research mode to utilize or transform the findings from AI research to explore and solve the research questions in psychology. At present, AI has been applied to many sub-fields of psychology concerning cognitive processing, such as decision-making, creativity, implicit learning, language and math processing, to simulate and examine human cognitive process. Moreover, it is also possible to use general AI technology to investigate the brain working mechanism and mental diseases. Some research in engineering psychology explores human-computer interaction, focusing on HMI, auto-driving, Human-robot trust, cognition enhancement, and VR technology, which will definitely strengthen the research and development of intelligent systems, and the integration of human-computer system. Moreover, AI also spreads its power into education by combining with psychology in order to get better results. We really look forward to innovations and development under the collaboration of AI and psychology.

We hope that the general report and the special report can provide a complete picture of relevant research and advanced development both in China and abroad. It is expected that more researchers will engage themselves into the AI related works and make their contributions to the fulfillment of the goals set in Development Planning for a New Generation of Artificial Intelligence.

Written by Yang Yufang, Chen Qi, Luan Shenghua, Zhou Xiang, Liu Kai, Guo Xiuyan, Du feng, Du Yi, Kuai Shuguang, Ge Yan, Qu Weina, Zhang Liang, Zhang Jingyu, Sun Xianghong, Peng Ji, Zhou Bo, Xu Fang, Tian Fei, Huang Xuzhe, Hu Xiangen, Zhou Zongkui

Reports on Special Topics

The Important Role of Psychology in the Evolution of Artificial Intelligence

The main purpose of AI is to simulate, extend and expand human intelligence, and to build General AI that can perform many tasks like human beings. Since the birth of scientific psychology, especially cognitive psychology, the research on human psychology and behavior can be regarded as the only template for AI. However, different schools of cognitive psychology have different views on mind. AI has made zigzag progress in realizing the application of these ideas. Symbolic cognitive psychology unifies the human mind with the machine mind through Physical Symbol System Hypothesis. Based on this, AI has made great achievements in mechanical theorem proving, expert system and other fields. It initiated the first golden development period of AI. Connectivism-oriented scholars develop artificial neural networks on the basis of psychologists' research on neurons and synapses, and further improve network layers and corresponding algorithms. It has solved a series of pattern recognition problems, and promoted the second golden development period of artificial intelligence. With the improvement of hardware, the combination of massive data generated by the Internet and deep learning algorithm, the approach of connectionism has been revived, and has surpassed the human in many fields. Artificial Intelligence has ushered in the third golden development period. In this period, symbol orientation and embodied orientation still occupy a place in the fields of general artificial intelligence, robotics and human-computer interaction. Now, artificial intelligence also contains many risks, including the current development of artificial intelligence based on deep learning algorithms is still likely to enter the winter, the negative impact of artificial intelligence on human society and the emergence of strong artificial intelligence in the future, which need us to deal with.

Written by Wang Fengyan, Wei Xindong

Application of Artificial Intelligence in Psychological Research

In recent decades, people become more and more familiar with artificial intelligence (AI). On the one hand, traditional psychological research methods are easily affected by the expectations or motivations of the subjects and participants, which led to false or confusing results. On the other hand, due to the setting of experimental conditions, ecological validity is often a problem. AI provides a new way for psychology research. Using big data, psychology research does not rely on the subjects' self-report and the manipulation of experimenter, which can effectively avoid the errors caused by experimental conditions and improve the internal and external validity of the research. In addition, the emergence of AI makes it possible to do longitudinal study at different time scale. This paper mainly introduces how AI can be used on psychological research from three aspects: theoretical research, machine modeling and research application. AI has a far-reaching impact on psychology, i.e., whether Web-based content psycho-semantic analysis, gait or voice research or application production. This is a breakthrough in the development of traditional psychology and provides infinite possibilities for the future development of psychology.

Written by Liu Xingyun, Zhu Tingshao

Prospects for Artificial Intelligence Research in the Field of Military Psychology

The application of artificial intelligence in the military field has been highly valued by the military powers. From precision battlefield planning and efficient command decision-making to rapid logistics support, artificial intelligence provides a new path for military superiority and technical support for slashing military spending and reducing the risk stodpoint faced by military personnel. Artificial intelligence is accelerating the process of military change, which will bring about fundamental changes in troop programming, combat style, equipment system and combat capability generation, and could even lead to a profound military revolution.

Written by Zhang Yun, Miao Danmin

The Application Frontier of Artificial Intelligence Technology in the Field of Legal Psychology

The current combination of artificial intelligence technology and Legal Psychology research is mainly reflected in the fields of legal psychology, law enforcement psychology, judicial psychology and public safety psychology. The combination of artificial intelligence technology and legal psychology is mainly reflected in the establishment of a large social mentality database and a risk warning platform related to legal legitimacy. The combination of artificial intelligence technology and law enforcement psychology is mainly reflected in the development and application of interrogation robots and non-contact Polygraph. The combination of artificial intelligence technology and judicial psychology is mainly reflected in the application of risk intelligence assessment and VR correction technology for prisoners. The combination of artificial intelligence technology and public Safety Psychology is mainly reflected in the combination of computational social research and Collective behavior's psychological mechanism. In the future development, first of all, more types of psychological measurement equipment should be widely developed with the help of artificial intelligence technology, and new empirical experiences should be discovered from the perspective of observation technology to promote the development of Legal Psychology theory. Secondly, we should push the practical departments to put forward demands, further integrate Legal Psychology theory with artificial intelligence technology, and develop more practical equipment with theoretical basis to solve practical problems. Finally, we should promote the smooth communication path between practice departments and scientific research institutions, establish a stable cooperation mechanism, and jointly promote the development of artificial intelligence Legal Psychology.

Written by Ma Ai, Fang Gang, Xue Hongwei, Song Yezhen

Advances of Applying Artificial Intelligence in Sport Psychology

Currently, artificial intelligence (AI) has become a cutting-edge field for its practical contribution to human being's daily life as well as the theoretical insights for scientific research. As an applied branch of psychology, AI has been widely employed in sport and exercise psychology. This paper discussed the achievements of qualitative studies, quantitative researches, physiological measurements and brain imaging in exercise and sport psychology and suggested potential promising application of AI in this branch. In the near future, AI will play the important role in enhancing individual's exercise motivation, monitoring exercise behavior and improving exercise efficiency as well as rehabilitation towards patients with neurological disorders. Some new viewpoints of applying AI in exercise and sports settings will also provide insights for basic research and development.

Written by Zhou Chenglin, Wei Gaoxia, Lu Yingzhi, Chen Lizhen,
Zhao Qiwei, Si Ruoguang, Zhang Shu

Micro-expression Recognition: From Psychology to Artificial Intelligence Science

A micro-expression is a fast expression that people reveal when concealing or suppressing their genuine emotions, and the time it lasts less than 500ms. It is related to lying situations, involving activation of the pyramidal and extrapyramidal circuits, and expresses seven basic emotions. This paper gives an overview of micro-expression in psychology and computer science fields. Psychological aspects include: Summarizing the characteristics of Micro-expression from the differences between micro-expression and macro-expression; Introducing briefly about the BART and the JACBART tests used in the researches of micro-expression recognition, and the tool which developed according to the JACBART test, named METT; Discussing the influence factors of micro-expression recognition from the aspects of gender, age and personality etc. Analyzing whether micro-expression is an effective lying cue. Comparing and illustrating nine micro-expression databases. In the field of computer science, the construction of micro-expression databases is the key for the development of micro-expression analysis technology, and it has gotten attention and developed. With the help of artificial intelligence science, the automatic recognition technology of micro-expressions is progressing continuously. Researchers have explored classifying and recognizing micro-expressions by using pattern recognition technology with various feature extraction methods. As the edge-cutting technology in artificial intelligence science, deep learning methods also penetrate into the field of micro-expression recognition. Some micro-expression recognition methods based on the deep learning have shown good performance. Finally, a few future directions of micro-expression recognition are presented.

Written by Wang Sujing, Li Zhen, Chen Dongyang, He Ying, Fu Xiaolan

Facial Depression Analysis

In various clinical symptoms of major depressive disorder, facial expression is widely used in AI-assisted clinical diagnosis and automated emotion monitoring for large population due to its non-contact, easy collection and observation in social life and clinical diagnosis. This report briefly introduces the state-of-the-art computational approaches for automated facial depression analysis based on current AI technology. Firstly, the problem background and research significance of automated facial depression analysis are introduced. Then, current situation of this research topic are elaborately reviewed, including the state-of-the-art algorithms and technical frameworks, benchmark datasets and evaluation criteria. Finally, current approaches for automated facial depression analysis and its development trend are summarized.

Written by Zhou Xiuzhuang, Guo Guodong, Qu Shan

索 引